全国高职高专电气类精品规划教材

电机技术

主　编　魏涤非　戴源生

副主编　陈吉芳　黄兰英　宋　杰　王志勇

中国水利水电出版社
www.waterpub.com.cn

内 容 提 要

全教材共分为变压器篇、同步电机篇、异步电机篇、其他电机篇，共 17 章。

本教材介绍了变压器、同步电机、异步电机、直流电机、电力行业常用微特电机的工作原理、外特性和基本结构，重点介绍了变压器和同步发电机的运行原理、运行特性和常见故障。每章末附有小结与习题，以便学习。

本教材旨在突出高职高专教材特点，注重知识的应用，避免繁琐的数学推导。

本教材可供电力工程类专业高职高专学生使用，也可作为其他电气类专业高职高专学生、电力行业电气工程技术人员、电气值班员、全能值班员的参考书或培训教材。

图书在版编目（CIP）数据

电机技术/魏涤非，戴源生主编．—北京：中国水利水
电出版社，2004.8（2017.7 重印）
全国高职高专电气类精品规划教材
ISBN 978 - 7 - 5084 - 2287 - 9

Ⅰ．电… Ⅱ.①魏…②戴… Ⅲ.电机学-高等学校：技
术学校-教材 Ⅳ.TM3

中国版本图书馆 CIP 数据核字（2004）第 075040 号

书　　　名	全国高职高专电气类精品规划教材 **电机技术**
作　　　者	主编　魏涤非　戴源生
出 版 发 行	中国水利水电出版社 （北京市海淀区玉渊潭南路 1 号 D 座　100038） 网址：www.waterpub.com.cn E - mail：sales@waterpub.com.cn 电话：(010) 68367658（营销中心）
经　　　售	北京科水图书销售中心（零售） 电话：(010) 88383994、63202643、68545874 全国各地新华书店和相关出版物销售网点
排　　　版	中国水利水电出版社微机排版中心
印　　　刷	三河市鑫金马印装有限公司
规　　　格	184mm×230mm　16 开本　20.5 印张　400 千字
版　　　次	2004 年 8 月第 1 版　2017 年 7 月第 10 次印刷
印　　　数	34101—36100 册
定　　　价	**37.00 元**

序

　　教育部在《2003－2007 年教育振兴行动计划》中提出要实施"职业教育与创新工程"，大力发展职业教育，大量培养高素质的技能型特别是高技能人才，并强调要以就业为导向，转变办学模式，大力推动职业教育。因此，高职高专教育的人才培养模式应体现以培养技术应用能力为主线和全面推进素质教育的要求。教材是体现教学内容和教学方法的知识载体，进行教学活动的基本工具；是深化教育教学改革，保障和提高教学质量的重要支柱和基础。因此，教材建设是高职高专教育的一项基础性工程，必须适应高职高专教育改革与发展的需要。

　　为贯彻这一思想，2003 年 12 月，在福建厦门，中国水利水电出版社组织全国 14 家高职高专学校共同研讨高职高专教学的目前状况、特色及发展趋势，并决定编写一批符合当前高职高专教学特色的教材，于是就有了《全国高职高专电气类精品规划教材》。

　　《全国高职高专电气类精品规划教材》是为适应高职高专教育改革与发展的需要，以培养技术应用为主线的技能型特别是高技能人才的系列教材。为了确保教材的编写质量，参与编写人员都是经过院校推荐、编委会答辩并聘任的，有着丰富的教学和实践经验，其中主编都有编写教材的经历。教材较好地反映了当前电气技术的先进水平和最新岗位资格要求，体现了培养学生的技术应用能力和推进素质教育的要求，具有创新特色。同时，结合教育部两年制高职教育的试点推行，编委会也对各门教材提出了满足这一发展需要的内容编写要求，可以说，这套教材既能适应三年制高职高专教育的要求，也适应两年制高职高专教育的要求。

《全国高职高专电气类精品规划教材》的出版，是对高职高专教材建设的一次有益探讨，因为时间仓促，教材可能存在一些不妥之处，敬请读者批评指正。

《全国高职高专电气类精品规划教材》编委会

2004 年 8 月

前　言

　　《电机技术》是为高职高专学校发电厂及电力系统运行、供用电技术、电力系统继电保护与自动化等电力工程类专业编写的一本教材。

　　根据高职高专类学校培养高层次技术型、应用型专业人才的目标，本教材本着理论上"适度、够用"的原则，不追求电机电磁理论学习的系统性和完整性。紧密结合生产一线的需要，注重知识的应用，增强电机运行及常见故障分析的内容。试图解决原相应课程《电机学》"偏多、偏深、偏难"的问题。

　　本教材分为变压器、同步电机、异步电机和其他电机四篇，变压器和同步电机是重点内容。在变压器篇，结合变压器的运行分析，较为详细地介绍了电机的三种基本分析方法——基本方程式、相量图、等效电路。在同步电机篇主要是应用这些方法，对发电机的运行做分析。对异步电机和其他电机则重在介绍外特性及应用，不做过多的理论分析。

　　本教材由武汉电力职业技术学院魏涤非和福建水利电力职业技术学院戴源生担任主编，魏涤非编写绪论、第 6 章、第 7 章；戴源生编写第 8～10 章；广东水利电力职业技术学院陈吉芳编写第 1～3 章；四川电力职业技术学院黄兰英编写第 4 章、第 5 章；四川水利职业技术学院宋杰编写第 11～13 章；河北工程技术高等专科学校王志勇编写第 14～17 章。本教材由魏涤非统稿。

　　本教材在编写过程中得到孙长国、赵文健、刘增良、钱武、罗建华、高汝武、刘德辉等老师的帮助，在此表示衷心感谢。

　　由于编者学识水平有限，书中不足和错误之处在所难免，敬请读者批评指正。

编　者

2004 年 8 月

目录

异 步 电 机 篇

绪　　论

电机是一种转换能量的机器，是生产、传输、分配及使用电能的主要设备。由于电能是当代社会最主要的能源，因而电机的应用也愈来愈广泛，在国民经济中起着重要的作用。

1. 电机的类型

电机的种类很多，但是就其工作原理来说，都是基于电磁感应定律和电磁力定律。它们大体上可分成下列各类；

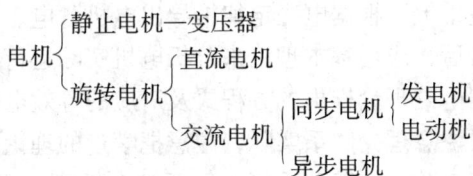

$$
电机
\begin{cases}
静止电机—变压器 \\
旋转电机
\begin{cases}
直流电机 \\
交流电机
\begin{cases}
同步电机
\begin{cases}
发电机 \\
电动机
\end{cases} \\
异步电机
\end{cases}
\end{cases}
\end{cases}
$$

2. 电机在电力系统中的作用

同步发电机是电力系统的电源，它把机械能转换成电能。为了经济地传输和分配电能，采用变压器把某一等级的电压升高或降低为另一等级的电压。异步电动机是发电厂多种机械的原动机，它把电能转换成机械能。直流电机也在发电厂某些场所起重要作用。到 2004 年，我国的发电机装机容量达到了 44070 万 kW，当年的发电量达到了 21870 亿 kW·h，均为世界第二位。

3. 电机的发展概况

电机产生于 19 世纪。1831 年法拉第提出了电磁感应定律，从而奠定了发电机的理论基础。1833 年，楞次证明了可逆原理。该原理说明一台电机既可作发电机运行，也可作电动机运行，这使得发电机和电动机的发展可合二为一。不久，直流电机就问世了。1889 年，多利沃·多勃罗夫斯基提出采用三相制的建议，并设计和制造出了第一台三相变压器和三相异步电动机。三相异步电动机结构简单、工作可靠，很快得到应用和推广。

经过一个半世纪的发展，目前电机的制造技术已相当完善。随着电磁材料、绝缘材料的改进，随着电机冷却技术的不断提高，单机容量不断增大，效率不断提高。目前，国外最大单机容量，汽轮发电机已超过 1700MVA，水轮发电机已超过 825MVA，同步电动机已超过 70MW；三相变压器最大单台容量达到 1300MVA，最高电压等级达到 1150kV。我国电机制造工业的发展也是十分迅速，目前已能制造 900MW 的汽轮发电机、700MW 的水轮发电机和 840MVA、500kV 的巨型变压器。随着我国国民经济的快速发展，我国的电机制造工业即将进入世界先进行列。

4. 本课程的特点

本课程既是一门基础课，又是一门专业课。说它是基础课，是因为课程中作了许多理论的分析，得到的方法和结论很多是学习后续专业课程的基础。说它是专业课，是因为电机确实是电力系统及很多行业中的一种重要设备。它的实际运行情况是复杂的，分析所涉及的理论，既有电的又有磁的，既有时间的又有空间的，既有对称的又有不对称的，既有稳态的又有暂态的……。分析时，往往要忽略一些次要的因素，做某些假设，以抓住主要的矛盾、明确物理概念、满足工程技术上的需要。

本课程的内容主要是介绍各类电机的基本结构、工作原理、研究电机内部的电磁关系，在定性分析的基础上，根据电磁定律推导出电机各电、磁量的关系，进而对电机进行定量的分析。最后，应用基本理论来分析电机实际运行中遇到的各种问题。分析的方法，主要是根据电磁理论推出的方程式及对应的等效电路和相量图。

学习本课程时，要注意理论联系实际，注意把学过的理论用来分析电机运行中遇到的实际问题；要重视实验，培养动手能力；要学会抓住主要矛盾，忽略次要因素，使获得的结论能够满足工程上的应用；要注意对各类电机进行比较、学会综合分析。

5. 本课程常用的电磁定律

(1) 基尔霍夫电流定律。在电路中，流入任意一个节点的电流必定等于流出该节点的电流。

$$\sum I = 0$$

(2) 基尔霍夫电压定律。电路中任一回路内各段电压的代数和为零。

$$\sum U = 0$$

或者表示为，电路中任一回路内电压降的代数和等于电动势的代数和。

$$\sum U = \sum E$$

(3) 磁路欧姆定律。磁路中通过的磁通等于磁路的磁动势除以磁路的磁阻。

$$\Phi = \frac{F}{R_{\mathrm{m}}}$$

式中磁路磁阻 $R_m = \dfrac{l}{\mu s}$，即磁阻与磁路长度 l 成正比，与磁路的磁导率 μ 及磁路截面积 s 成反比。

(4) 全电流定律（安培环路定律）。磁场中沿任意一个闭合环路的磁场强度的线积分等于穿过这个环路的所有电流的代数和。

$$\oint_l \vec{H} \,\mathrm{d}\vec{l} = \sum I$$

在电机、变压器中，通常磁路由多段组成，运用这一定律时，可写成

$$\sum_{k=1}^{n} H_k L_k = \sum I = NI$$

式中　　NI——磁动势，安匝。

(5) 电磁感应定律。导体回路中感应电动势 e 的大小，与穿过回路的磁通量的变化率 $\dfrac{\mathrm{d}\phi}{\mathrm{d}t}$ 成正比。在电机中，其数学表达式有两种形式。

匝数为 N 的线圈中的磁通 ϕ 变化时，在线圈中产生的感应电动势称为变压器电动势，当按右手螺旋关系规定 e 与 ϕ 的正方向时，数学表达式为

$$e = -N\frac{\mathrm{d}\phi}{\mathrm{d}t}$$

导体与磁场有相对运动时，它切割磁力线产生的感应电动势称为切割电动势。在均匀磁场中，若有效长度为 l 的直导体、磁感应强度 B、导体相对运动方向 v 三者互相垂直时，数学表达式为

$$e = Blv$$

(6) 电磁力定律。在磁场中，通电导体将受到电磁力的作用，如果导体与磁场相互垂直，则导体受到的电磁力为

$$f = Bli$$

f 的方向用左手定则确定。

变 压 器 篇

- 变压器是一种静止的电机。它利用电磁感应原理，把一种电压等级的交流电能转换成同频率的另一种电压等级的交流电能。
- 变压器是电力系统的重要设备，在国民经济其他部门也获得了广泛的应用。本篇主要研究一般用途的电力变压器。首先简要地介绍变压器的工作原理和结构，然后着重分析变压器的运行原理、三相变压器的连接组别和变压器的并联、不对称运行等，最后对三绕组变压器、自耦变压器和分裂变压器作简要的介绍。

第 1 章

变压器的工作原理和基本结构

【教学要求】 了解电力变压器主要结构部件的名称及作用，变压器分类情况。掌握变压器变压与传递功率的基本原理和铭牌数据的意义。

1.1 变压器的基本工作原理和类型

1.1.1 变压器的基本工作原理

变压器是利用电磁感应原理工作的。如图 1-1 所示，变压器的主要部件是一个铁芯和套在铁芯上的两个绕组。这两个绕组具有不同的匝数且互相绝缘，两绕组间只有磁的耦合而没有电的联系。其中绕组 1 接交流电源，称为原绕组、一次绕组或一次侧；绕组 2 接负载，称为副绕组、二次绕组或二次侧。

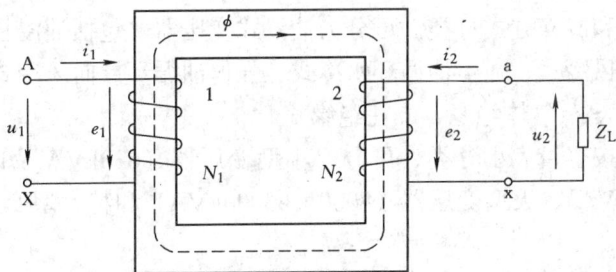

图 1-1 变压器工作原理示意图

当一次侧接到交流电源时，绕组中便有交流电流 i_1 流过，并在铁芯中产生与外加电压频率相同的交变磁通 ϕ。这个交变磁通同时交链着一、二次侧。根据电磁感应定律，交变磁通 ϕ 分别在一、二次侧中感应出同频率的电动势 e_1 和 e_2。

$$e_1 = -N_1 \frac{\mathrm{d}\phi}{\mathrm{d}t}$$

$$e_2 = -N_2 \frac{\mathrm{d}\phi}{\mathrm{d}t} \tag{1-1}$$

式中 N_1、N_2——一、二次绕组匝数。

二次侧有了电动势，便向负载输出电能，实现了不同电压等级电能的传递。由于感应电动势的大小与绕组的匝数成正比。因此，改变一、二次侧的匝数即可改变二次侧的电压，这就是变压器的变压原理。

1.1.2   变压器的分类

变压器的分类方法很多，可按其用途、绕组数目、结构、相数、调压方式和冷却方式等不同来进行分类。

按用途分类，可分为电力变压器（主要用在输配电系统中，又分为升压变压器、降压变压器、联络变压器和配电变压器）、仪用互感器（电压互感器和电流互感器）、特种变压器（如调压变压器、试验变压器、电炉变压器、整流变压器和电焊变压器等）。

按绕组数目分类，可分为双绕组变压器、三绕组变压器、多绕组变压器和自耦变压器。

按铁芯结构分类，有心式变压器和壳式变压器。

按相数分类，有单相变压器、三相变压器和多相变压器。

按调压方式分类，有无励磁调压变压器和有载调压变压器。

按绝缘介质分类，可分为油浸式变压器和干式变压器。

按冷却介质和冷却方式分类，可分为油浸式变压器（包括油浸自冷式、油浸风冷式、强迫油循环风冷式、强迫油循环水冷式、强迫油循环导向风冷式）和干式变压器（包括空气绝缘、SF_6 气体绝缘、浇注绝缘）。

电力变压器按容量大小分类，可分为小型变压器（630kVA 及以下）、中型变压器（800～6300kVA）、大型变压器（8000～63000kVA）和特大型变压器（90000kVA 及以上）。

1.2 变 压 器 的 基 本 结 构

油浸式变压器在电力系统使用最为广泛，其基本结构可分成以下几个部分：

（1）器身。主要指铁芯和绕组，另外包括绕组绝缘、引线、分接开关等；

（2）油箱。包括油箱本体（箱盖、箱壁、箱底）和附件（放油阀门、小车、接地螺栓、铭牌等）；

（3）保护装置。包括油枕（储油柜）、油表、防爆管（又称安全气道）或压力释放阀、呼吸器（又称吸湿器）、净油器、测温元件、气体继电器等；

（4）冷却装置。散热器等；

（5）出线装置。高压套管、低压套管等。

图1－2是油浸式电力变压器结构示意图，下面对其主要部件逐一介绍。

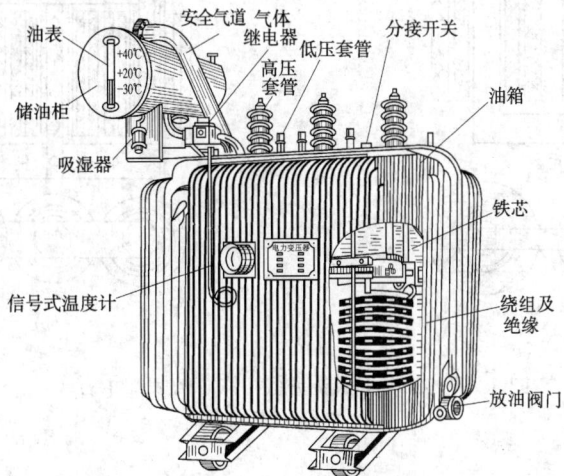

图1－2　油浸式电力变压器结构示意图

1.2.1　铁芯

铁芯是变压器的主磁路，又是它的机械骨架。铁芯由铁芯柱和铁轭两部分构成。铁芯柱上套绕组，铁轭将铁芯柱连接起来形成闭合磁路。

1. 铁芯材料

为了提高磁路的导磁性能，减少铁芯中的磁滞、涡流损耗，铁芯一般用高导磁率的磁性材料——硅钢片叠成。硅钢片厚度为 0.23～0.5mm，两面涂以厚 0.01～0.13mm 的绝缘漆膜。硅钢片有热轧和冷轧两种。冷轧硅钢片又分为有取向和无取向两类。通常变压器铁芯采用有取向的冷轧硅钢片。这种硅钢片沿辗轧方向有较高的导磁性能和较小的损耗。

2. 铁芯型式

变压器铁芯的结构有心式和壳式两类。心式结构的特点是铁芯柱被绕组包围，如

图1-3所示。心式结构比较简单，绕组的装配及绝缘比较容易。因此，电力变压器的铁芯主要采用心式结构。壳式结构的特点是铁芯包围绕组的顶面、底面和侧面，如图1-4所示。壳式结构的机械强度较好，但制造复杂，铁芯用材较多，只在一些特殊变压器（如电炉变压器）中采用。

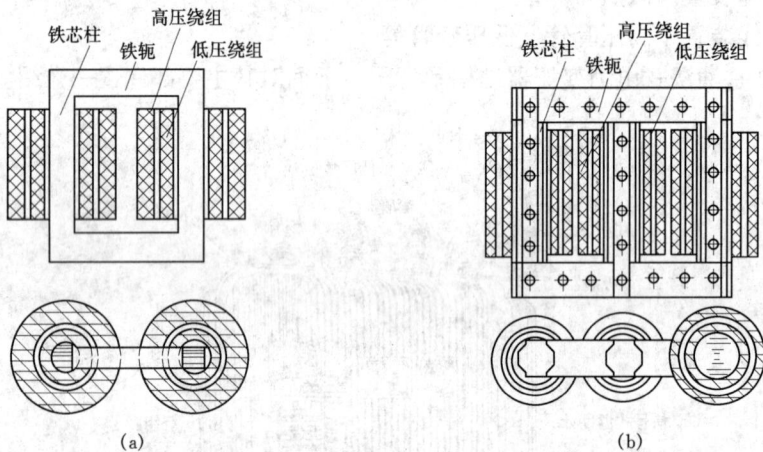

图1-3 心式变压器绕组和铁芯的装配示意图
(a) 单相；(b) 三相

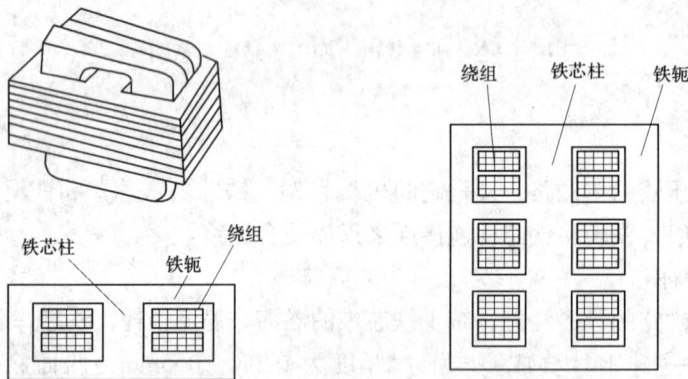

图1-4 壳式变压器结构示意图

3. 铁芯叠装

变压器的铁芯一般是由剪成一定形状的硅钢片叠装而成。为了减小接缝间隙以减小励磁电流，一般采用交错式叠装，使相邻层的接缝错开。对热轧硅钢片，叠片次序

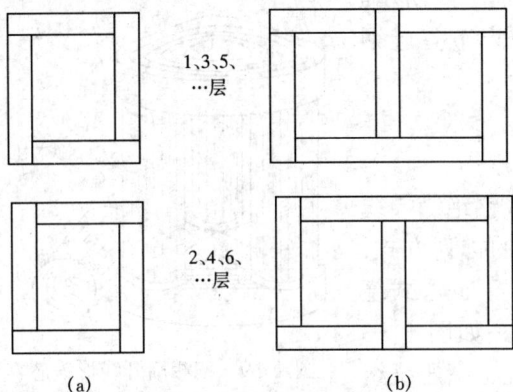

（a）

（b）

图 1-5 交错式叠装法

（a）单相；（b）三相

1、3、5、…层

2、4、6、…层

如图 1-5 所示。当采用冷轧硅钢片时，由于在这种硅钢片中磁通方向与轧制方向不一致时，铁芯损耗明显增大，故采用图 1-6 所示的斜接缝叠装法。

4. 铁芯截面

铁芯柱的截面一般做成阶梯形，以充分利用绕组内圆空间，如图 1-7 所示。当铁芯柱直径超过 380mm 时，还设有油道，以改善铁芯内部的散热条件。

铁轭的截面有矩形、T 形和阶梯

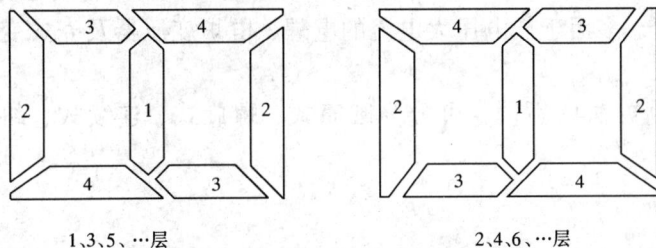

1、3、5、…层

2、4、6、…层

图 1-6 斜切冷轧硅钢片的叠法

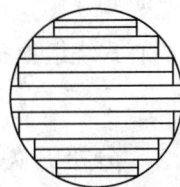

图 1-7 铁芯柱截面

形，如图 1-8 所示。铁轭的截面积一般比铁芯柱截面积大（5~10）%，以减少空载电流和空载损耗。

近年来，出现了一种渐开线形铁芯变压器。它的铁芯柱硅钢片是在专门的成型机上采用冷挤压成型方法轧制的，铁轭则是由同一宽度的硅钢带卷制而成，铁芯柱按三

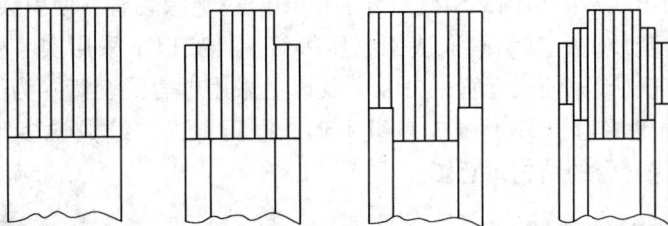

图 1-8 铁轭截面

角形方式布置，三相磁路完全对称，如图 1－9 所示。渐开线形铁芯变压器的主要优点在于可以节省硅钢片、便于生产机械化和减少装配工时。

铁轭

铁芯柱

1.2.2 绕组

绕组是变压器的电路部分。它由铜或铝绝缘导线绕制而成。按照高、低压绕组在铁芯上的排列方式，变压器的绕组可分为同心式和交叠式两类。同心式绕组的高、低压绕组同心地套在铁芯柱上，如图 1－3 所示。为便于绝缘，低压绕组靠近铁芯柱，高压绕组套在低压绕组外面，两个绕组之间留有油道。交叠式绕组的高、低压绕组交替放置在铁芯柱上，如图 1－10 所示。为减小绝缘距离，通常低压绕组靠近铁轭。

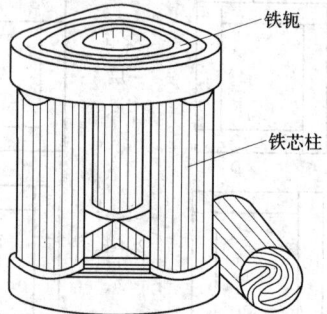

图 1－9 三相渐开线形铁芯

同心式绕组结构简单，制造方便，故电力变压器多采用这种型式。交叠式绕组机械强度好，引出线布置方便，多用于低电压大电流的电焊、电炉变压器及壳式变压器中。

同心式绕组根据其绕制方法的不同，可分为圆筒式、螺旋式、连续式、纠结式等。

1.2.3 分接开关

变压器常用改变绕组匝数的方法来调压。一般从变压器的高压绕组引出若干抽头，称它们为分接头。用以切换分接头的装置叫分接开关。分接开关又分为无励磁分接开关和有载分接开关，前者，必须在变压器停电的情况下切换；后者，可以在变压器带负载情况下进行切换。

1.2.4 绝缘套管

变压器的引出线从油箱内部引到箱外时必须经过绝缘套管，使引线与油箱绝缘。绝缘套管一般是瓷质的，其结构取决于电压等级。1kV 以下采用实心瓷套管；10～35kV 采用空心充气或充油式套管；110kV 及以上采用电容式套管。为了增大外表面放电距离，高压绝缘套管外形做成多级伞形。电压愈高，级数愈多。图 1－11 为 35kV 充油式绝缘套管的结构示意图。

1.2.5 油箱和保护装置

油浸变压器的器身浸在充满变压器油的油箱里。变压器油起绝缘、冷却和灭弧

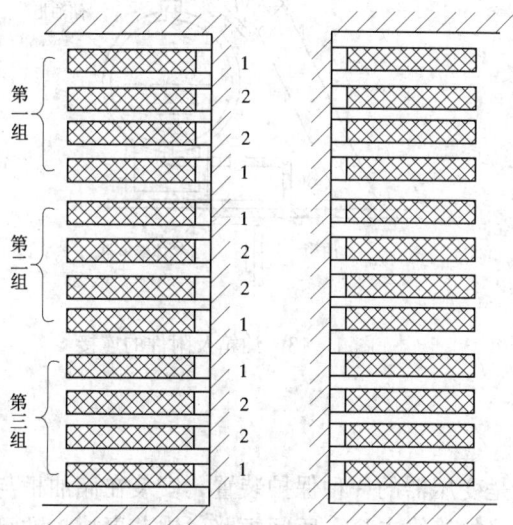

图 1-10 交叠式绕组
1—低压绕组；2—高压绕组

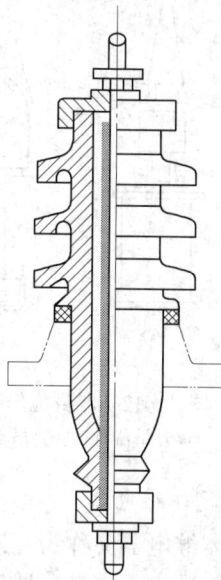

图 1-11 35kV 充油式绝缘
套管的结构示意图

作用。

1. 油箱

电力变压器的油箱一般做成椭圆形，这样可使油箱有较高的机械强度，而且需油量较少。油箱用钢板焊成。油箱的结构与变压器的容量、发热情况密切相关。容量很小的变压器采用平板式油箱；中、小型变压器为增加散热表面积采用管式油箱；大容量变压器采用散热器式油箱。油箱分箱式和钟罩式。箱式即将箱壁与箱底制成一体，器身置于箱中；钟罩式即将箱盖和箱体制成一体，罩在铁芯和绕组上。为了检修方便，变压器器身重量大于 15t 时，通常做成钟罩式油箱，检修时只需把上节油箱吊起，避免了必须使用起重设备。图 1-12 为器身检修时的起吊状况。

2. 储油柜

储油柜又叫油枕。它装在油箱上部，用联通管与油箱接通。它的作用有两个：调节油量，保证变压器油箱内经常充满油；减少油和空气的接触面，从而降低变压器油受潮和老化的速度。

储油柜上装有吸湿器，使储油柜上部的空气通过吸湿器与外界空气相通。吸湿器内装有硅胶，用以过滤储油柜内空气中的杂质和水分。

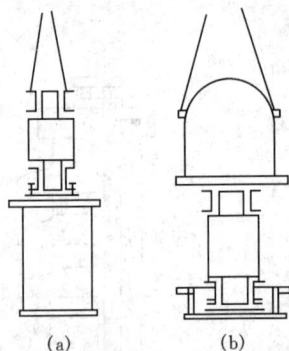

图 1-12 器身检修时的起吊
(a) 吊器身；(b) 吊上节油箱

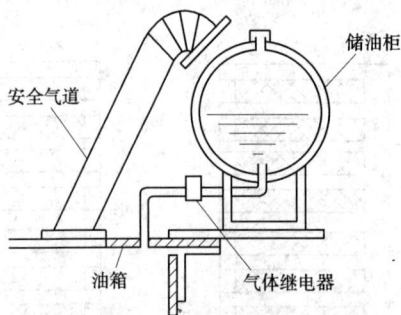

图 1-13 油箱及附件的连接

3．气体继电器

气体继电器又称为瓦斯继电器，是变压器的一种保护装置，安装在储油柜与油箱的连接管道中。当变压器发生故障时（如绝缘击穿、匝间短路、铁芯事故、油箱漏油使油面下降较多等）产生的气体和油流，迫使气体继电器动作。轻者发出信号，以便运行人员及时处理，重者使断路器跳闸，来达到保护变压器的目的。

4．安全气道

安全气道又叫防爆管。它装在油箱的顶盖上。它是一个长钢圆筒，上端口装有一定厚度的玻璃或酚醛纸膜片，下端口与油箱连接。当变压器内部严重故障而气体继电器又失灵时，油箱内压力剧增，当一定限度时，防爆管口膜片破碎，油及气体由此喷出，防止油箱爆炸或变形。

由于膜片厚薄可能不均匀，或有伤痕，其爆破压力大小随机性很大，所以，近年来在一些变压器中，往往用压力释放阀代替防爆管。压力释放阀是一种安全保护阀门，且可重复使用。

此外，油箱盖上还装有测温及温度监控装置等。

1.3 变压器的铭牌

每台变压器都在醒目的位置上装有铭牌，上面标有变压器的型号、使用条件和额定值。所谓额定值，是制造厂根据国家标准，对变压器正常使用时的有关参数所做的限额规定。在额定值及以下运行时，可保证变压器长期可靠地工作。变压器的铭牌上通常有以下几项。

1.3.1　型号

变压器的型号用以表明变压器的类型和特点。变压器型号由字母和数字两部分组成，字母代表变压器的基本结构特点，数字分别代表额定容量和高压绕组额定电压等级，形式如下：

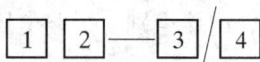

$$\boxed{1}\ \boxed{2}\!-\!\!-\boxed{3}\ /\ \boxed{4}$$

1——变压器的分类型号，由多个拼音字母组成；
2——设计序号；
3——额定容量，kVA；
4——高压绕组电压等级，kV。

例如，型号 SL—1000/10，"S"代表"三相"，"L"代表"铝线"，"1000"是额定容量 kVA 数，"10"是高压绕组额定电压等级 kV 数；型号 S9—100/10 表示是一台三相油浸空气自冷式双绕组电力变压器，设计序号为 9，容量为 100kVA，高压侧额定电压为 10kV；型号 SG—100/10 表示是一台三相干式空气自冷电力变压器，100kVA，高压侧额定电压为 10kV；型号 SFFZ7—40000/220 表示是一台三相自然油循环风冷式有载调压分裂电力变压器，设计序号为 7，40000kVA，高压侧额定电压为 220kV。

1.3.2　额定值

1．额定容量 S_N

额定容量是指额定运行时的视在功率，单位为 VA、kVA 或 MVA。由于变压器的效率很高，通常一、二次侧的额定容量设计成相等。

2．额定电压 U_{1N} 和 U_{2N}

正常运行时规定加在一次侧的电压称为变压器一次侧的额定电压 U_{1N}，二次侧的额定电压 U_{2N} 是指变压器一次侧加额定电压时二次侧的空载（开路）电压，单位均为 V 或 kV。对于三相变压器，额定电压是指线电压。

3．额定电流 I_{1N} 和 I_{2N}

I_{1N} 和 I_{2N} 是分别根据额定容量和额定电压计算出来的一、二次侧电流，单位为 A。对于三相变压器，额定电流是指线电流。

一、二次侧额定电流可用下式计算。

单相变压器 $$I_{1N} = \frac{S_N}{U_{1N}}; \quad I_{2N} = \frac{S_N}{U_{2N}} \tag{1-2}$$

三相变压器
$$I_{1N} = \frac{S_N}{\sqrt{3}\,U_{1N}}; \quad I_{2N} = \frac{S_N}{\sqrt{3}\,U_{2N}} \tag{1-3}$$

4．额定频率 f_N

我国规定电力系统的频率为 50Hz。

此外，额定运行时的效率、温升等数据也是额定值。

除额定值外，变压器的相数、连接组别、短路电压、运行方式和冷却方式等均标注在铭牌上。

小　结

1．变压器是一种变换交流电能的静止电机，利用一、二次侧的匝数不同，通过电磁感应作用，把一种等级的电压或电流变换成同频率的另一种等级的电压或电流。

2．变压器的基本结构部件是铁芯和绕组。铁芯用导磁性能良好的硅钢片制成，一、二次侧套装在铁芯柱上，它们之间没有电连接只有磁耦合。

3．变压器铭牌上的额定值，是正确、安全、可靠地使用变压器的依据，要明确额定容量、额定电压及额定电流的定义以及它们之间的关系。对于三相变压器，额定电压及额定电流均指线电压和线电流值。

习　题

1-1　变压器是根据什么原理进行电压变换的？变压器的主要用途有哪些？

1-2　变压器有哪些主要部件？各部件的作用是什么？

1-3　铁芯在变压器中起什么作用？如何减少铁芯中的损耗？

1-4　变压器有哪些主要额定值？一、二次侧额定电压的含义是什么？

1-5　一台单相变压器，$S_N = 5000\text{kVA}$，$U_{1N}/U_{2N} = 10/6.3\text{kV}$，求一、二次侧的额定电流。

1-6　一台三相变压器，$S_N = 5000\text{kVA}$，$U_{1N}/U_{2N} = 35/10.5\text{kV}$，Y，d 接法，求一、二次侧的额定电流。

第 2 章

单相变压器的运行原理

【教学要求】 理解变压器的主磁通、漏磁通；空载电流；空载损耗、短路损耗；励磁参数、短路参数；短路电压；电压变化率、效率等概念；掌握变压器空载、负载运行时的三种分析方法——方程式、等效电路和相量图；掌握变比的意义、励磁参数、短路参数、电压变化率、效率等的计算。

变压器的用途非常广泛，类型繁多且结构也不完全相同。但就其基本原理来看则是一致的。因此，本章以单相双绕组电力变压器为例，分析其基本电磁关系，导出其基本方程式、等效电路和相量图。在此基础上分析和计算变压器的运行特性。

本章是变压器理论的核心部分，虽然讨论的对象是单相变压器，但所有分析讨论的结果，都适用于三相变压器在对称运行时每一相的情形。

2.1　单相变压器的空载运行

空载运行是指变压器一次侧接到额定电压、额定频率的电源上，二次侧开路时的运行状态。图 2-1 是单相变压器空载运行时的示意图。一、二次侧电路的各物理量和参数分别用下标"1"和"2"标注，以示区别。

2.1.1　空载运行时的物理情况

当一次侧接上电源 $\dot{U}_1$ 后，绕组中便有电流流过，称为空载电流 $\dot{I}_0$。$\dot{I}_0$ 在一次侧中产生空载磁动势 $\dot{F}_0 = N_1 \dot{I}_0$，并建立起交变磁通。该磁通可分为两部分：一部分沿铁芯闭合，同时交链一、二次侧，称为主磁通 Φ_m；另一部分只交链一次侧，经一次侧附近的非铁磁材料（空气或油）闭合，称为一次侧的漏磁通 $\Phi_{1\sigma}$。主磁通和漏磁通都是交变磁通。根据电磁感应定律，$\dot{\Phi}_m$ 将在一、二次侧中感应电动势 $\dot{E}_1$、$\dot{E}_2$，$\dot{\Phi}_{1\sigma}$ 将在一次侧中感应漏磁电动势 $\dot{E}_{1\sigma}$。此外，空载电流 $\dot{I}_0$ 还在一次侧中产生电阻压降 $r_1\dot{I}_0$。这就是变压器空载运行时的电磁物理现象。

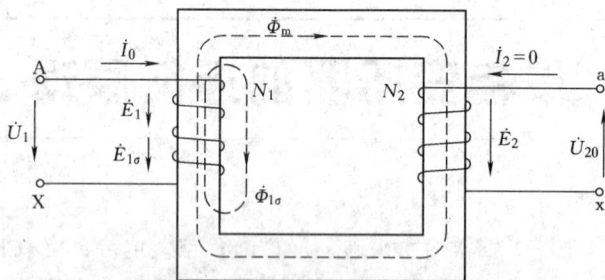

图 2-1　单相变压器空载运行时的示意图

　　由于路径不同，主磁通和漏磁通有很大差异：①在性质上，主磁通磁路由铁磁材料组成，具有饱和特性，$\dot{\Phi}_m$ 与 $\dot{I}_0$ 呈非线性关系，而漏磁通磁路不饱和，$\dot{\Phi}_{1\sigma}$ 与 $\dot{I}_0$ 呈线性关系；②在数量上，由于铁芯的磁导率比空气（或变压器油）的磁导率大很多，铁芯磁阻小，所以总磁通中的绝大部分是主磁通，一般主磁通可占总磁通的99%以上，而漏磁通仅占1%以下；③在作用上，主磁通在一、二次侧中均感应电动势，当二次侧接上负载时便有电功率向负载输出，故主磁通起传递能量的媒介作用。而漏磁通仅在一次侧中感应电动势，不能传递能量，仅起电压降的作用。因此，在分析变压器和交流电机时常将主磁通和漏磁通分开处理。

2.1.2　正方向的规定

　　变压器中各电磁量都是随时间而变化的交变量，要建立它们之间的相互关系，必须先规定各量的正方向。从原理上讲，正方向可以任意选择，因各物理量的变化规律是一定的，并不依正方向的选择不同而改变。但正方向规定不同，列出的电磁方程式和绘制的相量图也不同。通常按习惯方式规定正方向，称为惯例。具体原则如下：

　　（1）把一次绕组看作交流电源的负载，电流的正方向与电压降的正方向一致，称为电动机惯例；把二次绕组电动势 $\dot{E}_2$ 看作电源电动势，电流的正方向与电动势的正方向一致，称为发电机惯例；

　　（2）磁通的正方向与产生它的电流的正方向符合右手螺旋定则；

　　（3）感应电动势的正方向与产生它的磁通的正方向符合右手螺旋定则。

根据这些原则,变压器各物理量的正方向规定如图 2-2 所示。图中电压 $\dot{U}_1$、$\dot{U}_2$ 的正方向表示电位降低,电动势 $\dot{E}_1$、$\dot{E}_2$ 的正方向表示电位升高。在一次侧,$\dot{U}_1$ 由首端指向末端,电流 $\dot{I}_1$ 的正方向由 $\dot{U}_1$ 的正方向决定,从首端流入。当 $\dot{U}_1$ 与 $\dot{I}_1$ 同时为正或同时为负时,表示电功率从一次侧输入。在二次侧,$\dot{I}_2$ 的正方向由 $\dot{E}_2$ 的正方向决定,$\dot{U}_2$ 的正方向与 $\dot{I}_2$ 的正方向一致。当 $\dot{U}_2$ 与 $\dot{I}_2$ 同时为正或同时为负时,电功率从二次侧输出。

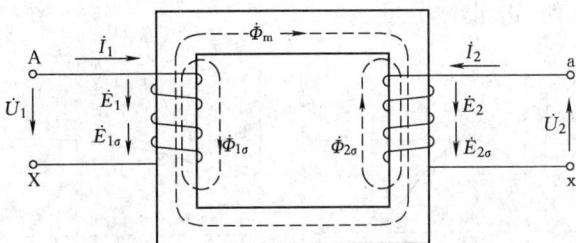

图 2-2 变压器的正方向规定

2.1.3 空载电流和空载损耗

2.1.3.1 空载电流 $\dot{I}_0$

1. 空载电流的作用与组成

变压器的空载电流 $\dot{I}_0$ 包含两个分量,一个是无功分量 $\dot{I}_{0r}$,其作用是建立空载时的磁场,即产生主磁通 $\dot{\Phi}_m$ 和一次侧漏磁通 $\Phi_{1\sigma m}$,其相位与主磁通 $\dot{\Phi}_m$ 相同,也称其为磁化电流。另一个是有功分量 $\dot{I}_{0a}$,其作用是提供空载时变压器内部的有功损耗,即铁耗和一次绕组电阻的损耗,电阻的损耗很小可忽略不计,$\dot{I}_{0a}$ 的相位超前 $\dot{\Phi}_m$ 90°。由此可得空载电流

$$\dot{I}_0 = \dot{I}_{0a} + \dot{I}_{0r} \tag{2-1}$$

其有效值

$$I_0 = \sqrt{I_{0r}^2 + I_{0a}^2}$$

$\dot{I}_0$ 的相位超前 $\dot{\Phi}_m$ 的角度称为铁耗角 α。

2. 空载电流的性质和大小

通常,$I_{0r} \gg I_{0a}$,当忽略 I_{0a} 时,则 $I_0 = I_{0r}$,故变压器空载电流可近似认为是无

功性质的, 通常称其为励磁电流。由于变压器铁芯采用导磁性能良好的硅钢片, 一般电力变压器空载电流的数值不大, 约为额定电流的 2% ~ 10%, 变压器的容量越大, 空载电流的百分值一般越小。

3. 空载电流的波形

空载电流波形与铁芯磁化曲线有关, 由于磁路饱和的影响, 空载电流与由它所产生的主磁通呈非线性关系。由图 2-3 可知, 当磁通按正弦规律变化时, 由于磁路饱和, 空载电流为尖顶波。尖顶波的空载电流, 除基波分量外, 其余主要为三次谐波分量。也就是说, 由于磁路的饱和, 要在变压器铁芯中建立正弦波形的磁通, 变压器的空载电流就必须含有三次谐波分量。

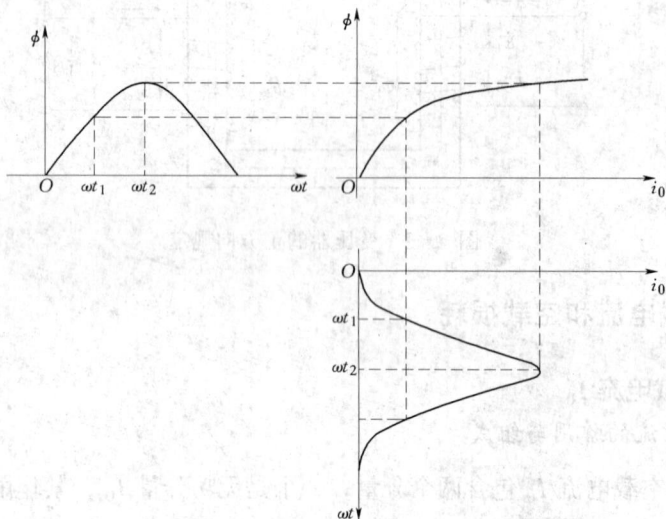

图 2-3 不考虑铁芯损耗的空载电流波形

2.1.3.2 空载损耗

变压器空载运行时, 一次侧从电源中吸取了少量的有功功率 p_0, 这个功率主要用来补偿铁芯中的铁损耗 p_{Fe} 以及少量的绕组铜损耗 $r_1 I_0^2$, 由于 I_0 和 r_1 均很小, 故 $p_0 \approx p_{Fe}$, 即空载损耗可近似等于铁损耗。

电力变压器空载损耗约占额定容量的 0.2% ~ 1%。

2.1.4 空载时的电磁关系

1. 电动势与磁通的关系

假定主磁通按正弦规律变化, 即

$$\phi = \Phi_{\mathrm{m}}\sin\omega t \tag{2-2}$$

式中 Φ_{m} 为主磁通的最大值；$\omega = 2\pi f$ 为磁通变化的角频率。

根据电磁感应定律和图 2-2 的正方向规定，一、二次侧中感应电动势的瞬时值为

$$e_1 = -N_1\frac{\mathrm{d}\phi}{\mathrm{d}t} = -\omega N_1\Phi_{\mathrm{m}}\cos\omega t = \sqrt{2}E_1\sin(\omega t - 90^\circ) \tag{2-3}$$

$$e_2 = -N_2\frac{\mathrm{d}\phi}{\mathrm{d}t} = -\omega N_2\Phi_{\mathrm{m}}\cos\omega t = \sqrt{2}E_2\sin(\omega t - 90^\circ) \tag{2-4}$$

感应电动势的有效值为

$$E_1 = \frac{\omega N_1\Phi_{\mathrm{m}}}{\sqrt{2}} = 4.44fN_1\Phi_{\mathrm{m}} \tag{2-5}$$

$$E_2 = \frac{\omega N_2\Phi_{\mathrm{m}}}{\sqrt{2}} = 4.44fN_2\Phi_{\mathrm{m}} \tag{2-6}$$

同理，可推导出一次绕组漏磁电动势的瞬时值与有效值分别为

$$e_{1\sigma} = -N_1\frac{\mathrm{d}\phi_{1\sigma}}{\mathrm{d}t} = -\omega N_1\Phi_{1\sigma\mathrm{m}}\cos\omega t = \sqrt{2}E_{1\sigma}\sin(\omega t - 90^\circ) \tag{2-7}$$

$$E_{1\sigma} = \frac{\omega N_1\Phi_{1\sigma\mathrm{m}}}{\sqrt{2}} = 4.44fN_1\Phi_{1\sigma\mathrm{m}} \tag{2-8}$$

式中 $\Phi_{1\sigma\mathrm{m}}$——一次侧漏磁通的最大值。

感应电动势与磁通的相量关系式为

$$\dot{E}_1 = -\mathrm{j}4.44fN_1\dot{\Phi}_{\mathrm{m}} \tag{2-9}$$

$$\dot{E}_2 = -\mathrm{j}4.44fN_2\dot{\Phi}_{\mathrm{m}} \tag{2-10}$$

$$\dot{E}_{1\sigma} = -\mathrm{j}4.44fN_1\dot{\Phi}_{1\sigma\mathrm{m}} \tag{2-11}$$

2. 电动势平衡方程式

按图 2-2 规定的正方向，空载时一次侧的电动势平衡方程式为

$$\dot{U}_1 = -\dot{E}_1 - \dot{E}_{1\sigma} + r_1\dot{I}_0 \tag{2-12}$$

将 $\dot{E}_{1\sigma}$ 写成压降的形式

$$\dot{E}_{1\sigma} = -\mathrm{j}\omega L_{1\sigma}\dot{I}_0 = -\mathrm{j}x_1\dot{I}_0 \tag{2-13}$$

$$L_{1\sigma} = \frac{N_1\Phi_{1\sigma\mathrm{m}}}{\sqrt{2}I_0}$$

$$x_1 = \omega L_{1\sigma}$$

式中 $L_{1\sigma}$——一次侧的漏电感;

x_1——一次侧的漏电抗。

将式(2-13)代入式(2-12)可得

$$\dot{U}_1 = -\dot{E}_1 + r_1\dot{I}_0 + jx_1\dot{I}_0 = -\dot{E}_1 + Z_1\dot{I}_0 \qquad (2-14)$$

式中 $Z_1 = r_1 + jx_1$——一次侧的漏阻抗。

对于电力变压器,空载时一次侧的漏阻抗压降 $Z_1\dot{I}_0$ 很小,其数值不超过 U_1 的 0.2%,将 $Z_1\dot{I}_0$ 忽略,则式(2-14)变成

$$\dot{U}_1 = -\dot{E}_1 \qquad (2-15)$$

由此式可以得出两点结论:一是 $\dot{E}_1$ 是个反电动势,它与 $\dot{U}_1$ 大小相等、方向相反,外加电压基本由它平衡;二是 $U_1 = E_1 = 4.44fN_1\Phi_m$,当频率和绕组匝数不变时,变压器主磁通幅值的大小与外加电压成正比,若外加电压不变,则主磁通幅值不变。从以后的分析可知,这两点结论在变压器正常负载运行时也成立。

在二次侧,由于 $\dot{I}_2 = 0$,则二次侧的感应电动势 $\dot{E}_2$ 等于二次侧的空载电压 $\dot{U}_{20}$,即:

$$\dot{U}_{20} = \dot{E}_2 \qquad (2-16)$$

3. 变压器的变比

在变压器中,一、二次侧的感应电动势 E_1 和 E_2 之比称为变压器的变比,用 k 表示。即:

$$k = \frac{E_1}{E_2} = \frac{4.44fN_1\Phi_m}{4.44fN_2\Phi_m} = \frac{N_1}{N_2} \qquad (2-17)$$

上式表明,变压器的变比等于一、二次侧的匝数比。当变压器空载运行时,由于 $U_1 = E_1$,$U_{20} = E_2$,故可近似地用空载运行时一、二次侧的电压比来作为变压器的变比,即

$$k = \frac{U_1}{U_{20}} = \frac{U_{1N}}{U_{2N}} \qquad (2-18)$$

对于三相变压器,变比是指一、二次侧相电动势之比,也就是额定相电压之比。而三相变压器额定电压指线电压,故其变比与一、二次侧额定电压之间的关系为:

Y,d 连接 $\qquad\qquad k = \dfrac{U_{1N}}{\sqrt{3}U_{2N}} \qquad (2-19)$

D,y 连接 $\qquad\qquad k = \dfrac{\sqrt{3}U_{1N}}{U_{2N}} \qquad (2-20)$

而对于 Y,y 和 D,d 连接,其关系式与式(2-18)相同。

4．漏电抗 x_1 的物理意义

空载电流 $\dot{I}_0$ 流过一次绕组产生一次漏磁通 $\dot{\Phi}_{1\sigma}$，一次漏磁通 $\dot{\Phi}_{1\sigma}$ 在一次绕组中感应漏磁电动势 $\dot{E}_{1\sigma}$，$\dot{E}_{1\sigma}$ 对一次侧电路的影响是阻碍电流的流通。对这种物理现象，可以用另一种表述的方法，即可以说是空载电流 $\dot{I}_0$ 流过一次侧电路的漏电抗 x_1 产生了电压降 $\dot{I}_0 x_1$。这样就把磁场对电路的影响变成了一个电抗元件对电路的影响。因为漏电抗 $x_1 = \dfrac{E_{1\sigma}}{I_0}$，即漏电抗的大小等于单位电流产生的漏磁电动势的大小。所以漏电抗的物理意义，就是反映了一次侧漏磁场对一次侧电路影响大小程度的一个物理量（或者说是一个电路元件）。漏电抗 x_1 愈大，说明单位电流流过一次绕组产生的漏磁通愈多，漏磁场愈强，对一次侧电路的影响愈大。

可推导出漏电抗 x_1 与影响它变化的有关因素的关系式

$$x_1 = \frac{2\pi f N_1^2}{R_\mathrm{m}}$$

$$R_\mathrm{m} = \frac{l}{\mu s}$$

式中　N_1——一次绕组的匝数；

$\quad\quad R_\mathrm{m}$——一次漏磁通所经路径的磁阻，它正比于磁路长度 l，反比于磁路截面积 s 和磁导率 μ；

$\quad\quad x_1$——漏电抗因为漏磁路的磁阻为常数，所以当频率和一次绕组匝数不变时，x_1 是常数。

2.1.5　空载时的等效电路和相量图

1．空载时的等效电路

类似于漏电抗概念的引出，可将主磁通感应的电动势 $\dot{E}_1$ 也看成是一个电抗压降，从而引出励磁电抗的概念，这对变压器的分析和计算将带来许多方便。但考虑到主磁路和漏磁路不同，主磁通会在铁芯中引起铁耗，故不能单纯地引入一个电抗，而应引入一个阻抗 Z_m 把 $\dot{E}_1$ 和 $\dot{I}_0$ 联系起来，根据正方向的规定，有

$$-\dot{E}_1 = Z_\mathrm{m}\dot{I}_0 = (r_\mathrm{m} + \mathrm{j}x_\mathrm{m})\dot{I}_0 \tag{2-21}$$

式中　$Z_\mathrm{m} = r_\mathrm{m} + \mathrm{j}x_\mathrm{m}$——变压器的励磁阻抗；

$\quad\quad r_\mathrm{m}$——励磁电阻，是对应于铁芯损耗的等效电阻，$r_\mathrm{m}I_0^2$ 等于铁耗；

$\quad\quad x_\mathrm{m}$——励磁电抗，其数值随铁芯饱和程度不同而改变。

通常 $x_m \gg r_m$，Z_m 的值主要决定于 x_m。

将式（2-21）代入式（2-14），得

$$\dot{U}_1 = -\dot{E}_1 + \dot{I}_0 Z_1 = \dot{I}_0 (Z_m + Z_1)$$

$$(2-22)$$

由此可以绘出相应的等效电路图，如图 2-4 所示。从图可见，空载运行的变压器，可看成是两个阻抗串联的电路。其中一个没有铁芯，由一次侧的漏阻抗 $Z_1 = r_1 + jx_1$ 组成，另一个有铁芯，由励磁阻抗 $Z_m = r_m + jx_m$ 组成。这样就把变压器中电和磁的相互交织的关系简化为纯电路的形式来表达。这种思想方法称为"化场为路"，是研究变压器和电机理论的基本方法之一。

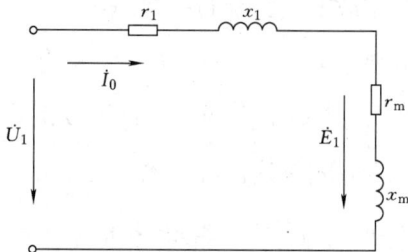

图 2-4 变压器空载时的等效电路

必须强调，r_1、x_1 是常量，而 r_m、x_m 均为变量。它们随铁芯饱和程度的变化而变化。如铁芯饱和程度增加，则 r_m、x_m 会减小。但在实际运行中，由于电源电压的变化不大，铁心中主磁通的变化也不大，所以 Z_m 的值可以认为基本不变。

2. 空载时的相量图

相量图能直观地反映出变压器各物理量之间的相位关系，由前面分析推导出的方程式可绘出变压器空载运行时的相量图如图 2-5 所示。作图步骤如下：

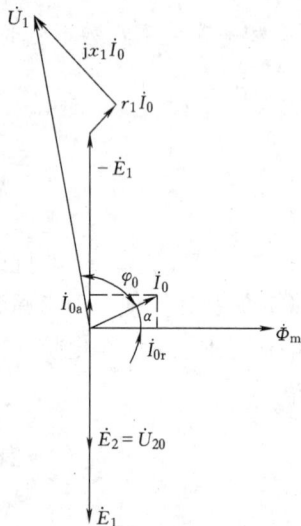

（1）把主磁通 $\dot{\Phi}_m$ 作为参考相量，画在横坐标上。

（2）作 $\dot{E}_1$、$\dot{E}_2$ 滞后 $\dot{\Phi}_m$ 90°。

（3）作空载电流的无功分量 $\dot{I}_{0r}$ 与 $\dot{\Phi}_m$ 同相位，有功分量 $\dot{I}_{0a}$ 超前 $\dot{\Phi}_m$ 90°，$\dot{I}_{0r}$ 与 $\dot{I}_{0a}$ 二者的相量和即为 $\dot{I}_0$。

（4）由式（2-14），在（$-\dot{E}_1$）上加上与 $\dot{I}_0$ 平行的 $r_1\dot{I}_0$ 和与 $\dot{I}_0$ 垂直的 $jx_1\dot{I}_0$ 得 $\dot{U}_1$。

$\dot{U}_1$ 与 $\dot{I}_0$ 之间的相位差 φ_0 称为空载时的功率因数角。由于 $\varphi_0 \approx 90°$。因此，变压器空载运行时的功率因数 $\cos\varphi_0$ 是很低的，一般在 0.1～0.2 之间。为了清楚起见，图中相量 $r_1\dot{I}_0$ 和 $jx_1\dot{I}_0$ 被夸大了。

图 2-5 变压器空载时的相量图

基本方程式、等效电路、相量图是分析电机电磁关系的三种主要方法。

2.2 单相变压器的负载运行

如图 2-6 所示，变压器一次侧接入交流电源，二次侧接上负载 Z_L 的运行方式称为变压器的负载运行，此时二次侧流过电流 $\dot{I}_2$。由于 $\dot{I}_2$ 的出现，变压器负载运行时的电磁关系与空载时明显不同。

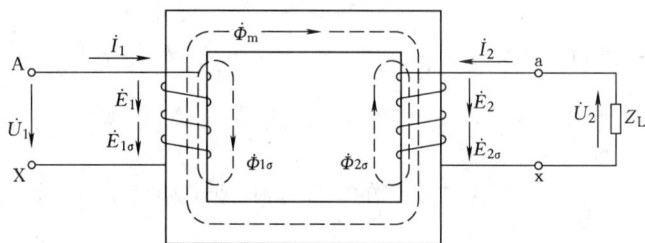

图 2-6 变压器负载运行原理图

2.2.1 磁动势平衡关系

由上节分析可知，变压器空载运行时，$\dot{I}_2 = 0$，二次侧的存在对一次侧电路没有影响。一次侧空载电流 $\dot{I}_0$ 产生的磁动势 $F_0 = N_1 \dot{I}_0$ 就是励磁磁动势，它产生主磁通 $\dot{\Phi}_m$，并在一、二次侧中感应电动势。电源电压与反电动势及漏阻抗压降相平衡，维持空载电流在一次侧中流过，此时变压器中的电磁关系处于平衡状态。

变压器负载运行时，二次侧中的电流 $\dot{I}_2$ 产生磁动势 $\dot{F}_2 = N_2 \dot{I}_2$。$F_2$ 也作用在变压器的主磁路上，从而企图改变铁芯中的主磁通 $\dot{\Phi}_m$ 以及由 $\dot{\Phi}_m$ 所感应电动势 $\dot{E}_1$，由式（2-14）可知，这将引起一次侧的电流发生变化而由 $\dot{I}_0$ 上升为 $\dot{I}_1$，一次侧的磁动势也从 $\dot{F}_0$ 变为 $\dot{F}_1 = N_1 \dot{I}_1$，原来的平衡关系遭到破坏。但对实际的变压器，$Z_1$ 很小，漏阻抗压降 $Z_1 \dot{I}_1$ 很小，即使在额定负载时也只有额定电压的（2~6）%，故在负载运行时仍有 $\dot{U}_1 \approx -\dot{E}_1$ 或 $U_1 \approx E_1$。因此，从空载到满载，当电源电压和频率不变时，可认为主磁通 $\dot{\Phi}_m$ 近似为常数，负载运行时产生主磁通的磁动势（$\dot{F}_1 + \dot{F}_2$）与空载运行时相同。由此得磁动势平衡关系为

$$\left.\begin{array}{c} \dot{F}_1 + \dot{F}_2 = \dot{F}_0 \\ N_1\dot{I}_1 + N_2\dot{I}_2 = N_1\dot{I}_0 \end{array}\right\} \qquad (2-23)$$

或

将上式进行变化，可得

$$\dot{F}_1 = \dot{F}_0 + (-\dot{F}_2)$$

或

$$\dot{I}_1 = \dot{I}_0 + \left(-\frac{N_2}{N_1}\right)\dot{I}_2 = \dot{I}_0 + \left(-\frac{\dot{I}_2}{k}\right) \qquad (2-24)$$

式 (2-24) 说明，变压器负载运行时一次侧的电流 $\dot{I}_1$（或磁动势 $\dot{F}_1$）由两个分量组成。一个分量 $\dot{I}_0$（或 $\dot{F}_0$）是用来产生主磁通 $\dot{\Phi}_m$ 的励磁分量，另一个分量 $\left(-\frac{\dot{I}_2}{k}\right)$ 或 $(-\dot{F}_2)$ 是用来平衡二次侧的电流 $\dot{I}_2$（或磁动势 $\dot{F}_2$）对主磁通的影响，称为负载分量。

负载时，由于 $I_0 \ll I_1$，忽略 I_0 时，则式 (2-24) 变为

$$\dot{I}_1 \approx \left(-\frac{N_2}{N_1}\right)\dot{I}_2 = \left(-\frac{\dot{I}_2}{k}\right) \qquad (2-25)$$

这表明，变压器一、二次侧电流与其匝数成反比，当二次侧负载电流 I_2 增大时，一次侧电流 I_1 将随着增大，即二次侧输出功率增大时，一次侧输入功率随之增大。所以变压器是一个能量传递装置，它在变压的同时也在改变电流的大小。

2.2.2 基本方程式

变压器负载运行时，除一、二次侧磁动势共同产生主磁通外，还有一、二次侧磁动势在各自的绕组中产生的只环链其本身的漏磁通 $\dot{\Phi}_{1\sigma}$、$\dot{\Phi}_{2\sigma}$，它们相应在各自绕组中感应出漏电动势 $\dot{E}_{1\sigma}$、$\dot{E}_{2\sigma}$。前已述及，一次侧漏电动势 $\dot{E}_{1\sigma}$ 可用漏电抗压降 $-jx_1\dot{I}_1$ 来代替，其中 $x_1 = \omega L_{1\sigma}$ 称为一次侧的漏电抗，是一常数。同理，二次侧漏电动势 $\dot{E}_{2\sigma}$ 可用漏电抗压降 $-jx_2\dot{I}_2$ 来代替，其中 $x_2 = \omega L_{2\sigma}$ 称为二次侧的漏电抗，也是常数。再考虑到一、二次侧有电阻 r_1、r_2，按图 2-6 所规定的正方向，根据基尔霍夫第二定律，可写出变压器负载运行时一、二次侧电动势平衡方程式为

$$\dot{U}_1 = -\dot{E}_1 + (r_1 + jx_1)\dot{I}_1 = -\dot{E}_1 + Z_1\dot{I}_1 \qquad (2-26)$$

$$\dot{U}_2 = \dot{E}_2 - (r_2 + jx_2)\dot{I}_2 = \dot{E}_2 - Z_2\dot{I}_2 \qquad (2-27)$$

$$Z_2 = r_2 + jx_2$$

式中　Z_2——二次侧的漏阻抗；

　r_2、x_2——二次侧的电阻和漏电抗。

变压器二次侧端电压也可写成

$$\dot{U}_2 = Z_L\dot{I}_2 \tag{2-28}$$

式中　Z_L——负载阻抗。

综前所述，将变压器负载时的基本电磁关系归纳起来，可得以下基本方程式组

$$\dot{U}_1 = -\dot{E}_1 + (r_1 + jx_1)\dot{I}_1$$

$$\dot{U}_2 = \dot{E}_2 - (r_2 + jx_2)\dot{I}_2$$

$$\dot{I}_1 = \dot{I}_0 + \left(-\frac{\dot{I}_2}{k}\right) \tag{2-29}$$

$$\dot{E}_1/\dot{E}_2 = k$$

$$\dot{E}_1 = -Z_m\dot{I}_0$$

$$\dot{U}_2 = Z_L\dot{I}_2$$

变压器的基本方程式组反映了变压器内部的电磁关系，利用式（2-29）便能对变压器进行定量的分析计算。但是，求解联立复数方程组是非常复杂的。

由变压器的基本方程式组可绘出变压器的电路图如图2-7所示，但这种电路图的一、二次侧之间只有磁的耦合，没有电的直接联系。其矛盾是一、二次侧的感应电动势 $\dot{E}_1 \neq \dot{E}_2$。若引入折算法（绕组折算），便能导出既能反映变压器内部电磁关系，又便于工程计算的纯电路（等效电路）。

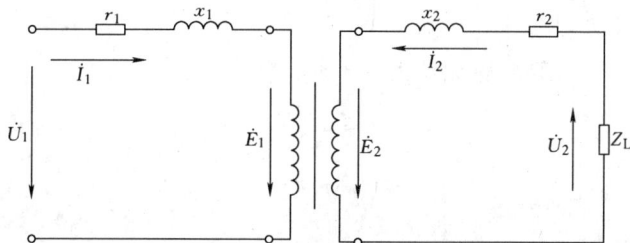

图2-7　一、二次侧分开的变压器电路图

2.2.3 变压器参数的折算

所谓绕组折算是指用一假想的绕组来代替变压器中的一个绕组，使之成为变比 k = 1 的变压器。折算可以是由二次侧向一次侧折算，即把二次侧匝数变换成一次侧匝数；也可以由一次侧向二次侧折算。

折算的原则是折算前后变压器内部的电磁效应不变，即折算前后磁动势平衡、有功功率损耗和无功功率损耗等均保持不变。在由二次侧向一次侧折算时，只要保持二次侧的磁动势 F_2 不变，则变压器内部的电磁效应就不变。折算后的量在原来的符号上加一个上标号"′"以示区别，二次侧各量折算方法如下。

1. 二次侧电流的折算值 $\dot{I}_2'$

设折算后二次侧的匝数为 $N_2 = N_1$，流过的电流为 $\dot{I}_2'$，根据折算前后二次侧磁动势不变的原则，可得

$$N_1 \dot{I}_2' = N_2 \dot{I}_2$$

即
$$\dot{I}_2' = \frac{N_2}{N_1} \dot{I}_2 = \frac{\dot{I}_2}{k} \tag{2-30}$$

2. 二次侧电动势的折算值

由于折算前后主磁通和漏磁通均未改变，根据电动势与匝数成正比的关系，可得

$$\dot{E}_2' = \frac{N_1}{N_2} \dot{E}_2 = k\dot{E}_2 = \dot{E}_1 \tag{2-31}$$

$$\dot{E}_{2\sigma}' = k\dot{E}_{2\sigma} \tag{2-32}$$

3. 二次侧漏阻抗的折算值

根据折算前后二次侧的铜损耗不变，得

$$r_2' I_2'^2 = r_2 I_2^2$$

即
$$r_2' = \left(\frac{I_2}{I_2'}\right)^2 r_2 = k^2 r_2 \tag{2-33}$$

根据折算前后二次侧漏磁无功损耗不变，得

$$x_2' I_2'^2 = x_2 I_2^2$$

即
$$x_2' = \left(\frac{I_2}{I_2'}\right)^2 x_2 = k^2 x_2 \tag{2-34}$$

漏阻抗的折算值

$$Z_2' = r_2' + \mathrm{j}x_2' = k^2(r_2 + \mathrm{j}x_2) = k^2 Z_2 \tag{2-35}$$

当二次侧折算后,负载端的电压和负载阻抗也应进行折算,二次侧电压应乘以 k,负载阻抗应乘以 k^2,即 $\dot{U}_2' = k\dot{U}_2$,$Z_L' = k^2 Z_L$。

折算后的基本方程式组如下

$$
\left.
\begin{aligned}
\dot{U}_1 &= -\dot{E}_1 + (r_1 + jx_1)\dot{I}_1 \\
\dot{U}_2' &= \dot{E}_2' - (r_2' + jx_2')\dot{I}_2' \\
\dot{I}_1 &= \dot{I}_0 + (-\dot{I}_2') \\
\dot{E}_1 &= \dot{E}_2' \\
\dot{E}_1 &= -Z_m\dot{I}_0 \\
\dot{U}_2' &= Z_L'\dot{I}_2'
\end{aligned}
\right\}
\tag{2-36}
$$

2.2.4 负载时的等效电路

根据折算后的基本方程式组可以构成图 2-8 所示的电路。由于其形状像字母"T",故称为"T"形等效电路。

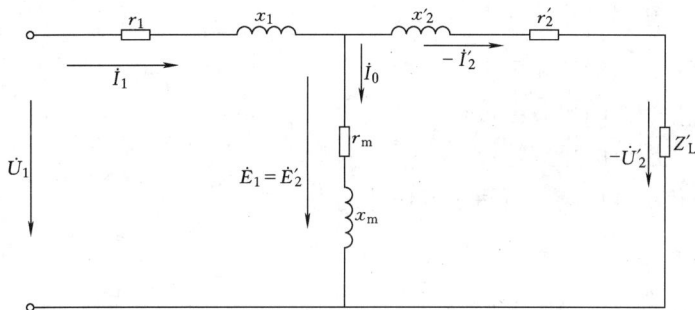

图 2-8 变压器的"T"形等效电路

"T"形等效电路虽然能准确地表达变压器内部的电磁关系,但其结构为串、并联混合电路,运算较繁。考虑到 $z_m \gg z_1$,$I_{1N} \gg I_0$,因而压降 $\dot{I}_0 Z_1$ 很小,可忽略不计;同时,当 $\dot{U}_1$ 一定时,负载变化时 $\dot{E}_1$ 变化很小,可以认为 $\dot{I}_0$ 不随负载的变化而变化。这样,便可把"T"形等效电路中的励磁支路移到电源端,励磁支路移动后,使负载支路电压和励磁支路电压略有升高,造成了很小的误差,故称为近似"Γ"形等效电路,如图 2-9 所示。

在电力变压器中,由于 $I_0 \ll I_N$,通常 I_0 约占 I_N 的 (2~10)%。因此,在工程

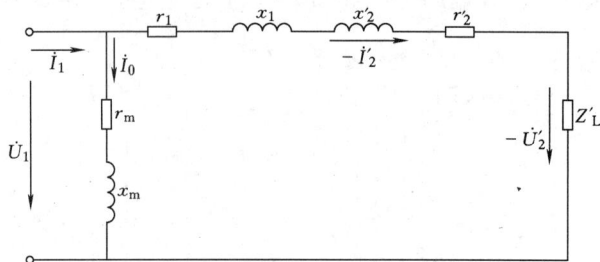

图 2-9 变压器的近似"Γ"形等效电路

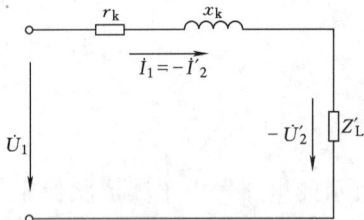

图 2-10 变压器的简化等效电路

计算中，分析负载及短路运行时可以把 $\dot{I}_0$ 忽略，即去掉励磁支路，而得到一个更简单的串联电路，如图 2-10 所示，称为简化等效电路。

在"Γ"形等效电路和简化等效电路中，将一、二次侧的漏阻抗参数合并起来，即

$$\left.\begin{array}{l} r_k = r_1 + r_2' \\ x_k = x_1 + x_2' \\ Z_k = r_k + jx_k \end{array}\right\} \qquad (2-37)$$

式中　r_k——变压器的短路电阻；

　　　x_k——变压器的短路电抗；

　　　Z_k——变压器的短路阻抗。

对应于简化等效电路，可写出变压器的方程式组

$$\left.\begin{array}{l} \dot{U}_1 = -\dot{U}_2' + \dot{I}_1 Z_k \\ \dot{I}_1 = -\dot{I}_2' \end{array}\right\} \qquad (2-38)$$

在工程上，简化等效电路及方程式组给变压器的分析和计算带来很大的便利，得到广泛应用。

2.2.5　负载时的相量图

变压器负载运行时的电磁关系，除了用基本方程式和等效电路表示外，还可以用相量图表示。图 2-11 表示带阻感性负载时变压器的相量图。此相量图由三个部分组成：二次侧电压相量图；电流相

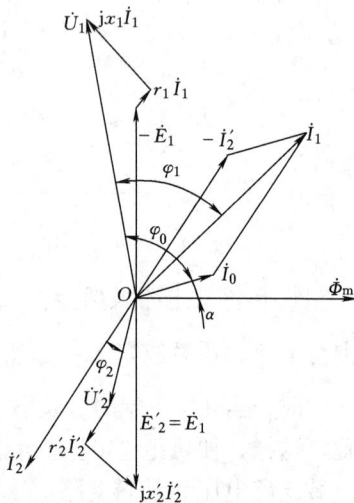

图 2-11　变压器阻感性负载相量图

30

量图或磁动势平衡相量图；一次侧电压相量图。

相量图的画法视给定的条件而定。例如已知 U_2、I_2、$\cos\varphi_2$ 及变压器的各个参数，画图的步骤如下：

1）选择 $\dot{U}'_2$ 作为参考相量，根据给定的负载定出 φ_2 角，由此绘出 $\dot{I}'_2$。

2）根据二次侧电动势平衡方程式 $\dot{E}'_2 = \dot{U}'_2 + (r'_2 + jx'_2)\dot{I}'_2$，在 $\dot{U}'_2$ 加上与 $\dot{I}'_2$ 平行的 $r'_2\dot{I}'_2$，再加上与 $\dot{I}'_2$ 垂直的 $jx'_2\dot{I}'_2$ 得出 $\dot{E}'_2$。由于 $\dot{E}_1 = \dot{E}'_2$，也就得到了 $\dot{E}_1$。

3）主磁通 $\dot{\Phi}_m$ 超前 $\dot{E}_1 90°$，励磁电流 $\dot{I}_0$ 又超前 $\dot{\Phi}_m$ 一铁耗角 $\alpha = \mathrm{tg}^{-1}\dfrac{r_m}{x_m}$，于是可绘出 $\dot{\Phi}_m$ 和 $\dot{I}_0$。

4）由磁动势平衡方程 $\dot{I}_1 = \dot{I}_0 + (-\dot{I}'_2)$ 可得 $\dot{I}_1$。

5）由一次侧电动势平衡方程 $\dot{U}_1 = -\dot{E}_1 + (r_1 + jx_1)\dot{I}_1$，在 $-\dot{E}_1$ 上加上与 $\dot{I}_1$ 平行的 $r_1\dot{I}_1$，再加上与 $\dot{I}_1$ 垂直的 $jx_1\dot{I}_1$，即得 $\dot{U}_1$。

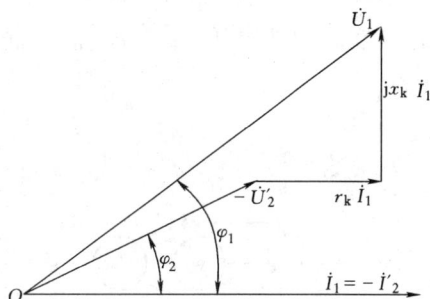

图 2-12 阻感性负载时的简化相量图

由式（2-38），可画出变压器带阻感性负载时的简化相量图如图 2-12 所示。

2.3 变压器参数的测定

解基本方程式组、分析等效电路、作相量图都要用到变压器各阻抗的参数。而这些参数的确定，在设计时是根据材料及结构的尺寸计算出来的，对已经制造好的变压器则可以通过空载试验和短路（或称为负载）试验来测定。

2.3.1 空载试验

根据变压器的空载试验可以求出变比 k，空载损耗 p_0 及励磁阻抗 Z_m。空载试验的接线如图 2-13 所示。为了便于测量和安全起见，通常在低压侧加电压，将高压侧开路。电压 U_1 由零逐渐升至 $1.2U_{1N}$（或由 $1.2U_{1N}$ 逐渐降至零），分别测出它所对

应的 U_{20}、I_0 及 p_0 值，可绘出空载电流、空载损耗随电压变化的空载特性曲线 $I_0 = f(U_1)$，$p_0 = f(U_1)$，如图 2-14 所示。

由所测数据可求得

$$k = \frac{U_{20}(高压)}{U_1(低压)}$$

$$I_0\% = \frac{I_0}{I_{1N}} \times 100\% \tag{2-39}$$

空载试验时，变压器没有输出功率，此时输入有功功率 p_0 包括一次绕组铜损耗 $r_1 I_0^2$ 和铁芯中铁损耗 $p_{Fe} = r_m I_0^2$ 两部分。由于空载电流 I_0 很小，且 $r_1 \ll r_m$，因此 $p_0 \approx p_{Fe}$。

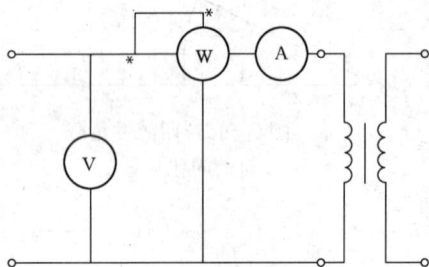

图 2-13　单相变压器空载试验接线图　　图 2-14　变压器的空载特性曲线

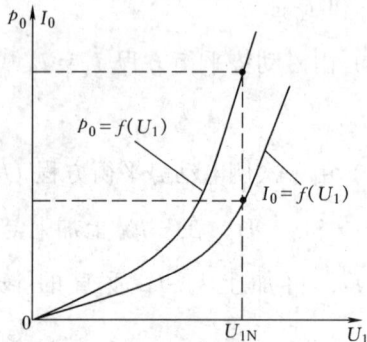

由空载等效电路，忽略 r_1、x_1 可求得

$$\left. \begin{aligned} z_m &= \frac{U_0}{I_0} \\ r_m &= \frac{p_0}{I_0^2} \\ x_m &= \sqrt{z_m^2 - r_m^2} \end{aligned} \right\} \tag{2-40}$$

应当注意，由于 z_m 与磁路的饱和程度有关，不同的电源电压下测出的数值不同，故应以额定电压下测出的数据来计算励磁阻抗。同时，对三相变压器，运用上述公式时必须采用每相值，即用一相的功率以及相电压和相电流来计算。

由于空载试验是在低压侧进行的，故测得的励磁参数是折算至低压侧的数值。如果需要折算到高压侧，应将所测得参数乘以 k^2。

2.3.2 短路试验

短路试验又称为负载试验，由变压器的短路试验可求出变压器的铜损耗 p_{Cu} 和短路阻抗 z_k。短路试验的接线如图 2-15 所示。为了便于测量，通常在高压侧加电压，将低压侧短路。由于短路时外加电压全部降在变压器的漏阻抗 z_k 上，而 z_k 的数值很小，一般电力变压器额定电流时的漏阻抗压降 $z_k I_{1N}$ 仅为额定电压的（4~17.5）%。因此，为了避免过大的短路电流 I_k，短路试验时一次侧所加电压很低（约为额定电压的 5%~10%），使 I_k 不超过 $1.2 I_{1N}$。在不同的电压下测出短路特性曲线 $I_k = f(U_k)$，$p_k = f(U_k)$，如图 2-16 所示。

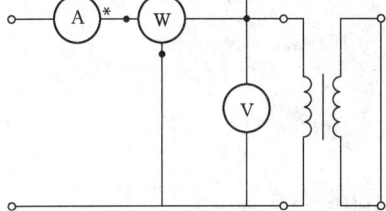

图 2-15 单相变压器短路试验接线图   图 2-16 变压器的短路特性曲线

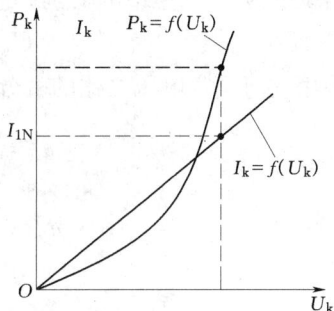

由于短路试验时外加电压很低，铁芯中主磁通很小，铁耗 p_{Fe} 可略去不计，认为短路损耗 $p_k = p_{Cu}$，也就是可认为等效电路中的励磁支路处于开路状态，于是，由所测数据可求得变压器的短路参数。

$$z_k = \frac{U_k}{I_k} = \frac{U_{kN}}{I_N}$$

$$r_k = \frac{p_k}{I_k^2} = \frac{p_{kN}}{I_{1N}^2} \tag{2-41}$$

$$x_k = \sqrt{z_k^2 - r_k^2}$$

对"T"形等效电路，可认为：$r_1 \approx r_2' = \frac{1}{2} r_k$，$x_1 \approx x_2' = \frac{1}{2} x_k$。

由于电阻随温度而变化，按照电力变压器的标准规定，应将室温（设为 θ ℃）下测得的短路电阻换算到标准工作温度 75 ℃时的值，而漏电抗与温度无关，故有

对于铜线变压器 $$r_{k75℃} = \frac{235 + 75}{235 + \theta} r_k$$

对于铝线变压器
$$r_{k75℃} = \frac{225 + 75}{225 + \theta} r_k \qquad (2-42)$$

$$z_{k75℃} = \sqrt{r_{k75℃}^2 + x_k^2}$$

短路损耗和短路电压也应换算到 75 ℃时的值，即

$$p_{k75℃} = r_{k75℃} I_{1N}^2$$

$$U_{k75℃} = z_{k75℃} I_{1N} \qquad (2-43)$$

应当注意，对三相变压器，在应用公式时，U_k、I_k 和 p_k 必须采用每相值来计算。由于短路试验一般是在高压侧进行，故测得的短路参数是折算至高压侧的数值，若需要折算到低压侧，应将所测得参数除以 k^2。

短路试验时，使短路电流为额定电流时一次侧所加的电压，称为短路电压 U_{kN}。

$$U_{kN} = I_{1N} \cdot z_{k75℃}$$

通常用它与额定电压之比的百分值来表示，即

$$u_k = \frac{I_{1N} z_{k75℃}}{U_{1N}} \times 100\%$$

$$u_{ka} = \frac{I_{1N} r_{k75℃}}{U_{1N}} \times 100\% \qquad (2-44)$$

$$u_{kr} = \frac{I_{1N} x_k}{U_{1N}} \times 100\%$$

式中　u_k——短路电压百分值；

　　　u_{ka}——短路电压电阻（或有功）分量百分值；

　　　u_{kr}——短路电压电抗（或无功）分量百分值。

短路电压是变压器一个很重要的参数，它标在变压器的铭牌上，其大小反映了变压器在额定负载下运行时漏阻抗压降的大小。从运行角度来看，希望 u_k 小一些，使变压器输出电压随负载变化波动小一些。但 u_k 太小，变压器由于某种原因短路时电流太大，可能损坏变压器。一般中、小型电力变压器的 $u_k = 4\% \sim 10.5\%$，大型电力变压器的 $u_k = 12.5\% \sim 17.5\%$。

2.3.3　标么值

在工程计算中，各物理量往往不用实际值表示，而用实际值与该物理量某一选定的同单位的基值之比来表示，称为该物理量的标么值（或相对值），即

$$标么值 = \frac{实际值}{基值}$$

在变压器和电机中，通常取各量的额定值作为基值。例如取一、二次侧额定电压

U_{1N}、U_{2N}作为一、二次侧电压的基值；取一、二次侧额定电流 I_{1N}、I_{2N}作为一、二次侧电流的基值；一、二次侧阻抗的基值分别为 $z_{1B} = \dfrac{U_{1N}}{I_{1N}}$、$z_{2B} = \dfrac{U_{2N}}{I_{2N}}$；功率的基值为额定容量 S_N。（要注意，对三相变压器或三相电机，上述的额定电压或额定电流应取相值。）

为了区分标么值和实际值，我们在各量原来的符号上加一上标"＊"来表示该量的标么值。例如：$U_1^* = \dfrac{U_1}{U_{1N}}$，$I_1^* = \dfrac{I_1}{I_{1N}}$，$z_1^* = \dfrac{z_1}{z_{1B}} = \dfrac{z_1 I_{1N}}{U_{1N}}$等。

采用标么值有以下优点：

（1）采用标么值可以简化各量的数值，并能直观地看出变压器的运行情况。例如某量为额定值时，其标么值为 1；$I_2^* = 0.9$，表明该变压器带 90% 额定负载。

（2）采用标么值计算，一、二次侧各量均不需要折算。例如：

$$U_2^{'*} = \frac{U_2'}{U_{1N}} = \frac{kU_2}{kU_{2N}} = \frac{U_2}{U_{2N}} = U_2^*$$

（3）用标么值表示，电力变压器的参数和性能指标总在一定的范围之内，便于分析比较。例如短路阻抗 $z_k^* = 0.04 \sim 0.175$，空载电流 $I_0^* = 0.02 \sim 0.10$。

（4）采用标么值，某些不同的物理量具有相同的数值。例如：

$$z_k^* = \frac{z_k}{z_{1B}} = \frac{z_k I_{1N}}{U_{1N}} = \frac{U_{kN}}{U_{1N}} = U_{kN}^*$$

$$r_k^* = \frac{r_k}{z_{1B}} = \frac{r_k I_{1N}}{U_{1N}} = \frac{U_{ka}}{U_{1N}} = U_{ka}^* \qquad (2-45)$$

$$x_k^* = \frac{x_k}{z_{1B}} = \frac{x_k I_{1N}}{U_{1N}} = \frac{U_{kr}}{U_{1N}} = U_{kr}^*$$

【例 2-1】 一台三相电力变压器型号为 SL—320/6.3，Y，d 接线，$S_N = 320kVA$，$U_{1N}/U_{2N} = 6300/400V$。在低压侧做空载试验，测得数据为 $U_0 = 400V$，$I_0 = 27.7A$，$p_0 = 1450W$。在高压侧做短路试验，测得数据为 $U_k = 284V$，$I_k = 29.3A$，$p_k = 5700W$，室温 20 ℃。求：

（1）折算到高压侧的"T"形等效电路参数的实际值和标么值（设 $r_1 = r_2'$，$x_1 = x_2'$）。

（2）短路电压百分值及其电阻分量和电抗分量的百分值。

解：（1）由空载试验数据求励磁参数

励磁阻抗
$$z_m = \frac{U_{0相}}{I_{0相}} = \frac{400}{27.7/\sqrt{3}} = 25.01 \ (\Omega)$$

励磁电阻 $\qquad r_{\mathrm{m}} = \dfrac{p_0/3}{I_{0相}^2} = \dfrac{1450/3}{(27.7/\sqrt{3})^2} = 1.89~(\Omega)$

励磁电抗 $\qquad x_{\mathrm{m}} = \sqrt{z_{\mathrm{m}}^2 - r_{\mathrm{m}}^2} = \sqrt{25.01^2 - 1.89^2} = 24.94~(\Omega)$

折算到高压侧的值

变比 $\qquad k = \dfrac{U_{1\mathrm{N}}/\sqrt{3}}{U_{2\mathrm{N}}} = \dfrac{6300/\sqrt{3}}{400} = 9.09$

$$z_{\mathrm{m}}' = k^2 z_{\mathrm{m}} = 9.09^2 \times 25.01 = 2066.53~(\Omega)$$

$$r_{\mathrm{m}}' = k^2 r_{\mathrm{m}} = 9.09^2 \times 1.89 = 156.17~(\Omega)$$

$$x_{\mathrm{m}}' = k^2 x_{\mathrm{m}} = 9.09^2 \times 24.94 = 2060.74~(\Omega)$$

励磁参数标幺值

$$I_{2\mathrm{N}} = \frac{S_{\mathrm{N}}}{\sqrt{3}\,U_{2\mathrm{N}}} = \frac{320}{\sqrt{3} \times 0.4} = 461.88~(\mathrm{A})$$

$$z_{2\mathrm{B}} = \frac{U_{2\mathrm{N}相}}{I_{2\mathrm{N}相}} = \frac{400}{461.88/\sqrt{3}} = 1.5~(\Omega)$$

$$z_{\mathrm{m}}^* = \frac{z_{\mathrm{m}}}{z_{2\mathrm{B}}} = \frac{25.01}{1.5} = 16.67$$

$$r_{\mathrm{m}}^* = \frac{r_{\mathrm{m}}}{z_{2\mathrm{B}}} = \frac{1.89}{1.5} = 1.26$$

$$x_{\mathrm{m}}^* = \frac{x_{\mathrm{m}}}{z_{2\mathrm{B}}} = \frac{24.93}{1.5} = 16.62$$

由短路试验数据求短路参数

短路阻抗 $\qquad z_{\mathrm{k}} = \dfrac{U_{\mathrm{k}}/\sqrt{3}}{I_{\mathrm{k}}} = \dfrac{284/\sqrt{3}}{29.3} = 5.596~(\Omega)$

短路电阻 $\qquad r_{\mathrm{k}} = \dfrac{p_{\mathrm{k}}/3}{I_{\mathrm{k}}^2} = \dfrac{5700/3}{29.3^2} = 2.21~(\Omega)$

短路电抗 $\qquad x_{\mathrm{k}} = \sqrt{z_{\mathrm{k}}^2 - r_{\mathrm{k}}^2} = \sqrt{5.596^2 - 2.21^2} = 5.14~(\Omega)$

换算到 75 ℃时的短路参数：$\qquad r_{\mathrm{k75℃}} = \dfrac{225 + 75}{225 + 20} \times 2.21 = 2.71~(\Omega)$

$$z_{\mathrm{k75℃}} = \sqrt{r_{\mathrm{k75℃}}^2 + x_{\mathrm{k}}^2} = \sqrt{2.71^2 + 5.14^2} = 5.81~(\Omega)$$

则 $\qquad r_1 = r_2' = \dfrac{1}{2} r_{\mathrm{k75℃}} = \dfrac{1}{2} \times 2.71 = 1.36~(\Omega)$

$$x_1 = x_2' = \frac{1}{2} x_{\mathrm{k}} = \frac{1}{2} \times 5.14 = 2.57~(\Omega)$$

短路参数标么值

$$I_{1N} = \frac{S_N}{\sqrt{3}\,U_{1N}} = \frac{320}{\sqrt{3} \times 6.3} = 29.33 \ (A)$$

$$z_{1B} = \frac{U_{1N相}}{I_{1N相}} = \frac{6300/\sqrt{3}}{29.33} = 124.03 \ (\Omega)$$

$$z_k^* = \frac{z_{k75℃}}{z_{1B}} = \frac{5.81}{124.03} = 0.0468$$

$$r_k^* = \frac{r_{k75℃}}{z_{1B}} = \frac{2.71}{124.03} = 0.0218$$

$$x_k^* = \frac{x_k}{z_{1B}} = \frac{5.14}{124.03} = 0.0414$$

(2) 短路电压百分值及其分量百分值

$$u_k = \frac{z_{k75℃}I_{1N}}{U_{1N}} \times 100\% = \frac{5.81 \times 29.33}{6300/\sqrt{3}} \times 100\% = 4.68\%$$

$$u_{ka} = \frac{r_{k75℃}I_{1N}}{U_{1N}} \times 100\% = \frac{2.71 \times 29.33}{6300/\sqrt{3}} \times 100\% = 2.18\% \qquad (2-46)$$

$$u_{kr} = \frac{x_k I_{1N}}{U_{1N}} \times 100\% = \frac{5.14 \times 29.33}{6300/\sqrt{3}} \times 100\% = 4.14\%$$

2.4 变压器的运行特性

变压器的运行特性主要有外特性与效率特性，而表征变压器运行性能的主要指标则有电压变化率和效率。

2.4.1 电压变化率

1. 外特性

变压器一次侧接上额定电压、二次侧开路时，二次侧空载电压就等于二次侧额定电压。

变压器带上负载后，由于变压器内部存在电阻和漏抗，负载电流通过这些漏阻抗将产生阻抗压降，使其二次侧端电压随负载的变化而变化，这种变化规律，可用外特性来描述。外特性是指一次侧加额定电压，负载功率因数 $\cos\varphi_2$ 一定时，二次侧端电压随负载电流变化的关系，即 $U_2 = f\ (I_2)$，画成曲线如图 2-17 所示。变压器在纯电阻和感性负载时，外特性是下降的，而容性负载时，可能上翘。

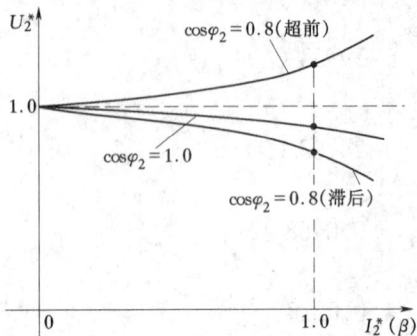

图 2-17 变压器的外特性

2. 电压变化率

变压器二次侧端电压随负载变化的程度用电压变化率来表示。其定义为，当一次侧接在额定电压、额定频率的电源上，二次侧的空载电压与给定负载功率因数下二次侧电压的算术差，和二次侧额定电压的百分比。即

$$\Delta U\% = \frac{U_{20} - U_2}{U_{2N}} \times 100\% = \frac{U_{2N} - U_2}{U_{2N}} \times 100\%$$

$$= \frac{U_{1N} - U_2'}{U_{1N}} \times 100\% = (1 - U_2^*) \times 100\%$$

$$(2-47)$$

变压器的电压变化率表征了电网电压的稳定性，反映了电网供电质量，所以它是变压器的一个重要性能指标。

可由变压器的简化相量图来求得 $\Delta U\%$ 的计算公式。图 2-18 表示感性负载时变压器的简化相量图。图中 $U_{1N}^* = 1$，$I_1^* = I_2^* = \beta$（β 称为变压器的负载系数），电阻压降 $r_k^* I_1^* = \beta r_k^*$，电抗压降 $x_k^* I_1^* = \beta x_k^*$。

由相量图得 $1 - U_2^* \approx CD + DE$

$$= BC\cos\varphi_2 + AB\sin\varphi_2$$

$$= \beta(r_k^*\cos\varphi_2 + x_k^*\sin\varphi_2)$$

故 $\Delta U\% = \beta(r_k^*\cos\varphi_2 + x_k^*\sin\varphi_2) \times 100\%$

$$(2-48)$$

上式中 φ_2 为负载的功率因数角。当负载为感性时，φ_2 取正值；当负载为容性时，φ_2 取负值。

式 (2-48) 说明，电压变化率的大小与负载的大小（β 值）、短路阻抗的标幺值、负载的性质（φ_2）有关。电压变化率的大小与负载的大小成正比。在一定的负载系数下，漏阻抗的标幺值越大，电压变化率也越大。当负载为感性时，φ_2 为正值，$\Delta U\%$ 为正值，说明二次侧电压比空载电压低；当负载为容性时，φ_2 为负值，$\sin\varphi_2$ 为负值，$\Delta U\%$ 有可能为负值。当 $\Delta U\%$ 为负值时，说明二次侧电压比空载电压高。

常用的电力变压器，当 $I = I_{2N}$，$\cos\varphi_2 = 0.8$（滞后）时，$\Delta U\% = (5\sim8)\%$。

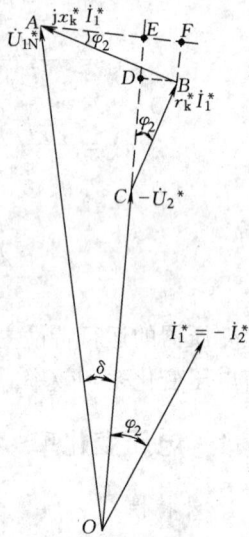

图 2-18 $\Delta U\%$ 的图解法

如果变压器的二次侧电压偏离额定值较多，超出允许范围，则必须进行调整。通常在高压绕组上设有分接头，借此调节高压绕组匝数来达到调节二次侧电压的目的。

【例 2-2】 一台三相电力变压器，已知 $r_k^* = 0.022$，$x_k^* = 0.045$。试计算额定负载时下列情况变压器的电压变化率 $\Delta U\%$：

(1) $\cos\varphi_2 = 0.8$（滞后）；

(2) $\cos\varphi_2 = 1.0$（纯电阻负载）；

(3) $\cos\varphi_2 = 0.8$（超前）。

解：(1) $\beta = 1$，$\cos\varphi_2 = 0.8$，$\sin\varphi_2 = 0.6$

$$\Delta U\% = \beta(r_k^* \cos\varphi_2 + x_k^* \sin\varphi_2) \times 100\%$$
$$= (0.022 \times 0.8 + 0.045 \times 0.6) \times 100\%$$
$$= 4.46\%$$

(2) $\beta = 1$，$\cos\varphi_2 = 1.0$，$\sin\varphi_2 = 0$

$$\Delta U\% = \beta(r_k^* \cos\varphi_2 + x_k^* \sin\varphi_2) \times 100\%$$
$$= (0.022 \times 1.0 + 0.045 \times 0) \times 100\%$$
$$= 2.2\%$$

(3) $\beta = 1$，$\cos\varphi_2 = 0.8$，$\sin\varphi_2 = -0.6$

$$\Delta U\% = \beta(r_k^* \cos\varphi_2 + x_k^* \sin\varphi_2) \times 100\%$$
$$= (0.022 \times 0.8 - 0.045 \times 0.6) \times 100\%$$
$$= -0.94\%$$

2.4.2 效率

1. 变压器的损耗

变压器的损耗包括铁损耗 p_{Fe} 和铜损耗 p_{Cu} 两大类，总损耗 $\sum p = p_{Fe} + p_{Cu}$。在额定电压 U_{1N} 下，由于铁损耗近似地与 B_m^2（即 Φ_m^2 或 U_1^2）成正比而基本不变，与负载电流变化无关，所以铁损耗又称为不变损耗。如果忽略励磁电流 I_0，铜损耗就与负载电流的平方成正比，所以铜损耗称为可变损耗。

铁损耗里，除了主磁通引起的铁损耗以外，还有因铁芯叠片间绝缘损伤引起的局部涡流损耗，主、漏磁通在油箱以及其他结构部件里引起的铁损耗等，叫附加铁耗。同样，铜损耗里，除了一、二次侧直流电阻引起的铜损耗外，还有因集肤效应，导体中电流分布不均匀等引起的附加铜耗。

2. 效率

变压器在传递电能的过程中，内部产生了铜损耗和铁损耗，致使输出功率小于输入功率。输出有功功率 P_2 与输入有功功率 P_1 之比称为变压器效率，用 η 表示。效率一般取百分值，即

$$\eta = \frac{P_2}{P_1} \times 100\% \qquad (2-49)$$

变压器的效率可用直接负载法通过测量输出功率 P_2 和输入功率 P_1 来确定。但工程上常用间接法来计算变压器的效率，即通过空载试验和短路试验，求出变压器的铁损耗 p_{Fe} 和铜损耗 p_{Cu}，然后按下式计算效率

$$\eta = \left(1 - \frac{\sum p}{P_1}\right) \times 100\% = \left(1 - \frac{p_{Fe} + p_{Cu}}{P_2 + p_{Fe} + p_{Cu}}\right) \times 100\% \qquad (2-50)$$

在用上式计算效率时，通常作如下假定：

(1) 以额定电压下的空载损耗 p_0 作为铁损耗 p_{Fe}，并认为铁损耗不随负载而变化，即 $p_{Fe} = p_0 = $ 常值。

(2) 以额定电流时的短路损耗 p_{kN} 作为额定电流时的铜损耗 p_{CuN}，且认为铜损耗与负载电流的平方成正比，即 $p_{Cu} = \left(\dfrac{I_2}{I_{2N}}\right)^2 p_{kN} = \beta^2 p_{kN}$。

(3) 由于变压器的电压变化率很小，负载时 U_2 的变化可不予考虑，即认为 $U_2 \approx U_{2N}$，于是输出功率 $P_2 = U_{2N}I_2\cos\varphi_2 = \beta U_{2N}I_{2N}\cos\varphi_2 = \beta S_N\cos\varphi_2$。

于是式（2-50）可写成

$$\eta = \left(1 - \frac{p_0 + \beta^2 p_{kN}}{\beta S_N\cos\varphi_2 + p_0 + \beta^2 p_{kN}}\right) \times 100\% \qquad (2-51)$$

对于已制成的变压器，p_0 和 p_{kN} 是一定的，所以效率与负载大小及功率因数有关。

3. 效率特性曲线

在功率因数一定时，变压器的效率与负载系数之间的关系 $\eta = f(\beta)$，称为变压器的效率特性曲线，如图 2-19 所示。

从图可以看出，空载时，$\beta = 0$，$P_2 = 0$，$\eta = 0$。负载很小时，铜损耗很小，而铁损耗是不变损耗，占输入功率的比例较大，故效率很低。当负载开始增大、铜损耗又不大时，随着输出功率的增加，效率增加很快；当负载达到某一数值时，效率达最大，然后又开始降低。这是因为随负载 P_2 的增大，铜损耗 p_{Cu} 按 β 的平方成正比增大，

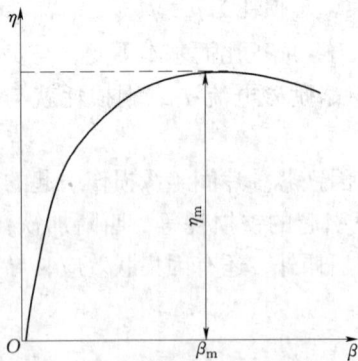

图 2-19 变压器的效率曲线

超过某一负载之后，效率随 β 增大反而降低了。

4. 最大效率 η_m 及产生条件

将式 (2-51) 对 β 取一阶导数，并令其为零，得变压器产生最大效率的条件

$$\beta_m = \sqrt{\frac{p_0}{p_{kN}}}$$

即

$$\beta_m^2 p_{kN} = p_0 \qquad (2-52)$$

式 (2-52) 说明，当铜损耗等于铁损耗，即可变损耗等于不变损耗时，效率最高。将 β_m 代入式 (2-51) 便可求得最大效率 η_m。

$$\eta_m = \left(1 - \frac{2p_0}{\beta_m S_N \cos\varphi_2 + 2p_0}\right) \times 100\% \qquad (2-53)$$

式中 β_m——最大效率时的负载系数。

由于电力变压器长期接在电网上运行，总有铁损耗，而铜损耗却随负载而变化，一般变压器不可能总在额定负载下运行。因此，为提高变压器的运行效益，铁损耗设计得小些，一般电力变压器取 $p_0/p_{kN} \approx \left(\frac{1}{4} \sim \frac{1}{3}\right)$，即 β_m 在 0.5~0.6 之间。

【例 2-3】 一台三相电力变压器，$S_N = 320kVA$，$p_0 = 1450W$，$p_{kN} = 5700W$。求：

(1) 额定负载且功率因数 $\cos\varphi_2 = 0.8$（滞后）时的效率。

(2) 最大效率时的负载系数 β_m 及 $\cos\varphi_2 = 0.8$（滞后）时的最大效率 η_m。

解:(1) $\eta = \left(1 - \frac{p_0 + \beta^2 p_{kN}}{\beta S_N \cos\varphi_2 + p_0 + \beta^2 p_{kN}}\right) \times 100\%$

$= \left(1 - \frac{1450 + 5700}{1 \times 320 \times 10^3 \times 0.8 + 1450 + 1^2 \times 5700}\right) \times 100\%$

$= 97.3\%$

(2) $\beta_m = \sqrt{\frac{p_0}{p_{kN}}} = \sqrt{\frac{1450}{5770}} = 0.504$

$\eta_m = \left(1 - \frac{2p_0}{\beta_m S_N \cos\varphi_2 + 2p_0}\right) \times 100\%$

$= \left(1 - \frac{2 \times 1450}{0.504 \times 320 \times 10^3 \times 0.8 + 2 \times 1450}\right) \times 100\%$

$= 97.8\%$

小 结

1. 变压器的内部磁场分布比较复杂，为此将磁通分成主磁通和漏磁通来处理，这两部分磁通所经过的磁路性质和所起的作用不同。主磁通沿铁芯闭合，铁芯饱和现象使磁路为非线性，主磁通在一、二次侧中感应电动势，起传递能量的媒介作用；漏磁通通过非铁磁材料闭合，磁路是线性的，漏磁通只起电抗压降作用而不直接参与能量传递。这样处理以后，就可引入不同性质的电路元件——励磁阻抗和漏阻抗，去反映磁路对电路的影响，从而把较复杂的磁路问题简化成电路的问题，这是分析变压器的基本思想。

2. 通过对变压器空载、负载稳态运行时内部电磁关系的分析，导出了变压器的基本方程式、等效电路和相量图。基本方程式概括了电动势和磁动势平衡两个基本电磁关系，负载变化对一次侧的影响就是通过二次侧磁动势起作用的。等效电路是基本方程式的模拟电路，而相量图是基本方程式的图形表示法。三者在物理意义上完全一致，都是分析变压器的有力工具，应能根据不同的情况选用。在应用等效电路作定量分析计算时，注意一、二次侧各量的折算关系。

无论列基本方程式、画等效电路或相量图，都必须首先规定各物理量的正方向。正方向规定得不同，方程式中各物理量前的符号和相量图中各相量的方向也不同。

3. 励磁电抗 x_m 和漏电抗 x_1 及 x_2 是变压器的重要参数。x_m 与主磁通相对应，其值较大，且随铁芯饱和程度变化而变化。而 x_1 和 x_2 则分别与一、二次侧的漏磁通相对应，其值较小，由于磁路基本上不受铁芯饱和的影响，因此它们基本上为常数。

分析电抗变化受哪些因素影响时，常用到表达式

$$x = \frac{2\pi f N^2}{R_m}$$

$$R_m = \frac{l}{\mu s}$$

式中 N——绕组匝数；

R_m——该电抗对应的磁通所经路径的磁阻，它正比于磁路长度 l，反比于磁路截面积 s 和磁导率 μ。

4. 短路试验时，使短路电流为额定电流时一次侧所加的电压，称为短路电压 U_{kN}。

$$U_{kN} = z_{k75℃} I_{1N}$$

常用它与额定电压之比的百分值来表示，即

$$u_{\mathrm{k}} = \frac{z_{\mathrm{k75^\circ C}} I_{1\mathrm{N}}}{U_{1\mathrm{N}}} \times 100\%$$

5. 变压器的电压变化率 $\Delta U\%$ 和效率 η 是衡量其运行性能的两个主要指标。$\Delta U\%$ 的大小反映了变压器负载运行时二次侧电压的稳定性，而效率 η 则表明运行时的经济性。各阻抗的参数对 $\Delta U\%$ 与 η 影响很大。因此，在设计变压器时应正确选择。对已制成的变压器，则可通过空载和短路试验测出这些参数。

习　　　题

2-1　在研究变压器时，一、二次侧各电磁量的正方向是如何规定的？

2-2　在变压器中，主磁通和一、二次侧漏磁通的作用有什么不同？它们各是由什么磁动势产生的？在等效电路中如何反映它们的作用？

2-3　试述空载电流的作用、性质、大小和波形。

2-4　为了在变压器一、二次侧得到正弦波形感应电动势，当铁芯不饱和时励磁电流呈何种波形？当铁芯饱和时情形又怎样？

2-5　变压器空载时，一次侧加额定电压，虽然一次侧电阻 r_1 很小，但电流并不大，为什么？Z_{m} 的物理意义是什么？电力变压器不用铁芯而用空气芯行不行？

2-6　一台 220/110V 的单相变压器，若误将低压侧接到 220V 的交流电源上，将会产生什么样的后果？

2-7　一台空载变压器的电源电压降至额定值的一半，励磁电抗和一、二次漏电抗会如何变化？

2-8　若将一台变压器的一次绕组的匝数减少，其他条件不变，励磁电抗和一、二次漏电抗会如何变化？空载电流会如何变化？

2-9　变压器折算的原则是什么？如何将二次侧各量折算到一次侧？又如何将一次侧各量折算到二次侧？

2-10　为什么可以把变压器的空载损耗看作变压器的铁耗，短路损耗看作额定负载时的铜耗？

2-11　变压器做空载和短路试验时，从电源输入的有功功率主要消耗在哪里？在一、二次侧分别做同一试验，测得的输入功率相同吗？为什么？

2-12　试绘出变压器"T"形、近似和简化等效电路，并说明各参数的意义。

2-13　变压器负载运行时引起二次侧端电压变化的原因是什么？变压器的电压变化率是如何定义的？它与哪些因素有关？当二次侧带什么性质的负载时有可能使电

压变化率为零?

2-14 电力变压器的效率与哪些因素有关?何时效率最高?

2-15 为何电力变压器设计时,一般取 $p_0 < p_{kN}$?如果取 $p_0 = p_{kN}$,变压器最适合带多大负载?

2-16 一台单相变压器,$S_N = 5000kVA$,$U_{1N}/U_{2N} = 35/6.0kV$,$f_N = 50Hz$,铁芯有效面积 $A = 1120cm^2$,铁芯中的最大磁密 $B_m = 1.45T$,试求高、低压绕组的匝数和变比。

2-17 一台三相电力变压器型号为 SL—750/10,Y,yn 接线,$S_N = 750kVA$,$U_{1N}/U_{2N} = 10000/400V$。在低压侧做空载试验,测得数据为 $U_0 = 400V$,$I_0 = 60A$,$p_0 = 3800W$。在高压侧做短路试验,测得数据为 $U_k = 440V$,$I_k = 43.3A$,$p_k = 10900W$,室温 20 ℃。求:

(1)以高压侧为基准的"T"形等效电路参数的实际值和标么值(设 $r_1 = r_2'$,$x_1 = x_2'$)。

(2)短路电压百分值及其电阻分量和电抗分量的百分值。

2-18 一台三相电力变压器,Y,d 接线,$S_N = 260000kVA$,$U_{1N}/U_{2N} = 242/15.75kV$,绕组为铜线绕制,室温 25 ℃。在低压侧做空载试验,测得数据为 $U_0 = 15750V$,$I_0 = 92A$,$p_0 = 232kW$。在高压侧做短路试验,测得数据为 $U_k = 33880V$,$I_k = 620.3A$,$p_k = 1460kW$。求:

(1)折算到高压侧的"T"形等效电路参数的欧姆值和标么值(设 $r_1 = r_2'$,$x_1 = x_2'$)。

(2)短路电压百分值及其电阻分量和电抗分量的百分值。

2-19 一台三相电力变压器,已知 $r_k^* = 0.024$,$x_k^* = 0.0504$。试计算额定负载时下列情况变压器的电压变化率 $\Delta U\%$:

(1)$\cos\varphi_2 = 0.8$(滞后);

(2)$\cos\varphi_2 = 1.0$(纯电阻负载);

(3)$\cos\varphi_2 = 0.8$(超前)。

2-20 一台三相电力变压器,$S_N = 100kVA$,$p_0 = 600W$,$p_{kN} = 1920W$。求:

(1)额定负载时且功率因数 $\cos\varphi_2 = 0.8$(滞后)时的效率。

(2)最大效率时的负载系数 β_m 及 $\cos\varphi_2 = 0.8$(滞后)时的最大效率 η_m。

第 3 章

三相变压器

【教学要求】 了解三相变压器的磁路系统。理解绕组连接方式和磁路系统对电动势波形的影响。掌握三相变压器连接组别的意义，会由相量图判定连接组别。

现代电力系统均采用三相制，所以三相变压器得到广泛的应用。从运行原理来看，三相变压器在对称负载下运行时，各相电压、电流大小相等，相位互差 120°。因此，前面分析单相变压器的方法及有关结论，完全适用于对称运行的三相变压器。

但三相变压器也有其特殊的问题需要研究，例如三相变压器的磁路系统、三相变压器绕组连接方法和连接组别、绕组连接方式和磁路系统对电动势波形的影响等。这些就是本章所要讨论的问题。

3.1 三相变压器的磁路系统

三相变压器的磁路系统按铁芯结构型式的不同分为两种，一种是组式变压器磁路，另一种是心式变压器磁路。

3.1.1 三相变压器组磁路的特点

把三个完全相同的单相变压器的绕组按一定方式作三相连接，便构成一台三相变压器组即组式三相变压器，如图 3-1 所示。这种变压器磁路的特点是每相磁路独立，互不关联。当一次侧加三相对称电源时，各相主磁通和空载电流也是对称的。

3.1.2 三相心式变压器磁路的特点

三相心式变压器磁路是由三个单相铁芯演变而成。如果把图 3-1 所示的三个单

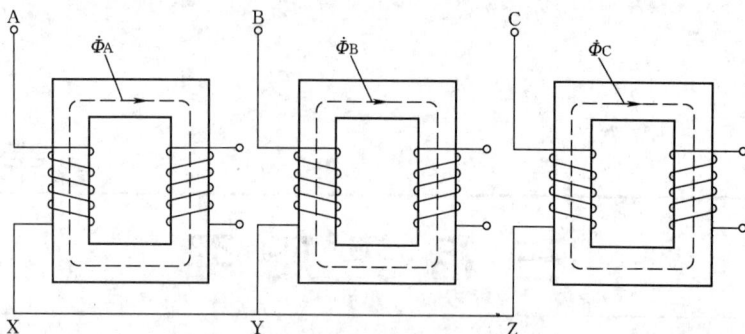

图 3-1 三相组式变压器的磁路系统

相铁芯合并成图3-2(a)所示的结构,由于通过中间铁芯柱的是三相对称磁通,$\dot{\Phi}_A + \dot{\Phi}_B + \dot{\Phi}_C = 0$。因此,可将中间的铁芯柱省去,如图3-2(b)所示。为了制造方便,通常把三个铁芯柱排列在同一个平面内,如图3-2(c)所示,这就是三相心式变压器。这种磁路的特点是三相磁路彼此相关,在这种变压器中,中间 B 相磁路最短,两边 A、C 两相较长,三相磁路不对称。此磁路当外加三相对称电压时,三相空载电流也不完全对称,但由于空载电流较小,它的不对称对变压器负载运行的影响不大。因此,仍可把它看作三相对称系统。

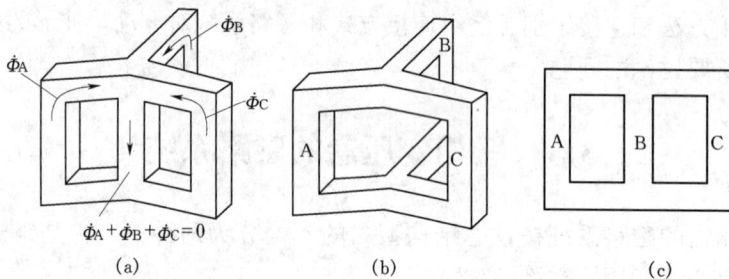

图 3-2 三相心式变压器的磁路系统
(a) 三个单相铁芯合并;(b) 取去中间铁芯;(c) 三个铁芯柱在同一平面

3.2 三相变压器的电路系统——连接组别

3.2.1 绕组的端头标志与极性

为了正确地使用变压器,分别用字母标志高、低压绕组出线的首尾端,其规定如

表3-1所示。

表3-1 绕组的首端和尾端的标志

绕组名称	单相变压器		三相变压器		中性点
	首 端	尾 端	首 端	尾 端	
高压绕组	A	X	A B C	X Y Z	O
低压绕组	a	x	a b c	x y z	o
中压绕组	A_m	X_m	A_m B_m C_m	X_m Y_m Z_m	O_m

由于变压器的同一相高、低压绕组交链着同一主磁通,当某一瞬间高压绕组的某一端为正电位时,在低压绕组上必有一个端头的电位也为正,则这两个对应的端头称为同极性端或同名端,并在对应的端头上用符号"·"标出。绕组的极性只决定于绕组的绕向,与绕组首、尾端的标志无关。如图3-3 (a)、(b)、(c)、(d) 所示。

对一相绕组首尾端有两种标志的方法,一种是把高、低压绕组同极性端都标为首端 (或尾端),如图3-3 (a)、(d) 所示的情况;另一种是把高、低压绕组的不同极性端都标为首端 (或尾端),如图3-3 (b)、(c) 所示的情况。

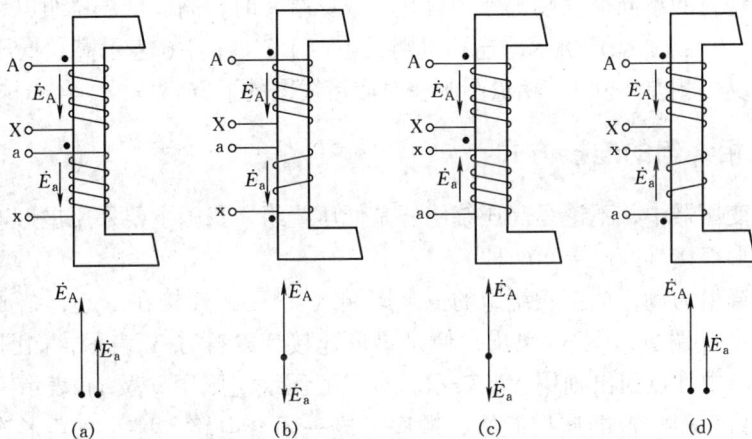

图3-3 绕组的标志、极性和相量图

我们规定绕组相电动势的正方向为从首端指向尾端,如高压绕组首端记为A,尾端记为X,即表明高压A相绕组的相电动势记为 $\dot{E}_{AX}$ (简写为 $\dot{E}_A$),其正方向从A指向X;规定绕组线电动势的正方向为从下标中的第一个字母的端头指向第二个字母的端头,如 $\dot{E}_{AB}$ 即表示A、B两相间线电动势的正方向是从A指向B。

作了上述的规定后，单相变压器高、低压绕组之间的相电动势以及三相变压器的高、低压绕组之间对应的线电动势就有不同的相位关系了。

3.2.2　单相变压器的连接组别

所谓变压器的连接组别是指变压器高、低压绕组的接线方式连同其对应的线（或相）电动势之间的相位关系。

因为变压器高、低压绕组对应的线（或相）电动势之间的相位关系总是相差为 $30°$ 的倍数，所以通常用"时钟法"来表示相位关系。即把高压绕组的线（或相）电动势相量作为时钟的长针，且固定指向"12"或"0"点的位置，对应的低压绕组的线（或相）电动势相量作为时钟的短针，其所指的钟点数就是变压器连接组别的标号。

如 Y，y2——表示三相变压器的高压绕组为星形连接，低压绕组为星形连接，低压绕组线电动势比高压绕组对应的线电动势落后 $2×30°=60°$。

当单相变压器的高、低压绕组的同极性端都标为首端（或尾端）时，如图 3-3（a）、（d）所示，连接组别为Ⅰ，Ⅰ0。其中Ⅰ，Ⅰ表示高、低压绕组都是单相绕组，标号 0 表示高、低压绕组的电动势相位相同，相量图画在对应接线图的下方。当同一相高、低压绕组的不同极性端都标为首端（或尾端）时，高、低压绕组电动势相位相反，如图 3-3（b）、（c）所示，连接组别为Ⅰ，Ⅰ6。标号 6 表示高、低压绕组的电动势相位相反（相差 $180°$），相量图画在对应接线图的下方。

3.2.3　三相绕组的连接方式

在三相变压器中，不论是高压绕组还是低压绕组，我国主要采用星形连接（Y 连接）和三角形连接（D 连接）两种。

以高压绕组为例，把三相绕组的三个尾端 X、Y、Z 连接在一起，结成中点，而把它们的三个首端 A、B、C 引出，便是星形连接，以符号 Y 表示，如图 3-4（a）所示。如果将中性点引出则用 YN 表示。对于低压绕组则用 y 及 yn 表示。如果把一相的尾端和另一相的首端连接起来，顺序形成一闭合电路，称为三角形连接，用 D 表示。对低压绕组用 d 表示。三角形连接有两种连接顺序：一种按 A—XC—ZB—YA 的顺序连接，称为"逆序"（逆时针）三角形连接，如图 3-4（b）所示；另一种按 A—XB—YC—ZA 的顺序连接，称为"顺序"（顺时针）三角形连接，如图 3-4（c）所示。

3.2.4　三相变压器的连接组别

三相变压器的连接组别——高、低压绕组对应线电动势之间的相位差，不仅与绕

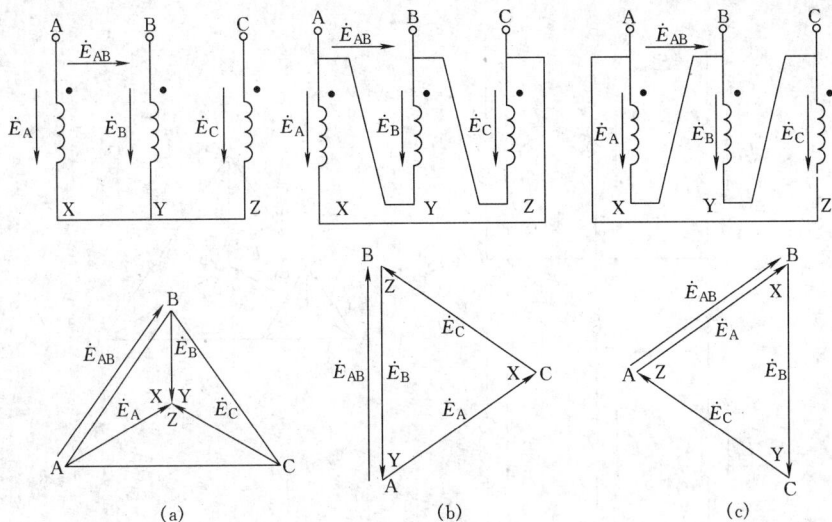

图 3-4 三相绕组的连接方式及相量图

组的极性（绕法）和首尾端的标志有关，而且与绕组的连接方式有关。

1. Y，y 连接

Y，y 接法有两种情况：

当同一铁芯柱上的高、低压绕组的同极性端有相同的首端标志时，高、低压绕组相电动势相位相同，则高、低压绕组对应线电动势 $\dot{E}_{AB}$ 和 $\dot{E}_{ab}$ 也同相位，其连接组别为 Y，y0，如图 3-5 所示。

当同一铁芯柱上的高、低压绕组的不同极性端有相同的首端标志时，高、低压绕组相电动势相位相反，则对应的线电动势 $\dot{E}_{AB}$ 和 $\dot{E}_{ab}$ 相位也相反，其连接组别为 Y，y6，如图 3-6 所示。

对图 3-5 所示接线，如果保持高压绕组的三相标志不变，而将低压绕组三相标志依次后移一个铁芯柱，即将 by 换为 ax、cz 换为 by、ax 换为 cz。在相量图上相当于把各相应的电动势顺时针方向转了 120°（即 4 个钟点数），则得 Y，y4 连接组别；如后移两个铁芯柱，则得 Y，y8 连接组别。同理，对图 3-6 所示接线，采取三相标志轮换的办法，可得到 Y，y10；Y，y2 连接组别。

2. Y，d 连接

图 3-7 (a) 表示高压绕组为 Y 接法，低压绕组为 d 接法。图中高、低压绕组将同极性端标为首端，低压绕组按 a—xc—zb—ya 作"逆序"三角形连接，此时高、低

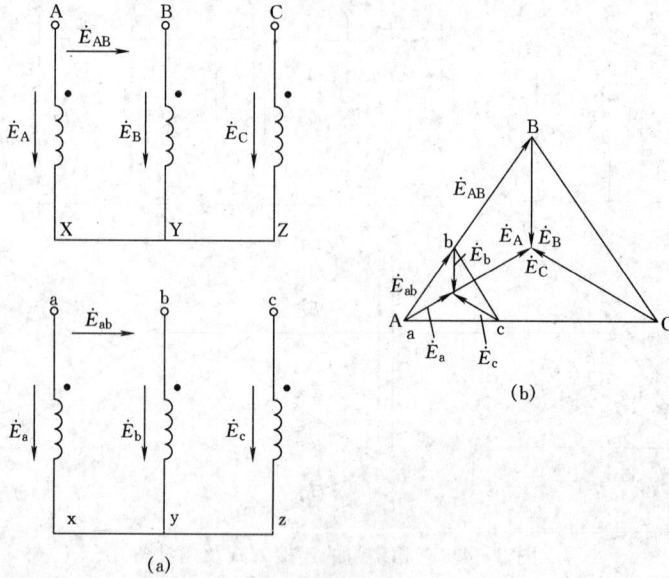

图 3-5　Y，y0 连接组

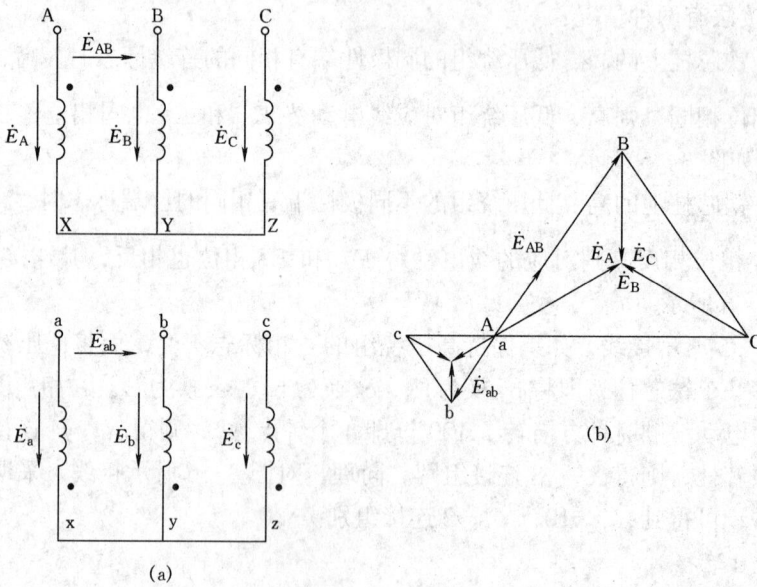

图 3-6　Y，y6 连接组

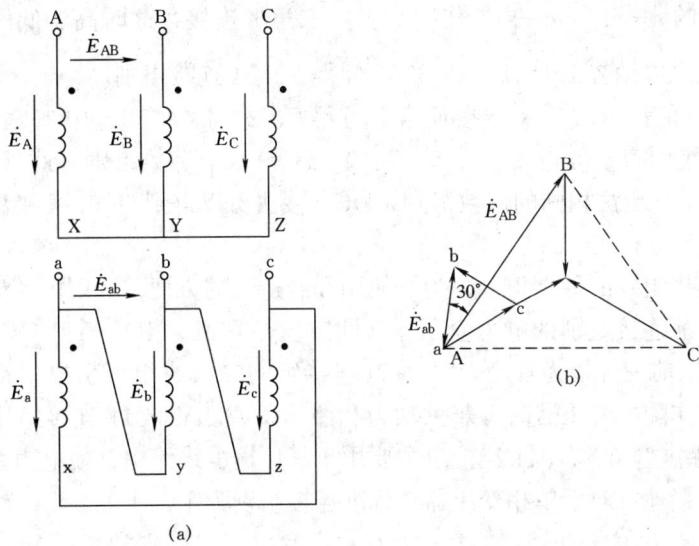

图 3-7　Y，d11 连接组

压绕组相电动势同相位，但低压侧线电动势 $\dot{E}_{ab}$ 超前高压侧对应线电动势 $\dot{E}_{AB}30°$，故连接组别为 Y，d11。

同理，如高压绕组的三相标志不变，而低压绕组三相标志轮换或反相，则可得 Y，d1；Y，d3；Y，d5；Y，d7；Y，d9 等连接组别。例如，将低压绕组按图

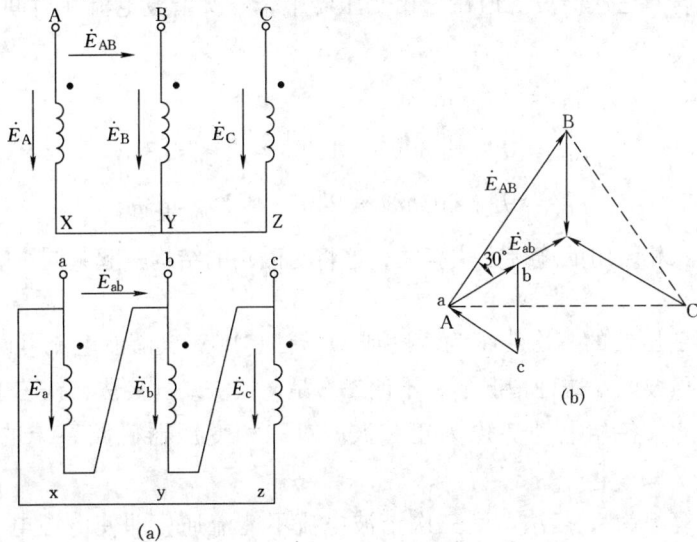

图 3-8　Y，d1 连接组

3-8 (a)所示的 a—xb—yc—za，作"顺序"三角形连接，这时高、低压绕组相电动势同相位，但线电动势 E_{ab} 滞后 $\dot{E}_{AB}$30°，即得 Y，d1 连接组别。

综上所述可得，对 Y，y 连接而言，可得 0、2、4、6、8、10 等六个偶数组别；而对 Y，d 连接而言，可得 1、3、5、7、9、11 等六个奇数组别。此外，D，d 接法可以得到与 Y，y 接法相同的偶数组别，D，y 接法可以得到与 Y，d 接法相同的奇数组别。

变压器连接组别的种类很多，为了使用和制造上的方便，我国国家标准规定只生产下列五种标准连接组别的电力变压器，即 Y，yn0；Y，d11；YN，d11；YN，y0；Y，y0。其中以前三种最为常用。Y，yn0 连接组的二次绕组可引出中性线，成为三相四线制，用作配电变压器时可兼供动力和照明负载。Y，d11 连接组用于低压侧超过 400V 的线路中。YN，d11 连接组主要用于高压输电线路中，使电力系统的高压侧中性点有可能接地。对于单相变压器，标准连接组别为 Ⅰ，Ⅰ0。

3.3 绕组连接方式和磁路系统对空载电动势波形的影响

在分析单相变压器空载运行时曾经指出：当外加电压 u_1 为正弦波时，其相应的主磁通 ϕ 也为正弦波，但由于磁路饱和的影响，空载电流 i_0 将是尖顶波，其中除基波外还主要包含有三次谐波。但在三相变压器中，三次谐波电流在时间上相位相同，即

$$i_{03A} = I_{03m}\sin3\omega t$$

$$i_{03B} = I_{03m}\sin3(\omega t - 120°) = I_{03m}\sin3\omega t$$

$$i_{03C} = I_{03m}\sin3(\omega t - 240°) = I_{03m}\sin3\omega t$$

它能否流通与三相绕组的连接方式有关，这将与磁路的结构一起共同影响主磁通和相电动势的波形。

如果三相变压器的一次绕组为 YN 或 D 接法，则三次谐波电流可以流通，各相空载电流为尖顶波。在这种情况下，不论二次是 y 接法或 d 接法，铁芯中的主磁通均为正弦波。因此，各相电动势也为正弦波。对三相变压器磁路系统的结构型式无限制。

如果一次绕组为 Y 接法，则三次谐波电流不能流通，即使电源电压（线电压）为正弦波，相绕组的电动势也不一定是正弦波，下面着重分析这一情况。

3.3.1 Y，y连接的三相变压器

在这种接法里，三次谐波电流不能流通，励磁电流近似为正弦波。由于铁芯磁路的饱和现象，主磁通近似为平顶波，除基波磁通 Φ_1 外，还主要包含有三次谐波磁通 Φ_3，如图 3-9 所示。但三次谐波磁通的大小决定于三相变压器的磁路系统，现分组式和心式变压器两种情况来讨论。

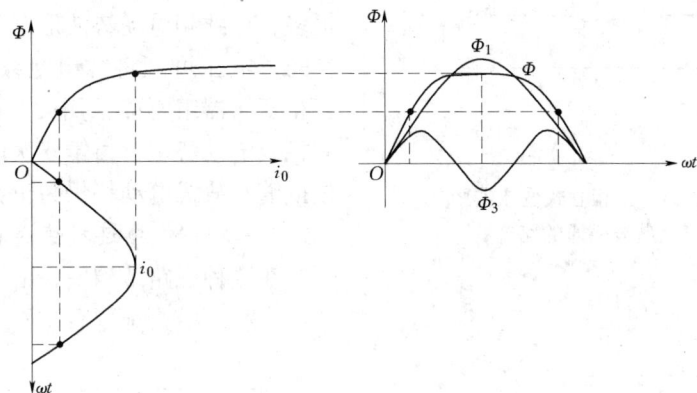

图 3-9 正弦空载电流产生的主磁通波形

1. 组式 Y，y 连接变压器

在这种磁路结构中，由于三相磁路彼此无关，三次谐波磁通 Φ_3 与基波磁通 Φ_1

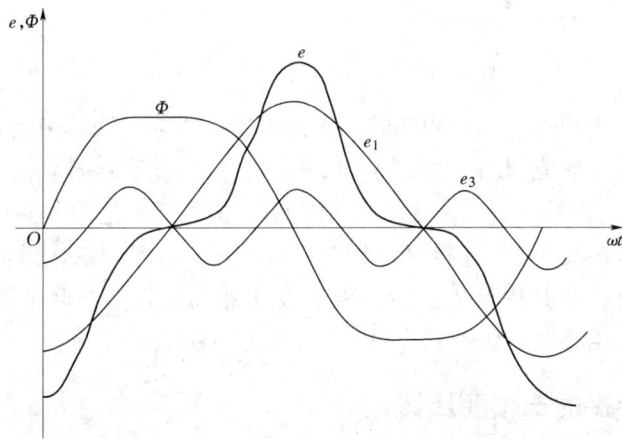

图 3-10 Y，y 连接三相变压器组的相电动势波形

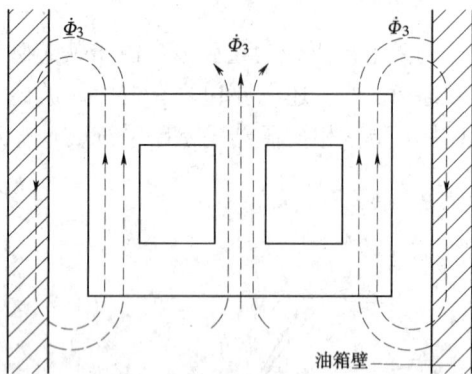

图 3-11 三相心式变压器中
三次谐波磁通的路径

沿同一磁路闭合，如图 3-1 所示。由于铁芯磁路的磁阻很小，故三次谐波磁通较大，加上三次谐波磁通的频率为基波频率的 3 倍，即 $f_3 = 3f_1$，所以由它所感应的三次谐波相电动势较大，其幅值可达基波幅值的 45%～60%，甚至更高，如图 3-10 所示。结果使相电动势的最大值升高很多，导致相电动势波形严重畸变，所产生的过电压可能将绕组绝缘击穿。因此，三相变压器组不能采用 Y，y 连接。但在三相线电动势中，由于三次谐波电动势互相抵消，故线电动势仍为正弦波形。

2. 心式 Y，y 连接变压器

在这种磁路结构中，由于三相磁路彼

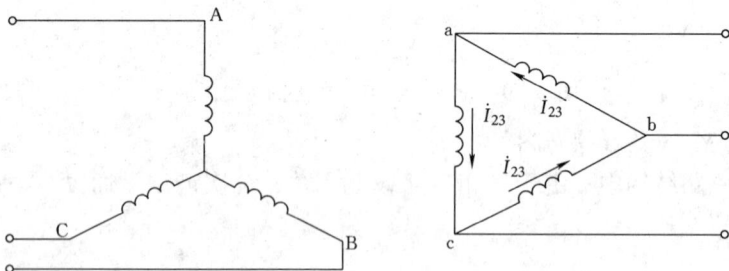

图 3-12 Y，d 连接的三相变压器

此相关联，各相大小相等、相位相同的三次谐波磁通不能在铁芯中闭合，只能沿铁芯周围的油和油箱壁等形成回路，如图 3-11 所示。由于该磁路磁阻很大，使三次谐波磁通 Φ_3 很小，可以忽略不计，主磁通及相电动势仍可近似地看作正弦波。因此，三相心式变压器可以接成 Y，y 连接（包括 Y，yn 连接）。但因三次谐波磁通经过油箱壁及其他铁夹件时会在其中产生涡流，引起变压器局部发热，降低变压器效率。因此，这种接法的三相心式变压器其容量一般不超过 1800kVA。

3.3.2 Y，d 连接的三相变压器

当三相变压器采用 Y，d 连接时，如图 3-12 所示。由于一次侧作 Y 连接，无三

次谐波空载电流通路，故 i_0 为正弦波，而主磁通为平顶波。主磁通中的三次谐波 $\dot{\Phi}_3$ 在二次侧中感应三次谐波电动势 $\dot{E}_{23}$，且滞后 $\dot{\Phi}_3 90°$。在 $\dot{E}_{23}$ 作用下，二次侧闭合的三角形回路中产生三次谐波电流 $\dot{I}_{23}$。由于二次侧电阻远小于其三次谐波电抗，所以 $\dot{I}_{23}$ 接近滞后 $\dot{E}_{23} 90°$，$\dot{I}_{23}$ 建立的磁通 $\dot{\Phi}_{23}$ 的相位与 $\dot{\Phi}_3$ 接近相反，其结果大大削弱了 $\dot{\Phi}_3$ 的作用，如图 3-13 所示。因此，合成磁通及其感应电动势均接近正弦波。所以在高压线路中大容量变压器可接成 Y，d 连接，无论对三相心式变压器或是三相组式变压器都是适用的。

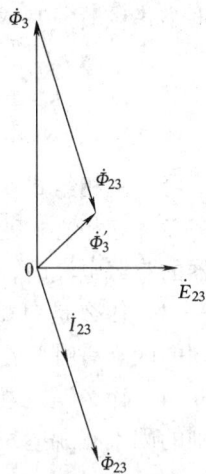

　　有些大容量变压器需要接成 Y，y 连接时，可在铁芯柱上加装一套附加绕组，接成 d 连接。它不带负载，专门提供空载电流中所需的三次谐波分量，以改善电动势的波形。

图 3-13　Y，d 连接变压器三次谐波电流的去磁作用

小　　结

　　1. 三相变压器磁路系统分为两种，一种是组式变压器磁路，另一种是心式变压器磁路。前者三相磁路彼此独立，后者彼此相关。

　　2. 单相变压器高、低压绕组在感应电动势的瞬间，总有一对端头同时为正电位，另一对端头同时为负电位，把电位极性相同的端头，用"·"标记，称同极性端。如果两绕组同极性端均标志为首端（或尾端），则两绕组相电动势同相位；如果两绕组不同极性端均标志为首端（或尾端），则两绕组相电动势反相位。

　　3. 变压器的连接组别是指变压器高、低压绕组的接线方式连同其对应的线（或相）电动势之间的相位关系。单相变压器的连接组别有Ⅰ，Ⅰ0和Ⅰ，Ⅰ6两种；三相变压器的连接组别反映了高、低压三相绕组的连接法以及高、低压侧对应线电动势之间的相位差。国家标准规定电力变压器的标准连接组别有 Y，yn0；Y，d11；YN，d11；YN，y0；Y，y0 五种，最常用的为前三种。对于单相变压器，标准连接组别为Ⅰ，Ⅰ0。

　　4. 变压器空载时电动势波形受绕组连接方式及磁路系统两个因素的影响。凡一次绕组接成 YN，或高、低压侧绕组中只要有一侧的绕组接成三角形，就能使相电动

势波形为正弦波或基本上为正弦波。

习　　题

3-1　三相组式变压器和三相心式变压器在磁路结构上各有什么特点？

3-2　三相心式变压器和三相组式变压器相比，具有哪些优点？在测取三相心式变压器的空载电流时，为何中间一相的电流小于两边相的电流？

3-3　什么是单相变压器的连接组别，影响其组别的因素有哪些？如何用时钟法来表示？

3-4　什么是三相变压器的连接组别，影响其组别的因素有哪些？如何用时钟法来表示？

3-5　若三相变压器一次侧线电动势 $\dot{E}_{AB}$ 超前二次侧线电动势 $\dot{E}_{ab}$ 的相位为 $k \times 30°$ 时，该变压器连接组别的标号为多少？

3-6　试说明三相组式变压器不能采用 Y，y 及 Y，yn 连接的原因，而为什么小容量心式变压器却能采用此种连接？为什么三相变压器中希望

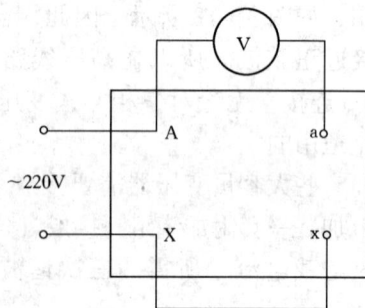

图 3-14　题 3-7 图

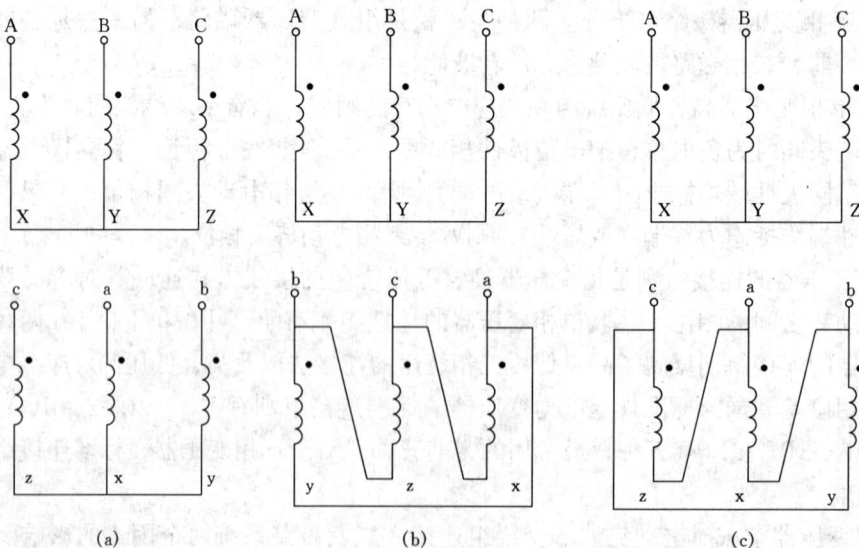

图 3-15　题 3-8 图

有一侧作三角形连接?

3-7　变压器出厂前要进行"极性"试验,如图所示。在 A、X 端加电压,将 X-x 相连,用电压表测量 A、a 间电压。设变压器额定电压为 220/110V,如 A、a 为同极性端,电压表的读数为多少?如 A、a 不为同极性端,则读数又为多少?

3-8　三相变压器的一、二次侧按图连接,试绘出它们的线电动势相量图,并判断其连接组别。

3-9　根据下列变压器的连接组别绘出其接线图:(1) Y,y6;(2) Y,d3;(3) D,y11。

第 4 章

其 他 变 压 器

【教学要求】 了解三绕组变压器用途、结构及工作原理。了解自耦变压器的用途、结构特点、工作原理及优、缺点。了解分裂变压器的用途、特殊参数及优、缺点。

4.1 三 绕 组 变 压 器

在发电厂和变电所中，常常需要把几种不同电压等级的电力系统联系起来。此时，采用一台三绕组变压器来代替两台双绕组变压器（如图 4-1 所示），则更为经济。

图 4-1 变压器输电单线图

(a) 使用两台双绕组变压器输电；(b) 使用一台三绕组变压器输电

4.1.1 结构特点

三绕组变压器的铁芯一般采用心式结构。变压器每相有高、中、低压三个绕组，同心地套装在同一铁芯柱上，其中一个绕组接电源，另两个绕组便有两个等级的电压输出。其单相结构示意图如图 4-2 所示。

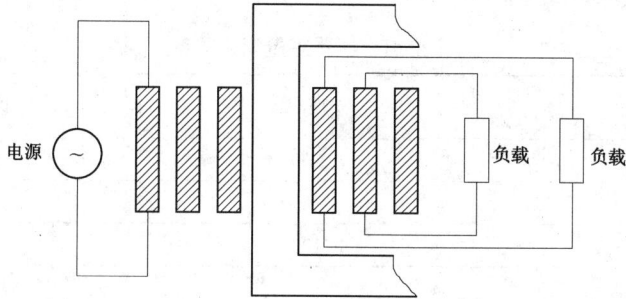

图 4-2　三绕组变压器结构示意图

为了方便绝缘，三绕组变压器的高压绕组都放在最外面，至于中、低压绕组哪个在最里面，需从功率的传递和短路阻抗的合理性来确定。一般来讲，相互传递功率较多的两个绕组其耦合应紧密些，应靠得近些，这样漏磁通少，短路阻抗可小些，以保证有较小的电压变化率和提高运行性能。对于降压变压器，功率是从高压侧向中、低压侧传递，主要是向中压侧传递，所以把中压绕组放在中间，低压绕组靠近铁芯柱，如图 4-3（a）所示。对于升压变压器，功率是从低压侧向高、中压侧传递，所以把中压绕组靠近铁芯柱，低压绕组放在中间，如图 4-3（b）所示。

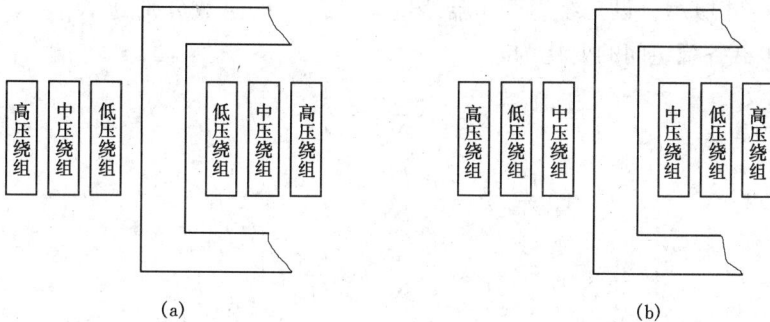

（a）　　　　　　　　　　　　　　　　（b）

图 4-3　三绕组变压器的绕组排列图
（a）降压变压器；（b）升压变压器

4.1.2　容量及连接组

1. 额定容量

根据供电的需要，三个绕组的容量可以设计的不同，变压器铭牌上标注的额定容量是指三个绕组中容量最大的绕组容量。将额定容量作为 100，三个绕组的容量配合有下列三种，如表 4-1 所示。

表 4-1 三绕组变压器容量配合关系

高压绕组	中压绕组	低压绕组
100	100	100
100	50	100
100	100	50

三个绕组容量均为 100 的变压器仅做成升压变压器。

需要指出，表 4-1 中所列的三绕组容量的配合关系，并非实际功率传递时的分配比例关系，而是指各绕组传递功率的能力。

2. 连接组

国家标准规定，三绕组变压器的标准连接组别有 YN，yn0，d11 和 YN，yn0，y0 两种。

4.1.3 变比、基本方程式和等值电路

1. 变比

如图 4-4 所示，设三绕组变压器绕组 1、2、3 的匝数分别为 N_1、N_2、N_3，则三绕组变压器各绕组间的变比为

$$\left. \begin{aligned} k_{12} &= \frac{N_1}{N_2} \approx \frac{U_{1N}}{U_{2N}} \\ k_{13} &= \frac{N_1}{N_3} \approx \frac{U_{1N}}{U_{3N}} \\ k_{23} &= \frac{N_2}{N_3} \approx \frac{U_{2N}}{U_{3N}} \end{aligned} \right\} \tag{4-1}$$

2. 基本方程式

如图 4-4 所示，三绕组变压器运行时，铁芯中的主磁通与三个绕组交链，是由三个绕组的合成磁动势共同产生的。因此，负载运行时的磁动势平衡方程式为

$$\dot{I}_1 N_1 + \dot{I}_2 N_2 + \dot{I}_3 N_3 = \dot{I}_0 N_1 \tag{4-2}$$

将二、三次折算到一次后，可得

$$\dot{I}_1 + \dot{I}_2' + \dot{I}_3' = \dot{I}_0 \tag{4-3}$$

由于空载电流很小，可忽略不计，得：

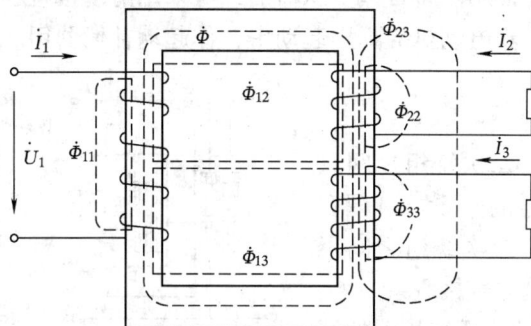

图 4-4 三绕组变压器运行示意图

$$\dot{I}_1 + \dot{I}_2' + \dot{I}_3' = 0 \qquad\qquad (4-4)$$

式中 $\dot{I}_2'$——绕组 2 电流的折算值, $\dot{I}_2' = \dfrac{\dot{I}_2}{k_{12}}$;

$\qquad$ $\dot{I}_3'$——绕组 3 电流的折算值, $\dot{I}_3' = \dfrac{\dot{I}_3}{k_{13}}$。

3. 等效电路

三绕组变压器简化的等效电路如图 4-5 所示。图中的 x_1、x_2'、x_3' 所对应的磁通,即包含自漏磁通又包含互漏磁通,其值为常数。

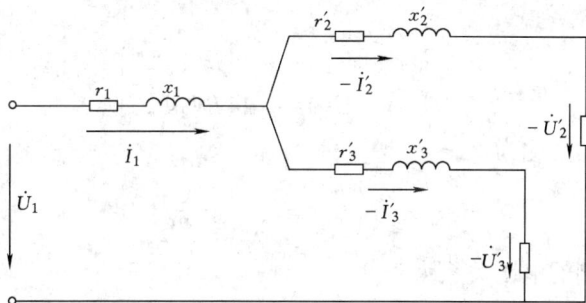

图 4-5 三绕组变压器的等效电路

4.2 自 耦 变 压 器

在高电压、大容量的输电系统中,自耦变压器常用于连接两个电压等级相近的电力网，做联络变压器使用。将自耦变压器的二次采用滑动接触，在实验室中作调压器用。自耦变压器在异步电动机的降压起动中，作起动补偿器用。

4.2.1 结构特点

普通变压器一、二次绕组之间只有磁的耦合而没有电的联系。自耦变压器的特点在于一、二次绕组之间不仅有磁的耦合还有电的直接联系。

如图4-6为一台降压变压器的结构示意图和原理接线图。图中AX为一次绕组，匝数为 N_1，ax 为二次绕组，匝数为 N_2。ax 绕组既是二次绕组又是一次绕组的一部分，称为公共绕组，Aa 绕组匝数为 $N_1 - N_2$，称为串联绕组。下面以该变压器为例分析自耦变压器的基本电磁关系。

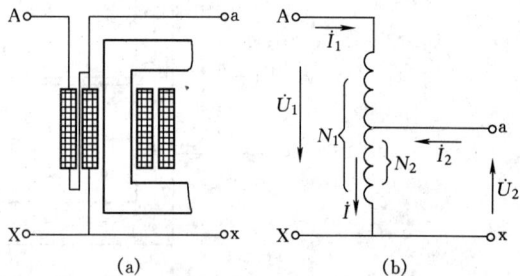

图 4-6 自耦变压器结构图和原理接线图
(a) 结构示意图；(b) 原理接线图

4.2.2 基本电磁关系

1. 电压关系

自耦变压器也是根据电磁感应原理进行工作的。在一次绕组两端外施电源电压 $\dot{U}_1$ 时，铁芯中产生交变的主磁通并分别在一、二次绕组中感应电势，忽略漏阻抗压降，则有

$$\left.\begin{array}{l} U_1 \approx E_1 = 4.44 f N_1 \Phi_m \\ U_2 \approx E_2 = 4.44 f N_2 \Phi_m \end{array}\right\} \qquad (4-5)$$

自耦变压器的变比为

$$k_a = \frac{E_1}{E_2} = \frac{N_1}{N_2} \approx \frac{U_1}{U_2} \qquad (4-6)$$

可得，一、二次侧的电压关系为

$$U_1 = k_a U_2 \qquad (4-7)$$

2. 电流关系

负载运行时，外施电压为额定电压，主磁通近似为常数，总的励磁磁动势仍等于空载磁动势。根据磁动势平衡关系

$$\dot{I}_1 N_1 + \dot{I}_2 N_2 = \dot{I}_0 N_1 \qquad (4-8)$$

忽略空载电流，得

$$\dot{I}_1 N_1 + \dot{I}_2 N_2 = 0 \tag{4-9}$$

则

$$\dot{I}_1 = -\dot{I}_2 \frac{N_1}{N_2} = -\frac{\dot{I}_2}{k_a} \tag{4-10}$$

公共绕组中的电流为

$$\dot{I} = \dot{I}_1 + \dot{I}_2 = -\frac{1}{k_a}\dot{I}_2 + \dot{I}_2 = \left(1 - \frac{1}{k_a}\right)\dot{I}_2 \tag{4-11}$$

由式（4-10）和式（4-11）可知，$\dot{I}_1$ 与 $\dot{I}_2$ 相位相反，$\dot{I}$ 与 $\dot{I}_2$ 相位相同。因此，可得到 $\dot{I}_1$、$\dot{I}_2$、$\dot{I}$ 三个电流的有效值关系为

$$I = I_2 - I_1$$

或

$$I_2 = I + I_1 \tag{4-12}$$

上式表明，自耦变压器的输出 I_2 由通过电磁感应传递到负载中去的 I 与通过串联绕组直接传导到负载中去的电流 I_1 组成。因此，公共绕组中的电流 I 总是小于负载电流 I_2。

3. 容量关系

普通双绕组变压器的额定容量和绕组的额定容量（又称电磁容量或设计容量）相等，而自耦变压器中两者却不相等。变压器的容量是指输入容量，也等于输出容量。绕组的容量是指绕组电压与绕组电流的乘积。

以单相自耦变压器为例，其变压器的额定容量为

$$S_{aN} = U_{1N}I_{1N} = U_{2N}I_{2N} \tag{4-13}$$

串联绕组的额定容量为

$$S_{Aa} = U_{Aa}I_{1N} = \frac{N_1 - N_2}{N_1}U_{1N}I_{1N} = \left(1 - \frac{1}{k_a}\right)S_{aN} \tag{4-14}$$

公共绕组的额定容量为

$$S_{ax} = U_{2N}I_N = U_{2N}\left(1 - \frac{1}{k_a}\right)I_{2N} = \left(1 - \frac{1}{k_a}\right)S_{aN} \tag{4-15}$$

式（4-14）和式（4-15）表明，串联绕组和公共绕组的额定容量相等，均小于自耦变压器的额定容量。而且，自耦变压器的变比 k_a 越接近于 1，绕组容量就越小，其优越性越显著，所以，自耦变压器主要适用于 $k_a < 2$ 的场合。

自耦变压器工作时，其输出容量

$$S_2 = U_2I_2 = U_2(I + I_1) = U_2I + U_2I_1 \tag{4-16}$$

式（4-16）表明，自耦变压器的输出功率由两部分组成，其中 U_2I 为电磁功

率，是通过电磁感应作用从一次侧传递到负载中去的，与双绕组变压器传递方式相同。U_2I_1 为传导功率，它是直接由电源通过串联绕组传导到负载中去的，这部分功率只有在一、二次绕组之间有电的联系时，才有可能出现，它不需要增加绕组容量，也正因为如此，自耦变压器的绕组容量才小于变压器容量。

变压器的设计容量主要由电磁功率决定，而变压器的材料消耗和尺寸，主要取决于设计容量。

4.2.3　优、缺点

（1）与双绕组变压器相比较，自耦变压器的主要优点：

1）由于自耦变压器的设计容量小于额定容量，所以在同样的额定容量下，自耦变压器的主要尺寸缩小，有效材料（硅钢片和铜线）及结构材料（钢材）都相应减少，从而降低了成本。

2）有效材料的减少使得铜耗和铁耗相应的减少，所以，自耦变压器的运行效率高。

3）尺寸小、重量轻，便于运输和安装，占地面积小。

（2）自耦变压器的主要缺点：

1）由于自耦变压器的短路阻抗标幺值比同容量的双绕组变压器小，故短路电流较大。为了提高自耦变压器承受突然短路的能力，设计时应注意绕组的机械强度，必要时适当增大短路电抗以限制短路电流。

2）由于一、二次绕组间有电的直接联系，高压侧发生故障会直接影响到低压侧。为此，自耦变压器的运行方式、继电保护及过电压保护装置等都比双绕组变压器复杂。例如，为避免当高压侧过电压时引起低压绕组绝缘的损坏，一、二次侧都必须装设避雷器；为防止高压侧发生单相接地时引起低压侧非接地相对地电压升得较高，造成对地绝缘击穿，自耦变压器的中性点必须可靠接地。

4.3　分裂变压器

分裂变压器又叫做分裂绕组变压器，是目前应用于大型发电厂中的一种特殊形式的电力变压器。由于变压器的单台容量的不断增大，当变压器二次侧发生短路时，短路电流数值很大，为了能够有效地切除故障，必须在二次侧安装具有很大开断能力的断路器，从而增加了配电装置的投资。如果采用分裂变压器，则能有效地限制短路电流，降低短路容量，采用较为轻型的断路器以节省投资。在现代大型发电厂中，有的采用两台发电机共用一台分裂变压器来输出电能；有的高压厂用变压器采用分裂变压器向双母线供电，当一段低压母线发生短路时，能使另一段未发生短路的低压母线仍能保持较高的电压，从而提高了供电的可靠性。上述两种应用情况的接线图如图4-7所示。

4.3.1 结构特点

分裂变压器结构特殊，有多种形式，这里只介绍在大型发电厂中使用较多的双分裂变压器。双分裂变压器，是将一个绕组（通常是低压绕组）分裂成在电气上彼此无关、仅只有弱磁联系的两个绕组的变压器。两个分裂绕组结

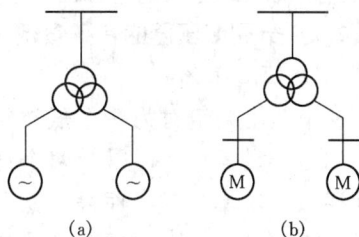

图4-7 分裂变压器的应用
(a) 两机共用一台分裂变压器；
(b) 分裂变压器向两段厂用母线供电

构相同，容量相等均为额定容量的二分之一、分裂出来的两个绕组，额定电压可以相同也可以有不大的差别，可以单独运行也可以同时运行，可以在同容量下运行，也可以在不同容量下运行，当它们的额定电压相同时，还可以并联运行。

图4-8为三相双绕组分裂变压器示意图。图4-8（b）为一相的接线图，每一相中的高压绕组 AX 为不分裂绕组，它由两部分并联而成。低压绕组 $a_1 x_1$ 和 $a_2 x_2$，为分裂出来的两个绕组。高压绕组的两部分与对应的两个低压绕组套装在铁芯柱上的方式有多种，如有径向配置方式、轴向配置方式等。但目的都是为了满足两个要求，即两个分裂绕组与高压绕组之间具有的短路阻抗相等且较小；两个分裂绕组相互之间的磁耦合较弱，短路阻抗较大。

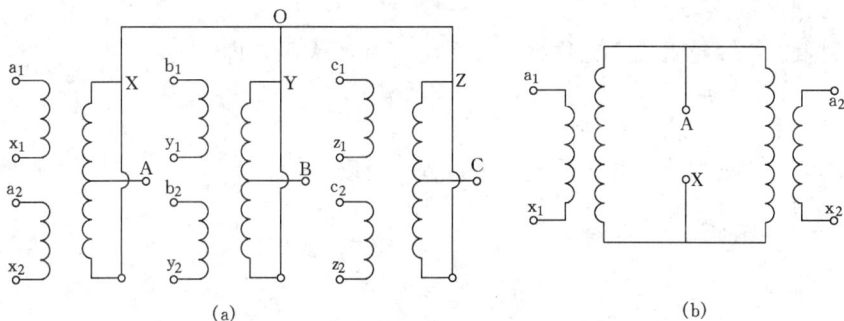

图4-8 三相双绕组分裂变压器
（a）原理接线图；（b）单相接线图

4.3.2 等效电路和特殊参数

4.3.2.1 等效电路

双分裂变压器实质上就是一台三绕组变压器，与普通三绕组变压器有相同的等效

电路。其简化的等效电路如图4-9所示。

4.3.2.2 分裂变压器的特殊参数

1. 分裂阻抗 Z_f

一个低压绕组对另一个低压绕组的运行，称为分裂运行。此时，两个低压绕组之间存在着功率传递，而高、低压绕组之间无功率传递。两个低压分裂绕组之间的

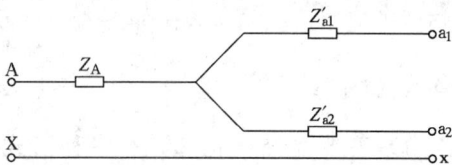

图4-9 分裂变压器简化等效电路

短路阻抗称为分裂阻抗，用 Z_f 表示。分裂变压器的分裂阻抗为

$$Z_f = Z'_{a1} + Z'_{a2} = 2Z'_{a2} \tag{4-17}$$

2. 穿越阻抗 Z_c

当两个低压分裂绕组并联运行，变压器高压绕组和分裂绕组之间有功率传递，称为穿越运行。高、低压绕组之间的短路阻抗称为穿越阻抗，用 Z_c 表示。显然，穿越阻抗相当于普通双绕组变压器的短路阻抗。分裂变压器的穿越阻抗为

$$Z_c = Z_A + Z'_{a1} \; // \; Z'_{a2} = Z_A + \frac{Z'_{a2}}{2} \tag{4-18}$$

由式（4-17）可知 $Z'_{a2} = \dfrac{Z_f}{2}$，代入式（4-18）得

$$Z_c = Z_A + \frac{Z_f}{4} \tag{4-19}$$

3. 分裂系数 k_f

分裂阻抗与穿越阻抗之比称为分裂系数，用 k_f 表示，即

$$k_f = \frac{Z_f}{Z_c} \tag{4-20}$$

我国生产的三相分裂变压器的分裂系数一般取3～4。

4.3.3 优、缺点

4.3.3.1 优点

目前，分裂变压器多用于200MW及以上大机组发电厂中的厂用变压器，它比普通双绕组变压器具有以下优点。

1. 限制短路电流作用显著

当分裂绕组一个支路短路时，由电网供给的短路电流流经分裂变压器的阻抗较大。如图4-10的等值电路，设 a_1 端短路，短路电流流经的阻抗为

$$Z_A + Z'_{a2} = \left(1 - \frac{1}{4}k_f\right)Z_c + \frac{1}{2}k_f Z_c = \left(1 + \frac{1}{4}k_f\right)Z_c$$

比穿越阻抗大 $\dfrac{k_f}{4}Z_c$，即比普通双绕组变压器的
短路阻抗大，减小了短路电流，从而减小短路
电流对母线和断路器的冲击，减少了母线和断
路器的一次投资。

2. 发生短路故障时母线电压降低不多

当一个低压分裂绕组发生短路时，另一个
低压分裂绕组所连接的母线电压降低不多，即
残压较高，从而提高了厂用电的可靠性。如图
4-10，当低压绕组 1 发生短路，则 $U'_{a1}=0$，忽略 I'_2 在线路中引起的压降，则 $U'_{a2}=U_0$，即

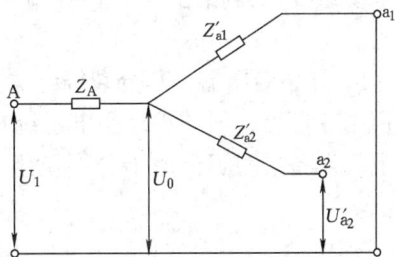

图 4-10 求残压的等效电路

$$U'_{a2}=U_0=\frac{Z'_{a2}}{Z_A+Z'_{a2}}U_1=\frac{\frac{1}{2}k_fZ_c}{\left(1-\frac{1}{4}k_f\right)Z_c+\frac{1}{2}k_fZ_c}U_1=\frac{2k_f}{4+k_f}U_1 \quad (4-21)$$

当分裂系数 $k_f=3.42$（国产 SFFL—15000/10 型分裂变压器的分裂系数），代入
式（4-21）得 $U'_{a2}=U_0=0.92U_1$。该电压值已大大超过必须维持残压为 65％额定电
压的规定。

3. 电动机的自起动条件有所改善

由于分裂变压器的穿越阻抗比同容量的双绕组变压器的短路阻抗要小些，所以，
起动电流引起的电压降也要小些，容许的起动容量要大些。

4.3.3.2 缺点

分裂变压器的主要缺点是制造较复杂，价格较昂贵，约比同容量的普通变压器贵
20％。

小 结

1. 三绕组变压器的工作原理与双绕组变压器相同，主要适用于三种电压等级场
合。三绕组变压器绕组的排列应考虑绝缘的方便、能量的传递方向与漏磁场的分布。
三绕组变压器内部磁场的分布比双绕组变压器复杂。其等效电路中的等效电抗与自漏
磁通和互漏磁通相对应，为一常数。

2. 自耦变压器的结构特点是一、二次绕组不仅有磁的耦合而且还有电的联系。
因此，负载得到的功率有一部分是通过电路直接传递的，这使得自耦变压器与同容量

的双绕组变压器相比，绕组容量减小了。从而节省材料，降低损耗，提高效率和缩小尺寸。

3. 分裂变压器，其分裂绕组的两个支路之间有较大的阻抗值。一般用作发电厂的厂用变压器，可减小厂用电系统短路故障时的短路电流，从而降低对母线、断路器等电气设备的投资。由于分裂绕组两支路之间相互影响小，使厂用电系统的可靠性提高。

习　　　题

4-1　在电力系统中，什么情况下采用三绕组变压器？

4-2　三绕组变压器的绕组排列应注意什么？

4-3　三绕组变压器的标准组别有哪些？其额定容量是怎么确定的？

4-4　三绕组变压器的等值电抗与双绕组变压器的漏电抗有什么区别？

4-5　自耦变压器结构有什么特点？

4-6　自耦变压器的额定容量为什么比绕组容量大，两者之间有何关系？

4-7　分裂变压器在什么场合下使用？有什么优点？

4-8　有一台 5kVA、220/110V 的单相双绕组变压器改接成 220/330V 的升压自耦变压器，试计算改接后一、二次侧的额定电流、额定容量和设计容量。

第 5 章

变 压 器 的 运 行

【教学要求】 掌握变压器并联运行的条件。了解空载合闸时的励磁涌流及突然短路时的过电流。了解 Y，y0 连接的三相变压器带单相负载运行的情况及不对称短路时的短路电流。了解变压器常见故障的检查和处理方法。

5.1 变压器的并联运行

现代发电厂和变电所中，非常普遍采用变压器并联运行的方式。所谓并联运行，是指两台或两台以上的变压器一、二次侧分别接于公共母线，共同向负载供电的运行方式。图 5-1 (a) 是两台变压器并联运行的单线图，图 5-1 (b) 是两台变压器并联运行的接线图。

并联运行主要优点：

(1) 提高了供电的可靠性。多台变压器并联运行，在部分变压器故障时，仍能保证对重要用户的供电。

(2) 提高了变压器的运行效率，提高了系统的经济效益。可以根据负载的大小调整投入并联运行的变压器的台数，以提高运行效率。

(3) 减少了初次投资。根据负载的增长情况，逐步增加并联运行的变压器台数，这比开始时就按最终容量来装设大容量变压器好，既减少了备用容量，也减少了初次投资。

应注意，并联运行的变压器台数不宜过多，否则，总的设备费用、材料消耗、占地面积都将增大，使变电所总的造价升高。

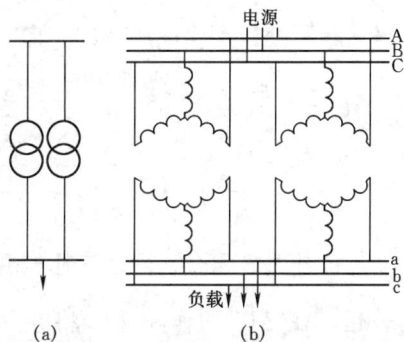

图 5-1 三相变压器的并联运行
(a) 单线图；(b) 接线图

69

5.1.1 理想的并联运行条件

1. 理想的并联运行状态

（1）并联运行的变压器空载运行时，各台变压器之间无环流。

（2）并联变压器负载运行时，各台变压器所分担的负载，与其容量成正比，以确保设备容量能得到充分利用。

（3）并联变压器负载时，各变压器的输出电流相位相同。这样当各变压器输出电流一定时，它们共同承担的总输出容量最大（此时总电流等于各台变压器电流的算术和）。

2. 理想的并联运行条件

为达到上述理想的并联状态，并联运行的变压器需要满足以下条件：

（1）各变压器一次侧额定电压和二次侧额定电压应分别相等，习惯称为变比相等。

（2）各变压器的连接组别相同。

（3）各变压器的短路阻抗标么值相等，且短路阻抗角相等。

5.1.2 变比不等时并联运行

设两台变压器连接组别相同，各变压器的短路阻抗标么值相等，短路阻抗角相同，但变比不等。以两台单相双绕组变压器为例说明。

先分析空载运行时的情况。如图 5-2 所示，两台变压器的一次侧接同一电源，电源电压为 $\dot{U}_1$，负载开关 S_L 和并联开关 S 均处于断开位置。忽略空载电流，设两台变压器的变比分别为 k_{I} 和 k_{II}，且 $k_{\mathrm{I}} < k_{\mathrm{II}}$，故二次侧的电压 $U_{2\mathrm{I}} > U_{2\mathrm{II}}$，在并联断路器断开处，产生电压 ΔU，其值为

$$\Delta \dot{U} = \dot{U}_{2\mathrm{I}} - \dot{U}_{2\mathrm{II}}$$

$$= \left(-\frac{\dot{U}_1}{k_{\mathrm{I}}}\right) - \left(-\frac{\dot{U}_1}{k_{\mathrm{II}}}\right) \quad (5-1)$$

若将开关 S 闭合，两台变压器并联在一起，在 $\Delta \dot{U}$ 的作用下，将在两台变压器的一、二次侧出现环流。二次侧的环流为

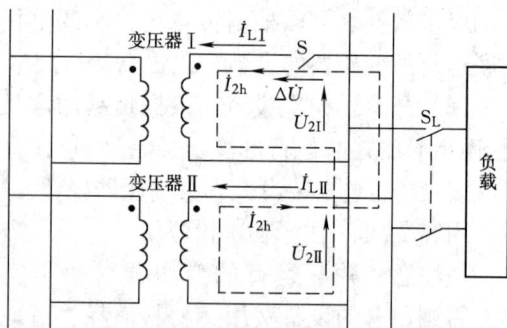

图 5-2 变比不等时的并联运行示意图

$$\dot{I}_{2h} = \frac{\Delta \dot{U}}{Z_{kI} + Z_{kII}} \qquad (5-2)$$

式中 $Z_{kI} + Z_{kII}$——变压器 I、II 折算到二次侧的短路阻抗。

根据磁动势平衡关系，两台变压器一次侧除空载电流外，还有一个与二次环流相平衡的一次侧环流，该环流增加了变压器空载运行时的损耗。

由于短路阻抗小，即使 $\Delta \dot{U}$ 的值不大，也会产生很大的环流。为保证空载运行时的环流不超过额定电流的 10%，则变比差值 $\Delta k = \dfrac{k_I - k_{II}}{\sqrt{k_I k_{II}}}$ 不应大于 1%。

再分析负载时的情况。将开关 S_L 合上，并联的两台变压器带上负载。此时，每台变压器的实际电流分别为各自负载电流与环流之和。设变压器 I、II 的负载电流分别为 $\dot{I}_{LI}$ 和 $\dot{I}_{LII}$，按照图 5-2 所示的电流正方向，可得各台变压器二次侧的实际电流为

$$\left.\begin{array}{l} \dot{I}_{2I} = \dot{I}_{LI} + \dot{I}_{2h} \\ \dot{I}_{2II} = \dot{I}_{LII} - \dot{I}_{2h} \end{array}\right\} \qquad (5-3)$$

从上式可知，变比小的第 I 变压器电流标么值（即负载率 β）较大，而变比大的第 II 变压器电流标么值较小。当第 I 变压器到达满载时，第 II 变压器尚处于欠载，使变压器的容量得不到充分利用。

综上所述，变压器变比不等并联运行时，空载时，一、二次侧回路会产生环流，增加了损耗。负载时，因为环流的存在，使变比较小的变压器负载率较大，可能过载；变比较大的变压器负载率较小，可能欠载，使变压器的总容量不能被充分利用。为此，变比稍有不同的变压器如需并联运行时，容量大的变压器具有较小的变比为宜。

5.1.3 连接组别不同时并联运行

在并联运行的条件中，连接组别相同必须绝对保证。若并联运行条件中，其他条件满足，连接组别不同，则二次侧线电动势的相位差最少为 30°。

以 Y，y0 与 Y，d11 为例，二次侧电压关系如图 5-3 所示，其二次侧电压差为

$$\Delta U_2 = 2U_{2N}\sin\frac{30°}{2} = 0.518U_{2N} \qquad (5-4)$$

可见，当二次侧的相位差仅为 30°时，电压差就达到了额定电压的 51.8%，在这样大的电压差下，产生的空载环流是额定电流的许多倍，可能将变压器烧毁。所以连接组别不同的变压器禁止并联运行。

5.1.4　短路阻抗标么值不等时并联运行

假设并联运行的变压器已满足变比相等和连接组别相同的条件，分两种情况分析。

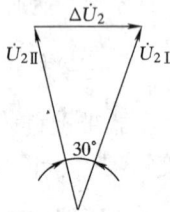

图 5-3　Y，y0 和 Y，d11
变压器并联时
的电压差

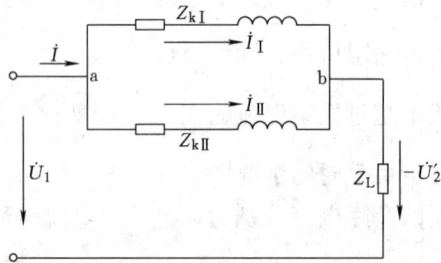

图 5-4　两台变压器并联
运行时的等值电路

（1）短路阻抗标么值相等，但短路阻抗角不等。图 5-4 是两台变压器并联运行时的简化等值电路图。设 $\varphi_I > \varphi_{II}$，则如图 5-5 所示，$\dot{I}_I$ 和 $\dot{I}_{II}$ 大小相等但相位不同。两台变压器供给负载的总电流小于两台变压器输出电流的算术和，即 $I < I_I + I_{II}$，此时两台变压器向负载可能供出的容量将小于两台变压器额定容量之和，使设备的容量不能充分利用。

一般情况下，并联运行的变压器容量之间相差越大，短路阻抗角的差值越大，设备的利用率越低，对并联运行的变压器，要求其容量比不得超过 3:1。

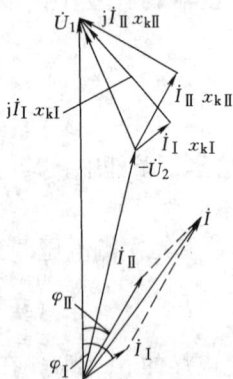

图 5-5　两台变压器并
联运行时的简化相量图

（2）短路阻抗角相等，但短路阻抗标么值不等。由图 5-4 可知，a、b 两点间的短路阻抗电压为

$$I_I z_{kI} = I_{II} z_{kII} \tag{5-5}$$

因为

$$I_I z_{kI} = \frac{I_I}{I_{NI}} \times \frac{I_{NI} z_{kI}}{U_{NI}} U_{NI} = \beta_I z_{kI}^* U_{NI}$$

$$I_{II} z_{kII} = \frac{I_{II}}{I_{IIN}} \times \frac{I_{NII} z_{kII}}{U_{NII}} U_{NII} = \beta_{II} z_{kII}^* U_{NII}$$

由于 $U_{NI} = U_{NII}$，则

$$\beta_I z_{kI}^* = \beta_{II} z_{kII}^* \tag{5-6}$$

可得

$$\beta_{\text{I}} : \beta_{\text{II}} = \frac{1}{z_{k\text{I}}^*} : \frac{1}{z_{k\text{II}}^*} \qquad (5-7)$$

式中　β_{I}、β_{II}——变压器 I、变压器 II 的负载系数；

$z_{k\text{I}}^*$、$z_{k\text{II}}^*$——变压器 I、变压器 II 的短路阻抗的标么值。

式（5-7）表明，短路阻抗标么值不等的变压器并联运行，当短路阻抗标么值大的变压器满载运行时，短路阻抗标么值小的变压器已过载；当短路阻抗标么值小的变压器满载运行时，短路阻抗标么值大的变压器却处于欠载。

因为变压器不允许长期过载运行，所以当短路阻抗标么值不等的变压器并联运行时，向负载提供最大输出功率的情况是：短路阻抗标么值最小的变压器满载运行，而其他变压器都欠载运行。这样变压器的容量不能得到充分利用，是不经济的。所以，要求并联运行的各台变压器的短路阻抗标么值与所有各台并联运行的变压器的短路阻抗标么值算术平均值之差不超过 ±10%。

【例 5-1】　两台三相变压器并联运行，其连接组别和变比均相同，$S_{\text{NI}} = 1000\text{kVA}$，$U_{k\text{I}} = 5.5\%$；$S_{\text{NII}} = 1600\text{kVA}$，$U_{k\text{II}} = 6.5\%$。

试求：

（1）当总负载为 2600kVA 时，各台变压器分担的负载各为多少？

（2）在不使任何一台变压器过载时，最大的输出功率？设备的利用率为多少？

解：（1）因为

$$z_{k\text{I}}^* = U_{k\text{I}} = 0.055 \qquad z_{k\text{II}}^* = U_{k\text{II}} = 0.065$$

由已知条件可得方程组

$$\begin{cases} \beta_{\text{I}} S_{\text{NI}} + \beta_{\text{II}} S_{\text{NII}} = 2600 \ (\text{kVA}) \\ \beta_{\text{I}} : \beta_{\text{II}} = \dfrac{1}{z_{k\text{I}}^*} : \dfrac{1}{z_{k\text{II}}^*} = \dfrac{1}{0.055} : \dfrac{1}{0.065} \end{cases}$$

解方程组可得

$$\beta_{\text{I}} = 1.182\beta_{\text{II}} = 1.104 \qquad \beta_{\text{II}} = 0.935$$

则有

$$S_{\text{I}} = \beta_{\text{I}} S_{\text{NI}} = 1104 \ (\text{kVA})$$
$$S_{\text{II}} = \beta_{\text{II}} S_{\text{NII}} = 1496 \ (\text{kVA})$$

可见，第 I 台变压器已过载，而第 II 台变压器还处于欠载状态。

（2）因为阻抗标么值小的变压器易过载，所以令 $\beta_{\text{I}} = 1$ 时，则并联运行的两台变压器均不会过载，则有

$$S_{\mathrm{I}} = \beta_{\mathrm{I}} S_{\mathrm{NI}} = 1000 \ (\mathrm{kVA})$$

$$S_{\mathrm{II}} = \beta_{\mathrm{II}} S_{\mathrm{NII}} = 0.846 \beta_{\mathrm{I}} S_{\mathrm{NII}} = 1353.6 \ (\mathrm{kVA})$$

最大输出负载　　　$\sum S_{\max} = S_{\mathrm{I}} + S_{\mathrm{II}} = 2353.6 \ (\mathrm{kVA})$

设备的利用率为　$\dfrac{\sum S_{\max}}{S_{\mathrm{NI}} + S_{\mathrm{NII}}} = \dfrac{2353.6}{1000 + 1600} \times 100\% = 90.52\%$

5.2　变压器的暂态过程

当变压器的电源电压和负载变化均不剧烈时，称为稳定运行状态。变压器在实际运行中，外部条件有时会发生剧烈变化，如负载突变、二次侧突然短路、空载合闸等。这时变压器会从一种稳定运行状态过渡到另一种稳定运行状态，这一过程就是暂态过程。

在暂态过程中，变压器的电场和磁场会发生较大的变化，可能导致绕组中的电流或电压大大增加，其延续的时间虽不长，但有时会对变压器带来严重危害。

5.2.1　变压器空载合闸时的暂态过程

在变压器二次侧开路的情况下，把一次侧接到电网称为空载合闸（又称空载投入）。变压器稳态运行时，空载电流很小，只有额定电流的 $1\% \sim 10\%$，但在空载合闸时，可能出现较大的电流，需经过一段暂态过程后，空载电流才能恢复其正常值。在暂态过程中出现的空载合闸电流称为励磁涌流。

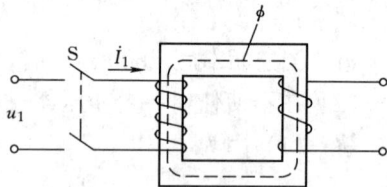

图 5 - 6　变压器的空载合闸

1. 空载合闸时的磁通

如图 5 - 6 所示，当变压器空载合闸时，一次侧电路的方程式为

$$u_1 = U_{1\mathrm{m}}\sin(\omega t + \alpha) = i_0 r_1 + N_1 \frac{\mathrm{d}\phi}{\mathrm{d}t} \tag{5-8}$$

式中　α——空载合闸时电压 u_1 的初相位；

　　　i_0——空载合闸时电流的瞬时值；

　　　r_1——一次绕组的电阻；

　　　ϕ——与一次绕组交链的所有磁通，包括主磁通和漏磁通。

为简化分析，先忽略电阻 r_1 的影响（r_1 的存在是使暂态过程衰减的主要原因，后面再予以考虑），于是式（5 - 8）变为

$$N_1 \frac{\mathrm{d}\phi}{\mathrm{d}t} = U_{1m}\sin(\omega t + \alpha)$$

因此
$$\mathrm{d}\phi = \frac{U_{1m}}{N_1}\sin(\omega t + \alpha)\mathrm{d}t$$

求得
$$\phi = -\frac{U_{1m}}{\omega N_1}\cos(\omega t + \alpha) + C = -\Phi_m\cos(\omega t + \alpha) + C \tag{5-9}$$

式中 Φ_m——稳态运行时磁通的最大值，$\Phi_m = \dfrac{U_{1m}}{\omega N_1}$；

C——积分常数。

若忽略剩磁的影响，$t=0$ 时，$\phi=0$，将此条件代入式（5-9）中得

$$C = \Phi_m\cos\alpha \tag{5-10}$$

将式（5-10）代入式（5-9）可得空载合闸时与一次绕组交链的总磁通为

$$\phi = -\Phi_m\cos(\omega t + \alpha) + \Phi_m\cos\alpha \tag{5-11}$$

当考虑到电阻 r_1 的影响时，可以知道式（5-11）中的第二项会随时间的推移而逐渐衰减，所以称其为暂态分量，而第一项则被称为稳态分量。

式（5-11）表明，空载合闸时磁通的大小与电源电压的初相角 α 有关。下面分析两种特殊情况：

（1）$\alpha=90°$。由式（5-11）可知，此时的磁通为

$$\phi = \Phi_m\sin\omega t \tag{5-12}$$

式（5-12）表明，合闸后直接进入稳态，即没有经历暂态过程。这种情况下的空载电流即为稳态时的空载电流。

（2）$\alpha=0°$。由式（5-11）可知，此时的磁通为

$$\phi = -\Phi_m\cos\omega t + \Phi_m \tag{5-13}$$

与式（5-13）相对应的波形图如图5-7所示。此时磁通有两个分量，即稳态分量 $-\Phi_m\cos\omega t$ 与暂态分量 Φ_m。从图5-7可知，在空载合闸后的半个周期瞬间 $\omega t = \pi$，即 $t = \dfrac{\pi}{\omega}$ 时，磁通达到最大值 $\Phi_{max} = 2\Phi_m$。若考虑剩磁，铁芯中磁通有可能达更高数值。由于正常运行时，变压器的磁路已经有点饱和了，当磁通为 $2\Phi_m$ 时，铁芯深度饱和，因而使励磁涌流急剧增大，如图5-8所示。在最不利的情况下合闸，冲击电流达到稳态运行时空载电流的几十到百余倍，为额定电流的 5～8 倍。

2．励磁涌流的影响

对于三相变压器，由于各相电压在时间上互差 120°相位角，所以总会有一相处

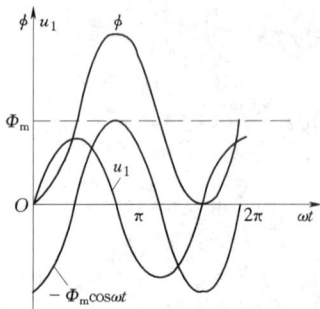

图 5-7 $\alpha = 0°$ 合闸时
的磁通波形

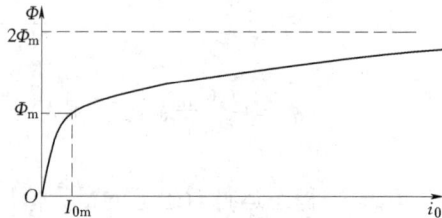

图 5-8 变压器铁芯的磁化曲线

于空载电流达最大或接近于最大励磁涌流的情况。但是，由于一次绕组存在电阻 r_1，励磁涌流将会逐渐衰减到正常的稳态值，而不会维持太久。衰减的快慢取决于一次侧的时间常数 $T = \dfrac{L_1}{r_1}$。一般小容量变压器约几个周期即可达到稳态值，而巨型容量的变压器衰减时间可延续到 20s 左右，但通常在 1s 之内已大大减弱。

空载合闸励磁涌流经历的时间不长，其值又不是很大，对变压器本身不会造成多大危害，但它可能引起继电保护装置的误动作，使开关跳闸。因此，应采用能识别并躲开励磁涌流影响的保护装置。

5.2.2 变压器突然短路时的暂态过程

当变压器的一次侧接在额定电压的电网上，二次侧不经任何阻抗突然短接，这种情况称为突然短路。突然短路时，变压器原来的稳态运行被破坏，需经历一暂态过程后才能达到新的稳态运行。突然短路是一个十分严重的事故状态，变压器的绕组往往因此而损坏。

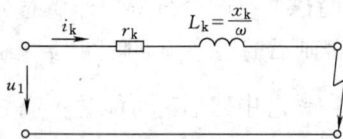

图 5-9 变压器二次侧突然短
路时的简化等效电路

1. 突然短路电流

同短路电流相比较。励磁电流的数值很小，可忽略不计，所以分析时采用变压器的简化等效电路来研究突然短路时的短路电流。如图 5-9 所示，r_k 为短路电阻，$L_k = x_k / \omega$ 为短路电感，可列出变压器突然短路时的基本方程式为

$$i_k r_k + L_k \frac{\mathrm{d}i_k}{\mathrm{d}t} = u_1 = \sqrt{2}\, U_1 \sin(\omega t + \alpha) \qquad (5-14)$$

解此常系数微分方程，可得短路电流

$$i_k = \frac{\sqrt{2}\,U_1}{\sqrt{r_k^2 + x_k^2}}\sin(\omega t + \alpha - \varphi_k) + Ce^{-\frac{t}{T_k}}$$

$$= \sqrt{2}\,I_k\sin(\omega t + \alpha - \varphi_k) + Ce^{-\frac{t}{T_k}}$$

$$= i_k' + i_k'' \tag{5-15}$$

$$i_k' = \sqrt{2}\,I_k\sin(\omega t + \alpha - \varphi_k)$$

$$i_k'' = Ce^{-\frac{t}{T_k}}$$

式中　i_k'——突然短路电流的稳态分量；

　　　i_k''——突然短路电流的暂态分量；

　　　φ_k——短路阻抗角，在电力变压器中 $\omega L_k \gg r_k$，所以 $\varphi_k = \mathrm{tg}^{-1}\dfrac{x_k}{r_k} = \mathrm{tg}^{-1}\dfrac{\omega L_k}{r_k} \approx$ 90°；

　　　α——突然短路瞬时电源电压 u_1 的初相角；

　　　T_k——暂态分量衰减的时间常数，$T_k = \dfrac{L_k}{r_k}$；

　　　C——待定的积分常数。

通常，变压器发生突然短路之前，可能已处于负载运行。但由于负载电流比短路电流小很多，故可略去不计，认为突然短路发生在空载状态下，即 $t=0$ 时，$i_k=0$，代入式（5-15）可得

$$C = \sqrt{2}\,I_k\cos\alpha$$

将上式代入式（5-15），得

$$i_k = -\sqrt{2}\,I_k\cos(\omega t + \alpha) + \sqrt{2}\,I_k\cos\alpha\, e^{-\frac{t}{T_k}} \tag{5-16}$$

式（5-16）表明，突然短路电流的大小与电压 u_1 的初相角 α 有关，下面分析两种特殊情况：

（1）$\alpha = 90°$。

$$i_k = \sqrt{2}\,I_k\sin\omega t \tag{5-17}$$

此时暂态分量 $i_k'' = 0$，表示突然短路一发生就直接进入稳态短路，短路电流最小。

（2）$\alpha = 0°$。

$$i_k = -\sqrt{2}\,I_k\cos\omega t + \sqrt{2}\,I_k e^{-\frac{t}{T_k}} \tag{5-18}$$

与式（5-18）相对应的电流变化曲线如图5-10所示。由图可见，在突然短路后半周期 $\omega t = \pi$ 瞬间，将 $t = \dfrac{\pi}{\omega}$ 代入式（5-18），得短路电流的最大值为

$$i_{kmax} = \sqrt{2}\,I_k + \sqrt{2}\,I_k e^{-\frac{1}{T_k} \times \frac{\pi}{\omega}}$$

$$= (1 + e^{-\frac{\pi}{\omega T_k}})\sqrt{2}\,I_k$$

$$= k_y \sqrt{2}\,I_k \qquad (5-19)$$

式中 $k_y = (1 + e^{-\frac{\pi}{\omega T_k}})$，是突然短路电流最大值与稳态短路电流最大值的比值。中、小容量的变压器 $k_y = 1.2 \sim 1.4$，大容量变压器 $k_y = 1.7 \sim 1.8$。

图 5-10　当 $\alpha = 0°$时，突然短路电流的变化曲线

当用标么值表示式（5-19）时，得

$$i_{kmax}^* = \frac{i_{kmax}}{\sqrt{2}\,I_N} = k_y \frac{I_k}{I_N} = k_y \frac{U_{1N}}{I_{1N} Z_k} = k_y \frac{1}{Z_k^*} \qquad (5-20)$$

式（5-20）表明，i_{kmax}^* 与 Z_k^* 成反比，即短路阻抗的标么值越小，短路电流越大。若 $Z_k^* = 0.06$，则 $i_{kmax}^* = (1.2 \sim 1.8) \times \dfrac{1}{0.06} = 20 \sim 30$，即突然短路电流最大值是额定电流幅值的 20～30 倍，这是一个很大的冲击电流。它将产生很大的电磁力，对变压器有严重危害。

对于三相变压器，由于各相电压在时间上互差 120°相位角，所以总会有一相处于突然短路电流达最大或接近于最大的情况。

2. 突然短路电流的危害

突然短路电流的影响主要有两个方面：

一是使绕组受到强大电磁力的作用。由于电磁力与电流的平方成正比，突然短路时变压器所受到的电磁力是正常运行时的几百倍。在继电保护装置未动作之前，如此大的电磁力作用在绕组上可能使线圈变形和损坏绝缘。因此，在设计绕组时要考虑有足够的强度。电力变压器绕组在制造时要经压紧、烘干、浸漆处理，就是为了使之成为一个坚固的整体，增强其强度。

二是绕组过热。尽管突然短路电流很大，相应的铜损可达额定时的几百倍，能使绕组温度急剧上升，但变压器配置的继电保护装置能在很短的时间内使变压器脱离电源，因而实际上很少由于突然短路发热使变压器烧毁的。

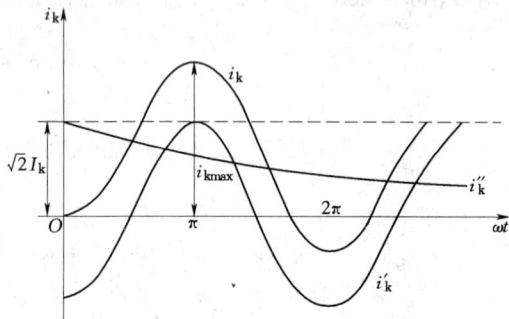

5.3 三相变压器的不对称运行

在实际工作中，三相变压器的外加电源电压一般总是对称的。所以，不对称运行就是指负载不对称时的运行状态，如变压器二次侧的三相照明负载不均衡或电焊机、单相电炉等单相负载较大等情况。

电气工程中分析不对称运行问题常采用"对称分量法"，用对称分量法分析不对称问题的思路步骤是：①确定不对称系统的已知条件；②将一组三相不对称的正弦量分解为三组（即正序、负序和零序）互相独立的三相对称分量；③再对各对称分量求解；④将上述求解结果叠加（注意带入不对称各条件）得出结论。由于三相对称，只需分析其中一相（如 A 相）的问题，就可推出其他两相的结论。

对称分量法常采用下列两套可逆的公式，公式中引入复数运算符号 α，$\alpha = e^{j120°} = 1 \underline{/120°}$。以电流的不对称系统为例说明。

$$
\begin{cases}
\dot{I}_{a+} = \dfrac{1}{3}(\dot{I}_a + \alpha \dot{I}_b + \alpha^2 \dot{I}_c) \\[2mm]
\dot{I}_{a-} = \dfrac{1}{3}(\dot{I}_a + \alpha^2 \dot{I}_b + \alpha \dot{I}_c) \\[2mm]
\dot{I}_{a0} = \dfrac{1}{3}(\dot{I}_a + \dot{I}_b + \dot{I}_c)
\end{cases}
\qquad
\begin{cases}
\dot{I}_a = \dot{I}_{a+} + \dot{I}_{a-} + \dot{I}_{a0} \\[2mm]
\dot{I}_b = \alpha^2 \dot{I}_{a+} + \alpha \dot{I}_{a-} + \dot{I}_{a0} \\[2mm]
\dot{I}_c = \alpha \dot{I}_{a+} + \alpha^2 \dot{I}_{a-} + \dot{I}_{a0}
\end{cases}
$$

从上述可知，用对称分量法解析不对称系统的实质就是把不对称问题的运算转化为三组对称量的运算。

5.3.1 各相序的等效电路

由于不同相序的电流流过三相变压器绕组时，在变压器内部所产生的电磁现象不同，因而各相序对应的阻抗和等效电路也不相同。

因为各相序电流通过三相绕组阻抗中的电阻时所产生的现象相同，即与相序无关，所以各序电阻均相等，为变压器每相绕组电阻，但三相变压器的各序电抗不同，它与电流的相序有关。

1. 正序电抗和正序等效电路

三相变压器通入正序电流时所遇到的电抗称为正序电抗。若略去空载电流，正序简化电路与前述简化等效电路完全一样，如图 5-11（a）。图中，一次侧已折算到二次侧，略去折算符号"′"。等效电路中 $Z_+ = Z_k$。

2. 负序电抗和负序等效电路

三相变压器中通入负序电流时所遇到的阻抗称为负序阻抗。由于负序电流也是一

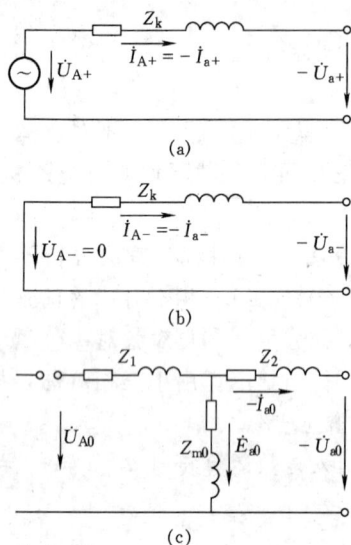

图 5-11 各序等效电路

(a) 正序等效电路;(b) 负序等效电路;
(c) 零序等效电路

组三相对称电流,从变压器的原理和结构看来,负序电流流过变压器产生的电磁现象同于正序。因此,负序等效电路和负序电抗的大小与正序相同。等效电路中 $Z_- = Z_k$。由于电源端施加的对称三相电压,没有负序分量电压,但一次存在负序电流经电源流通,故负序等效电路中将一次侧短接,如图 5-11 (b) 所示。

3. 零序阻抗和零序等效电路

三相变压器通过零序电流时所遇到的阻抗称为零序阻抗。由于三相零序电流大小相等、相位相同,在变压器中产生的电磁现象与正序和负序有很大的不同。零序电流的大小及由它产生的零序磁通大小和分布,都与三相绕组的连接方式和铁芯磁路结构密切相关。因此,等效电路有多种形式,比较复杂。在 Y,yn 连接时,零序等效电路如图 5-11 (c) 所示。在这个零序等效电路中,因为一次绕组中无零序电流,故应开路;因二次绕组中有零序电流流过,产生漏磁通,与之相对应的有二次绕组的漏电抗及相应的漏阻抗 Z_2。由于一次绕组中没有与二次绕组相平衡的零序电流存在,所以,二次绕组中的零序电流对主磁路起励磁作用,在铁芯中产生零序磁通,与其相对应的是零序励磁阻抗即等效电路中的 Z_{m0}。

5.3.2 Y,yn 接三相变压器的单相负载分析

1. 单相负载电流的计算

Y,yn 连接变压器,常用作配电变压器,带动力与照明混合的不对称负载。通过对其带单相负载状况的分析,可以得出 Y,yn 连接的三相变压器带不对称负载能力的结论。

Y,yn 连接变压器带单相负载接线图如图 5-12 所示,一次侧已折算到二次侧,略去折算符号 "'"。

二次侧各相电流为:$\dot{I}_a = \dot{I}$,$\dot{I}_b = 0$,$\dot{I}_c = 0$,利用对称分量法的公式可得

$$\dot{I}_{a+} = \dot{I}_{a-} = \dot{I}_{a0} = \frac{1}{3}\dot{I} \tag{5-21}$$

根据图 5-11 的各序等值电路图,可得电压方程式,即

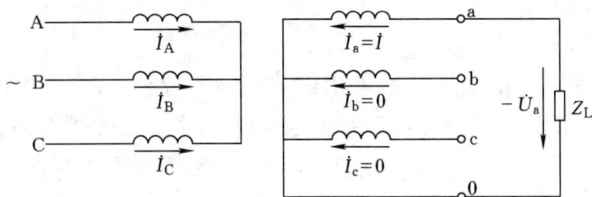

图 5-12 Y，y0 变压器带单相负载接线图

$$\left.\begin{array}{l} -\dot{U}_{a+} = \dot{U}_{A+} + \dot{I}_{a+} Z_k \\[2mm] -\dot{U}_{a-} = \dot{I}_{a-} Z_k \\[2mm] -\dot{U}_{a0} = \dot{I}_{a0}(Z_{m0} + Z_2) \end{array}\right\} \tag{5-22}$$

将式（5-21）和 $-\dot{U}_a = -\dot{U}_{a+} + (-\dot{U}_{a-}) + (-\dot{U}_{a0}) = -\dot{I}Z_L$ 代入（5-22）中求解方程式，可得负载电流

$$-\dot{I} = -\dot{I}_a = -3\dot{I}_{a+} = \frac{3\dot{U}_{A1}}{2Z_k + Z_2 + Z_{m0} + 3Z_L} \tag{5-23}$$

忽略短路阻抗 Z_k 和漏阻抗 Z_2，有

$$-\dot{I} = \frac{\dot{U}_{A1}}{\dfrac{1}{3}Z_{m0} + Z_L} \tag{5-24}$$

上式表明，单相负载电流的大小和零序阻抗 Z_{m0} 及负载阻抗 Z_L 有关。其中，零序阻抗的大小和磁路结构型式有关。

对于 Y，yn 接法的组式变压器，有零序电流激励的零序磁通可在独立的铁芯磁路中通过，由于磁路的磁阻很小，零序磁通会很大，与其相对应的零序阻抗 Z_{m0} 很大，近似等于正序励磁阻抗 Z_m。此时，即使负载阻抗 Z_L 降为零，变成单相短路，则短路电流也很小，短路电流为

$$-\dot{I}_k = \frac{3\dot{U}_A}{Z_{m0}} = 3\dot{I}_0 \tag{5-25}$$

仅为励磁电流的 3 倍。所以，Y，yn 接法的组式变压器带单相负载时，不能向负载提供所需的电流和功率，即没有负担单相负载的能力。

对于 Y，yn 接法的心式变压器，零序磁通不能在铁芯磁路中形成闭合回路，被迫沿油和油箱壁闭合，遇到的磁阻大，零序磁通很小，与其相对应的零序阻抗 Z_{m0} 很小，从式（5-24）可知负载电流 I 主要取决于负载阻抗 Z_L 大小。因此，心式变压器

可以带单相负载运行。

2．中点位移现象

对 Y，yn 连接的三相变压器带单相负载能力的分析，还可用中点位移来解释。

当 Y，yn 连接的三相变压器带单相负载运行时，二次侧有正序、负序和零序分量电流流过，而一次侧因无中线，则只有正序、负序分量电流流过。二次侧的零序分量电流建立的零序磁动势，没有被一次绕组磁动势平衡，成为励磁磁动势，建立同时和一、二次绕组交链的零序磁通 $\dot\Phi_0$，在一、二次各相绕组中感应出零序电动势，零序电动势的出现是 Y，yn 连接的三相变压器产生中点位移的根源。

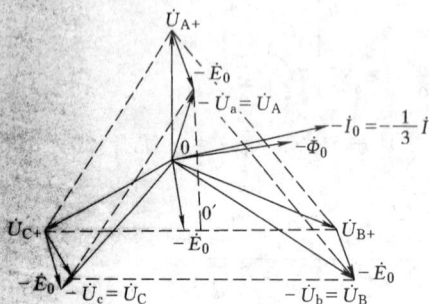

图 5-13 Y，yn 变压器带单相负载时的相量图

为了进一步理解中点位移，作出 Y，yn 连接变压器单相负载时的相量图如图 5-13 所示。由于变压器接在三相对称电源上，一次侧三相电压为 $\dot U_{A+}$、$\dot U_{B+}$、$\dot U_{C+}$，电压三角形的重心就是三相中点的电位。

设二次侧单相负载为感性，$\dot I_0$ 与由它建立的零序磁通 $\dot\Phi_0$ 基本同相位，并在各相绕组中感应出滞后 $\dot\Phi_0$ 90°电动势 $\dot E_0$ 叠加在各相电压上，得到三相不对称运行时的电压 $\dot U_A$、$\dot U_B$、$\dot U_C$，从图 5-13 中可见，电压中点移动了，带负载相的电压降低了，另外两相电压升高了，受到危险的过电压，这是应该避免的现象。

中点位移的程度与零序磁通的大小有关，三相组式变压器的零序磁阻较小，零序磁通和零序电动势较大，因而中点移动严重；三相心式变压器的零序磁阻大，零序磁通和零序电动势较小，因而中点移动程度较轻。故 Y，yn 连接心式变压器可以带单相负载运行。

5.3.3 其他连接组变压器的不对称运行分析

由上面分析可知，Y，yn 连接组式变压器之所以不能带单相负载运行，是因为其二次侧有零序分量电流流过，而一次侧则无零序分量电流流过，二次侧的零序分量电流成了励磁电流而造成的。对于其他连接组，如 Y，d；YN，d；YN，y；Y，y 等的三相变压器由于二次侧没有中线引出，也就没有零序分量电流。因此，它们都可以担负各种不对称的负载。

5.4 变压器的常见故障类型

变压器是电力系统的重要的电器设备，若发生事故将造成严重损失。因此，要善于捕捉故障现象，准确判断故障产生的原因，迅速而准确的处理故障。

变压器的故障涉及面广，有多种分类方式。如对于油浸式变压器可按油箱内外，分为内部故障和外部故障；内部故障从性质上可分为热故障和电故障。若按变压器的结构划分，可分为绕组故障、铁芯故障、油质故障、套管和分接开关故障等。

表 5-1 列出了变压器常见故障的种类、现象、产生原因及处理办法。

表 5-1　　变压器常见故障的种类、现象、产生原因及处理办法

故障种类	故障现象	故障原因	处理方法
绕组匝间或层间短路	(1) 变压器异常发热 (2) 油温升高 (3) 油发出特殊的"吡吡"声 (4) 电源侧电流增大 (5) 三相绕组的直流电阻不平衡 (6) 高压熔断器熔断 (7) 气体继电器动作 (8) 储油柜冒黑烟	(1) 变压器运行年久，绕组绝缘老化 (2) 绕组绝缘受潮 (3) 绕组绕制不当，使绝缘局部受损 (4) 油道内落入杂物，使油道堵塞，局部过热	(1) 更换或修复所损坏的绕组，衬垫和绝缘筒 (2) 进行浸漆和干燥处理 (3) 更换或修复绕组
绕组接地或相间短路	(1) 高压熔断器熔断 (2) 安全气道薄膜破裂、喷油 (3) 气体继电器动作 (4) 变压器油燃烧 (5) 变压器振动	(1) 绕组主绝缘老化或有破损等重大缺陷 (2) 变压器进水，绝缘油严重受潮 (3) 油面过低，露出油面的引线绝缘距离不足而击穿 (4) 绕组内落入杂物 (5) 过电压击穿绕组绝缘	(1) 更换或修复绕组 (2) 更换或处理变压器油 (3) 检修渗漏油部位，注油至正常位置 (4) 清除杂物 (5) 更换或修复绕组绝缘，并限制过电压的幅值
绕组变形与断线	(1) 变压器发出异常声音 (2) 断线相无电流指示	(1) 制造装配不良，绕组未压紧 (2) 短路电流的电磁力作用 (3) 导线焊接不良 (4) 雷击造成断线 (5) 制造上缺陷，强度不够	(1) 修复变形部位，必要时更换绕组 (2) 拧紧压圈螺钉，紧固松脱的衬垫、撑条 (3) 割除熔蚀面或截面缩小的导线或补换新导线 (4) 修补绝缘，并作浸漆干燥处理 (5) 修复改善结构，提高机械强度

续表

故障种类	故障现象	故障原因	处理方法
铁芯片间绝缘损坏	(1) 空载损耗变大 (2) 铁芯发热，油温升高，油色变深 (3) 吊出变压器器身检查可见硅钢片漆膜脱落或发热 (4) 变压器发出异常声响	(1) 硅钢片间绝缘老化 (2) 受强烈振动，片间发生位移或摩擦 (3) 铁芯紧固件松动 (4) 铁芯接地后发热烧坏片间绝缘	(1) 对绝缘损坏的硅钢片重新涂刷绝缘漆 (2) 紧固铁芯夹件 (3) 按铁芯接地故障处理方法
铁芯多点接地或者接地不良	(1) 高压熔断器熔断 (2) 铁芯发热，油温升高，油色变黑 (3) 气体继电器动作 (4) 吊出器身检查可见硅钢片局部烧熔	(1) 铁芯与穿心螺杆间的绝缘老化，引起铁芯多点接地 (2) 铁芯接地片断开 (3) 铁芯接地片松动	(1) 更换穿心螺杆与铁芯间的绝缘管和绝缘衬 (2) 更换新接地片或将接地片压紧
套管闪烙	(1) 高压熔断器熔断 (2) 套管表面有放电痕迹	(1) 套管表面积灰脏污 (2) 套管有裂纹或破损 (3) 套管密封不严，绝缘受损 (4) 套管间掉入杂物	(1) 清除套管表面的积灰和脏污 (2) 更换套管 (3) 更换封垫 (4) 清除杂物
分接开关烧损	(1) 高压熔断器熔断 (2) 油温升高 (3) 触点表面产生放电声 (4) 变压器油发出"咕嘟"声	(1) 动触头弹簧压力不够，或过渡电阻损坏 (2) 开关配备不良，造成接触不良 (3) 连接螺栓松动 (4) 绝缘板绝缘性能变劣 (5) 变压器油位下降，使分接开关暴露在空气中 (6) 分接开关位置错位	(1) 更换或修复触头接触面，更换弹簧或过渡电阻 (2) 按要求重新装配并进行调整 (3) 紧固松动的螺栓 (4) 更换绝缘板 (5) 补注变压器油至正常油位 (6) 纠正错位
变压器油变劣	油色变暗	(1) 变压器故障引起放电造成变压器油分解 (2) 变压器油长期受热氧化使油质变劣	对变压器油进行过滤或换新油

　　变压器在运行中，工作人员应定期巡视，了解变压器的运行情况，发现问题及时解决，力争把故障消灭在初始状态。巡视检查的主要项目如下：

　　(1) 变压器的油温和温度计应正常，油色应正常，储油柜的油位应与温度相对应，各部位无渗油、漏油。上层油温一般应在 85 ℃以下，对强迫油循环水冷却的变压器应为 75 ℃以下。

（2）套管油位应正常，套管外部无破损裂纹，无严重油污，无放电痕迹及其他异常现象。

（3）变压器音响正常。

（4）各冷却器手感温度应相近，风扇、油泵、水泵运行正常，油流继电器工作正常，水冷却器的油压应大于水压。

（5）呼吸器（吸湿器）完好，吸附剂干燥（硅胶颜色应为蓝色，不呈粉红色）。

（6）引线接头、电缆、母线应无过热变色现象。

（7）压力释放阀或安全气道及防爆膜应完好无损。

（8）气体继电器内应无气体。

（9）外壳接地良好。

（10）控制箱和二次端子箱应关严，无受潮。

（11）干式变压器的外部表面应无积污。

（12）变压器室的门、窗、照明应完好，房屋不漏水，温度正常。

小　　结

1. 变压器理想并联运行的条件是：①一、二次侧额定电压分别相等（即变比相等）；②连接组别相同；③短路阻抗标幺值相等，短路阻抗角相等。前两个条件保证空载运行时不产生环流，后一个条件是保证并联运行的变压器容量得以充分利用。除连接组别必须相同外，其他两个条件允许有一定的偏差。

2. 变压器空载合闸和突然短路暂态过程中产生的冲击电流，其大小取决于瞬间电源电压的初相位角 α。当 $\alpha = 0°$ 时电流最大，空载合闸时出现的励磁涌流不会产生危害，主要在保护设计中要避免误动作。突然短路产生的危害是严重的，此时最大的突然短路电流将产生巨大的电磁力，使变压器绕组和绝缘受到破坏。

3. 分析不对称运行时采用对称分量法。Y，yn 连接的变压器带单相负载时，一次侧无零序电流以平衡二次侧的零序电流，使二次侧的零序电流产生零序磁通。对于 Y，yn 组式变压器，零序磁通大，零序电动势大，中点位移严重，无承担单相负载的能力，故不能采用。对于 Y，yn 心式变压器由于零序磁阻大，零序电流和零序磁通小，中点位移较轻，能承担单相负载。

为保证变压器安全、可靠运行，要及时、准确判断故障产生的原因，迅速地处理故障。

习 题

5-1 何谓变压器的并联运行？并联运行有何优点？

5-2 什么叫变压器的理想并联运行？要达到理想并联运行状态需满足什么条件？

5-3 两台额定电压相同 Y，d11 和 D，y11 变压器能否并联运行？

5-4 在什么情况下空载合闸，励磁涌流最大？有多大？

5-5 在什么情况下发生突然短路，短路电流最大？有多大？

5-6 为什么 Y，yn 连接的组式变压器不能承担单相负载且中点位移严重？

5-7 为什么 Y，yn 连接的心式变压器可以承担单相负载且中点位移较轻？

5-8 某变电所有两台三相变压器并联运行，其连接组别均为 Y，yn0，数据如下：

变压器 I $S_{NI} = 3200kVA$，$U_{1N}/U_{2N} = 35/6.3kV$，$U_{kI} = 6.9\%$；

变压器 II $S_{NI} = 5600kVA$，$U_{1N}/U_{2N} = 35/6.3kV$，$U_{kI} = 7.5\%$。

试求：

(1) 当总负载为 8000kVA 时，各台变压器分担的负载各为多少？

(2) 在不使任何一台变压器过载时，最大的输出功率为多少？设备的利用率为多少？

同步电机篇

- 交流旋转电机分为同步电机和异步电机两类。同步电机主要用作发电机，异步电机主要用作电动机。本篇将着重研究同步发电机的工作原理和运行原理，而交流电机的共性问题，如交流绕组、交流绕组的电动势和磁动势等也将在本篇研究。

第6章

同步发电机的工作原理和基本结构

【**教学要求**】 了解三相同步发电机及交流励磁发电机的基本结构和类型。掌握三相同步发电机的工作原理和铭牌数据的意义。

现代发电厂几乎都是采用三相同步发电机向电力系统供电，本章将介绍同步发电机的基本原理、基本结构、类型、发展概况、铭牌内容和主要励磁方式。

6.1 三相同步发电机的工作原理和类型

6.1.1 三相同步发电机的基本工作原理

同步发电机是根据导体切割磁力线感应电动势这一基本原理工作的。因此，同步发电机都具有产生磁力线的磁极和切割磁力线的导体。现代同步发电机大多数把磁极作成旋转式，称为转子。在转子上绕有励磁绕组，通以直流电励磁，并由原动机带动旋转。把切割磁力线的导体分为结构和参数相同的三相绕组 AX、BY、CZ，它们在空间上互差 120°电角度，并固定在定子的铁芯槽中。定子与转子之间有气隙，如图 6-1所示。当原动机驱动发电机的转子以转速 n 按图示方向做恒速旋转时，定子三相绕组依次切割磁力线，分别感应出大小相等、时间上彼此相差 120°电角度的交流电动势。若气隙中的磁通密度按正弦规律分布，则三相绕组感应电动势的波形也为正弦波，如图 6-2 所示。其相序为 A-B-C，数学表达式为

$$e_A = E_m \sin\omega t$$

$$e_B = E_m \sin(\omega t - 120°)$$

$$e_C = E_m \sin(\omega t - 240°)$$

定子绕组感应电动势的频率与电机转子的磁极对数和转子的转速有关。当磁极对

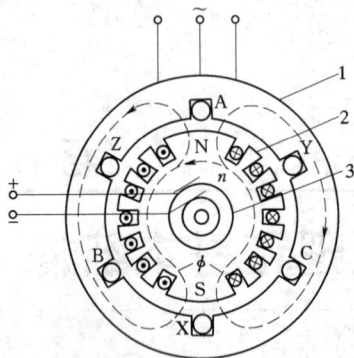

图 6-1　同步发电机的工作原理图
1—定子；2—转子；3—滑环

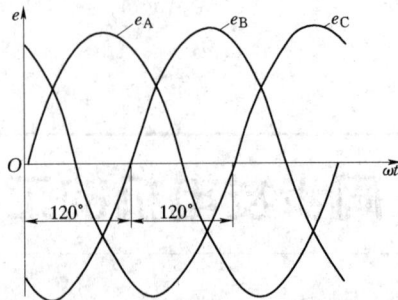

图 6-2　定子三相电动势波形

数为 1 时，转子旋转一周，定子绕组感应电动势变化一个周期。当同步发电机的转子有 p 对极时，转子旋转一周，感应电动势变化 p 个周期；而当转子的转速为每分钟 n 转时，则感应电动势每分钟变化 pn 个周期，即定子绕组感应电动势的频率为

$$f = \frac{pn}{60} \tag{6-1}$$

由式（6-1）可见，当同步发电机的极对数一定时，定子绕组感应电动势的频率与转子转速之间有着恒定的比例关系，这是同步电机的主要特点。我国电力系统的标准频率为 50Hz，因此同步发电机的极对数与转速成反比。当拖动同步发电机的原动机转速较高时，发电机的极对数较少。如一台汽轮机的转速 $n = 3000\text{r/min}$，则被其拖动的发电机极对数应为一对极；一台水轮机的转速 $n = 125\text{r/min}$，则被其拖动的发电机极对数 $p = 24$。

6.1.2　同步发电机的类型

同步发电机分类方式有多种，常见的有以下几种分类方式。

按原动机的类型的不同，分为汽轮发电机、水轮发电机、燃汽轮发电机、柴油发电机、风力发电机、太阳能发电机等。在电力系统中，使用最广泛的是前两种类型的发电机。

按转子结构不同，分为隐极式和凸极式，如图 6-3 所示。

按安装方式不同，分为卧式和立式。

按冷却介质不同，分为空气冷却式、氢气冷却（可有外冷和内冷两种方式）式、水冷却（内冷）式。还可形成不同的组合方式，例如：水—氢—氢，即定子绕组为水

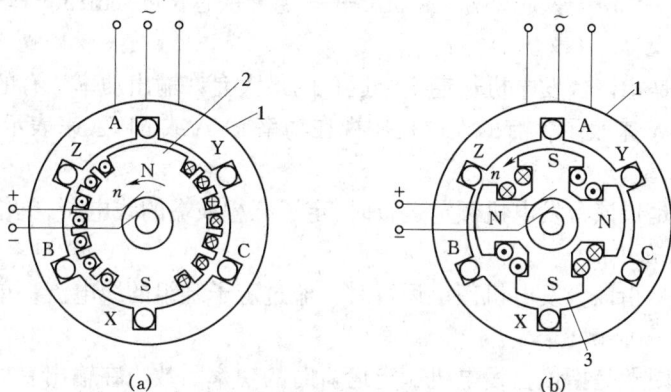

图 6-3　隐极式和凸极式同步发电机
(a) 隐极式；(b) 凸极式
1—定子；2—隐极式转子；3—凸极式转子

内冷，转子绕组为氢内冷，定子铁芯为氢冷；水—水—氢，即定子绕组和转子绕组为水内冷，定子铁芯为氢冷。

　　现代同步发电机的发展趋势主要表现在单机容量的增大，经济性、可靠性和适用性的提高，冷却技术的改善，新材料的应用，在线监测技术的不断开发等多个方面。

6.1.3　同步发电机的铭牌

　　同步发电机机座外壳醒目的地方放置有铭牌，它是电机制造厂用来向用户介绍该台电机的特点和额定数据的，通常标有型号、额定值、绝缘等级等内容。铭牌上标示的容量、电压、电流都是额定值，所谓额定值，就是能保证电机正常连续运行的最大限值。当电机在额定数据规定的情况下运行时，发电机寿命可以达到设计的预期年限，效率也较高。

　　下面介绍铭牌上标示的主要项目。

　　1. 型号

　　我国生产的发电机型号都是由汉语拼音大写字母与阿拉伯数字组成。其中汉语拼音字母，是从发电机全名称中选择有代表意义的汉字，取该汉字的第一个拼音字母组成。

　　如一台汽轮发电机的型号为 QFSN-300-2，其意义为：QF——汽轮发电机；SN——水内两个汉字的第一个拼音字母，表示该发电机的冷却方式是水氢氢；300——发电机的额定功率，单位为 MW；2——发电机的磁极个数。

　　又如一台水轮发电机的型号为 TS-900/135-56，其意义为：T——同步；S——水轮发电机;900——定子铁芯外径,cm;135——定子铁芯长度,cm;56——磁极个数。

2．额定容量 P_N（或 S_N）

额定容量是指该台发电机长期安全运行的最大允许输出功率。有的发电机用有功功率 kW 或 MW 来表示，有的发电机用视在功率 kVA 或 MVA 来表示。

3．额定电压 U_N

额定电压是指该台发电机额定运行时,定子三相线端的线电压,单位为 V 或 kV。

4．额定电流 I_N

额定电流是指该台发电机额定运行时，流过定子绕组的线电流，单位为 A。

5．额定功率因数 $\cos\varphi_N$

额定功率因数是指该台发电机额定运行时的功率因数。在输出有功功率一定的条件下，提高功率因数可提高发电机有效材料利用率、减轻发电机的总质量、提高效率、降低输电线损耗；但会使发电机的视在容量减小、稳定性降低。现代发电机由于采用快速励磁系统来保证稳定性要求，额定功率因数有所提高。

6．额定励磁电压 U_{fN}

额定励磁电压是指该台发电机额定运行时，转子励磁绕组两线端的直流电压，单位为 V。

7．额定励磁电流 I_{fN}

额定励磁电流是指该台发电机额定运行时，流过转子励磁绕组的直流电流，单位为 A。

8．额定转速

额定转速是指该台发电机额定运行时对应电网频率的同步转速，单位为 r/min（转/分）。

三相同步发电机额定功率、额定电压、额定电流之间的关系是

$$P_N = \sqrt{3}\,U_N I_N \cos\varphi_N$$

6.2 三相同步发电机的基本结构

电力系统广泛使用汽轮同步发电机和水轮发电机，其基本结构都包括定子和转子两大部分，下面分别予以介绍。

6.2.1 汽轮发电机的基本结构

图 6-4 为一台汽轮发电机的基本结构图。汽轮发电机是火力发电厂、核能发电厂的主要设备之一，由汽轮机或燃气轮机驱动发电。由于汽轮机和燃气轮机采用高转

速时运行效率较高，所以汽轮发电机一般为两极，转速 $n = 3000r/min$，采用隐极式转子。但用在压水堆核能发电厂的大型汽轮发电机为了满足原动机的需要，则大多做成四极。隐极式转子呈圆柱形，细而长，定、转子之间的气隙是均匀的。

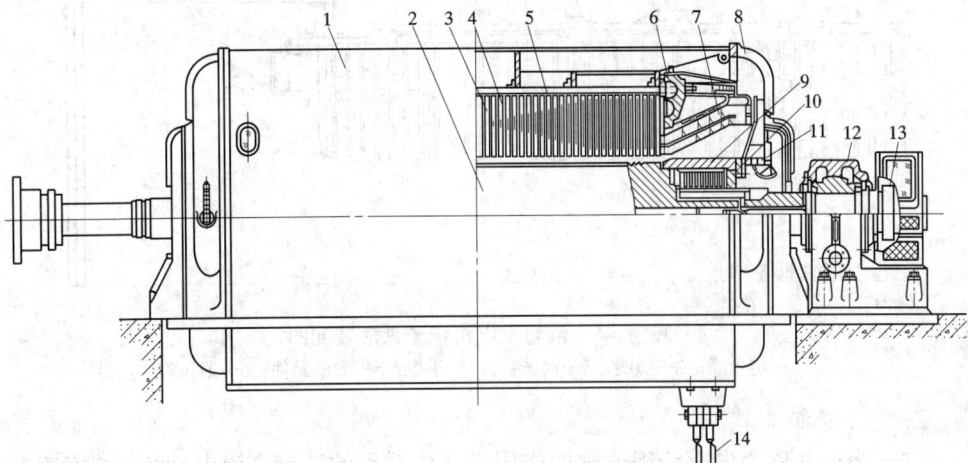

图 6-4　汽轮发电机基本结构图

1—定子；2—转子；3—定子铁芯；4—定子铁芯的径向通风沟；5—定位筋；6—定子压圈；
7—定子绕组；8—端盖；9—转子护环；10—中心环；11—离心式风扇；12—轴承；
13—集电环；14—定子电流引出线

6.2.1.1　定子

定子又称为电枢，主要由定子铁芯、定子绕组、机座、端盖、轴承等部件组成。

1. 定子铁芯

定子铁芯是构成电机磁回路和固定定子绕组的重要部件，要求它导磁性能好、损耗低、刚度好、振动小，在结构设计上还要考虑冷却的需要。

为减少铁芯损耗，定子铁芯由 0.5mm 或 0.35mm 厚的两面涂有绝缘漆膜的硅钢片叠成，沿轴向分成多段，每段厚约 $30\sim60mm$。各段叠片间装有一定 $6\sim10mm$ 厚的通风槽片形成径向通风沟，使冷却气体能吹过铁芯的中间部分，使定子铁芯获得较好的冷却效果。当定子铁芯外圆直径大于 1m 时，常将硅钢片冲成扇形，再将多片拼成一个整圆。通常，使用整圆冲片的定子铁芯可采用外压装法固定在机座内，使用扇形冲片的定子铁芯可采用内压装法固定在机座内。在大、中型发电机中，为减少端部铁芯发热，在制造上采取了多种措施。例如，在两端用来压紧定子铁芯的压板使用非磁性材料制造，铁芯两端设计成阶梯形状，在铁芯端部加装电屏蔽（也称铜屏蔽）和磁屏蔽环等。如图 6-5 所示。

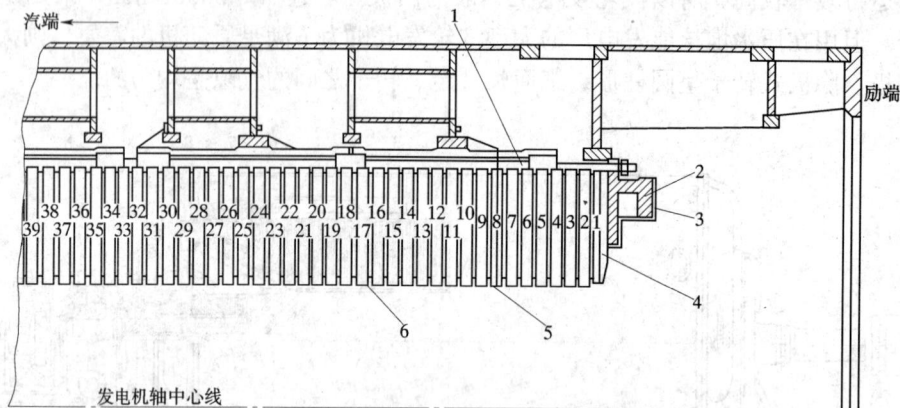

图 6-5 汽轮发电机定子铁芯装配图
1—定位筋；2—压圈；3—铜屏蔽；4—压指；5—测温元件；6—通风沟

2. 定子绕组

定子绕组又称为电枢绕组，它的作用是产生对称的三相交流电动势，向负载输出三相交流电流，实现机电能量的转换。定子绕组由多个线圈连接组成，每个线圈又是用多股绝缘的铜导线绕制成形后，外包以绝缘而成，如图 6-6 所示。线圈的直线部分嵌入铁芯槽内并用槽楔固定，端部用支架固定，以防止因突然短路产生的巨大电磁力引起线圈的端部变形。

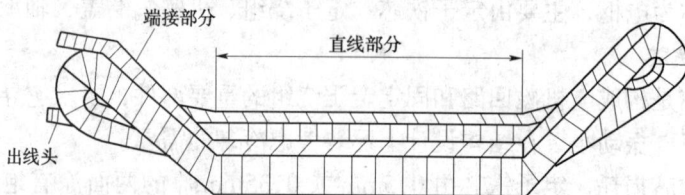

图 6-6 定子线圈

为了减小绕组导体中集肤效应引起的附加损耗的需要，要对线圈直线部分的股线进行换位。大、中型发电机由于尺寸大，定子线圈常作成半匝式，即由两个线棒组成。为了冷却的需要，线棒除了采用实心的导线外，还可采用空心与实心导线组合的方式构成。

3. 机座

机座是电机的外壳，用来支撑和固定定子铁芯和端盖，一般由钢板拼焊而成。机座与铁芯外圆之间留有空间，加上隔板形成风道，以利电机的冷却。同步发电机在运行时，由于气隙磁场强度沿定子铁芯内圆各点是交变的，导致产生交变的电磁力，从而使定子铁芯产生双频振动。长时间的震动会引起定子铁芯松动，硅钢片间压力减小，绝缘受到磨损，机座焊缝疲劳，还产生噪音。为降低定子铁芯的振动向机座传递，大型汽轮发电机在定子铁芯和机座间还加装有隔振系统。

此外，定子还包括端盖、轴承、冷却器等。

6.2.1.2 转子

转子包括转子铁芯、励磁绕组、阻尼绕组、护环、中心环、集电环和风扇等主要部件。

1. 转子铁芯

转子铁芯通常与转轴锻造成一体，如图 6-7 所示，要求锻件的机械强度高和磁化性能好，常使用含有镍、铬、钼、钒的优质合金钢材料。转轴的一部分作为磁极，加工出若干个槽，在槽中嵌放励磁绕组。转子表面约占圆周长三分之一的部分不开槽，称大齿，即主磁极。转轴的这一部分即转子铁芯，习惯上称为转子本体。转子铁芯槽的排列有两种方式，如图 6-8 所示。

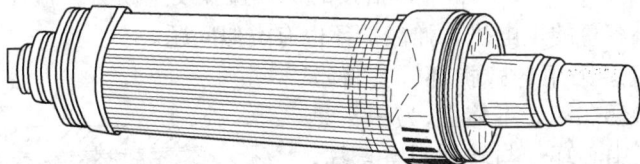

图 6-7 汽轮发电机转子外形

2. 励磁绕组

励磁绕组采用分布绕组，由若干个同心式线圈串联构成，如图 6-9 所示。励磁线圈放置在转子铁芯槽内，用不导磁高强度的硬铝或铝青铜槽楔固定。绕组的两端引出，连接到集电环上。

3. 阻尼绕组

某些大型汽轮发电机转子上装有阻尼绕组，它是一种短路绕组。有的发电机采用专门制作的导条构成，有的发电机利用转子槽内的铝槽楔来组成阻尼绕组。阻尼绕组的作用是提高发电机承担不对称负载的能力和抑制振荡，当同步发电机正常稳定运行时，阻尼绕组不起任何作用。

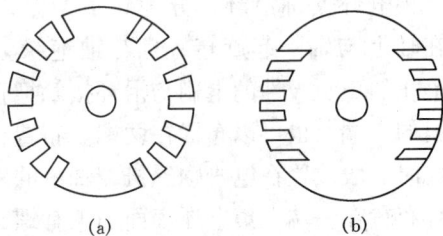

图 6-8 汽轮发电机转子槽
(a) 辐射形排列；(b) 平行排列

95

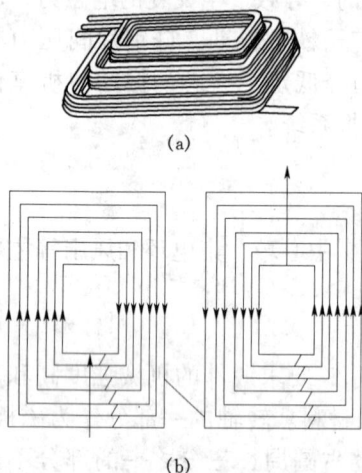

图6-9 汽轮发电机励磁绕组
(a) 线圈；(b) 绕组接线图

4. 护环和中心环

由于汽轮发电机转速高，励磁绕组端部受到很大的离心力，于是采用护环和中心环来固定。护环又称套箍，是一个圆环形的钢套，它把励磁绕组端部套紧。中心环是一个圆盘形的环用来支撑护环和防止励磁绕组端部的轴向位移。为了减少端部漏磁场引起的发热；护环采用非导磁合金钢材料制成。

护环与转轴之间的连接方式有刚性、悬式、弹性等几种。刚性护环结构如图6-10所示，护环的一头搭接在转子本体上，另一头搭接在中心环上，用热套的方法紧固。这种连接方法的优点是，固定可靠、易和转轴同心、不易变形；缺点是，转子旋转时转轴弯曲护环也跟着弯曲，使护环受到交变应力，当转子较长、轴的挠度较大时，易使与转子本体搭接的护环边缘发生疲劳、损坏。所以此连接方式只适用于较小容量的发电机。弹性护环也有类似问题。

大型发电机多采用悬式护环，其特点是护环的一头热套在转子本体上，另一头热套在中心环上，中心环却与转轴脱空悬挂。因而转子旋转时，转轴的弯曲不会使护环受到交变应力的损害。这种结构的护环加工方便，装配简单，运行可靠。悬式护环结构如图6-11所示。

5. 集电环

集电环又称滑环，分为正负两个，热套在轴上与轴一起旋转，且与轴绝缘。通

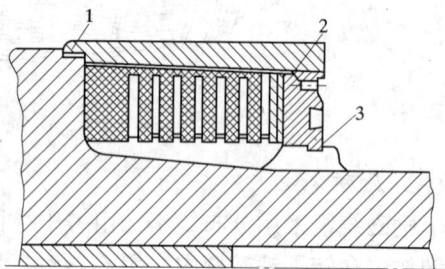

图6-10 刚性护环
1—护环与转子本体搭接面；2—中心环护环接触面；3—中心环与转轴接触面

过静止的正负极性的电刷与滑环接触把直流电流引入到励磁绕组中。滑环可以布置在电机的一端，也可以布置在两端。布置在电机的两端的滑环都装在轴承内侧，布置在一端时一般放置在电机励磁机端轴承的外侧。大型机组为了缩短轴承间的距离，常将滑环布置在一端。集电环表面加工有螺旋沟，可以改善同电刷的接触、增加散热面积和帮助排除从电刷上摩擦下来的粉末。

6. 风扇

汽轮发电机的转子细长，通风冷却比较困难。在转子的两端装有轴流式或离心式

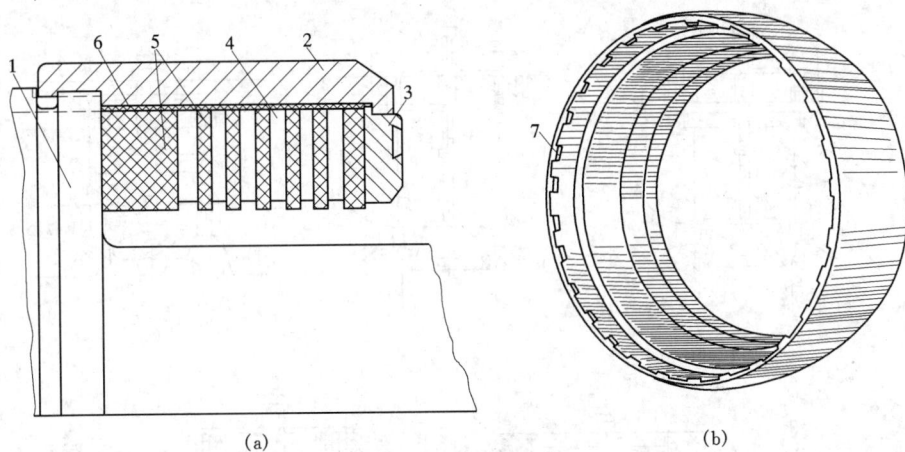

(a)　　　　　　　　　　(b)

图 6-11　悬挂式护环
(a) 安装情况；(b) 护环本身
1—转子本体；2—护环；3—中心环；4—绕组端部；5—垫块；6—护环绝缘；7—护环上凸齿

风扇，用以改善冷却条件。

6.2.2　水轮发电机的基本结构

水轮发电机与汽轮发电机的基本工作原理相同，但在结构上有很多的区别。水轮发电机由水轮机驱动，由于转速较低通常采用凸极式转子，因为凸极式转子在结构和加工工艺方面都比隐极式简单。它的安装结构型式通常由水轮机的型式确定，例如，冲击式水轮机驱动的发电机多采用卧式结构，一般用于小容量发电机；反击式水轮机驱动的大中容量发电机多采用立式结构；贯流式水轮机驱动的发电机采用灯泡式结构；在抽水蓄能电站中，由混流式或斜流式水轮机驱动的发电电动机采用立式结构。下面以立式水轮发电机为例介绍其基本结构。

水轮发电机由于是立式，转子部分必须支撑在一个推力轴承上。根据推力轴承安放位置的不同，立式水轮发电机又可分为悬式和伞式两种。水轮发电机还有两到三个导轴承，用以约束转子径向的摆动。凡是具有上导轴承的伞式称为半伞式，没有上导轴承的伞式称为全伞式。如图 6-12 和图 6-13 所示。

悬式的特点是推力轴承在转子的上部，伞式的特点是推力轴承在转子的下部。悬式适用于中高速机组，优点是机组径向机械稳定性较好，轴承损耗较小，轴承的维护检修方便。伞式适用于中低速大容量机组。伞式机组总高度比悬式的低，其优点是电站厂房高度可降低，减轻机组重量；其缺点是推力轴承直径较大，轴承损耗较大，轴承的维护检修较不方便。近年来随着设计、制造、安装技术的提高和改进，大容量

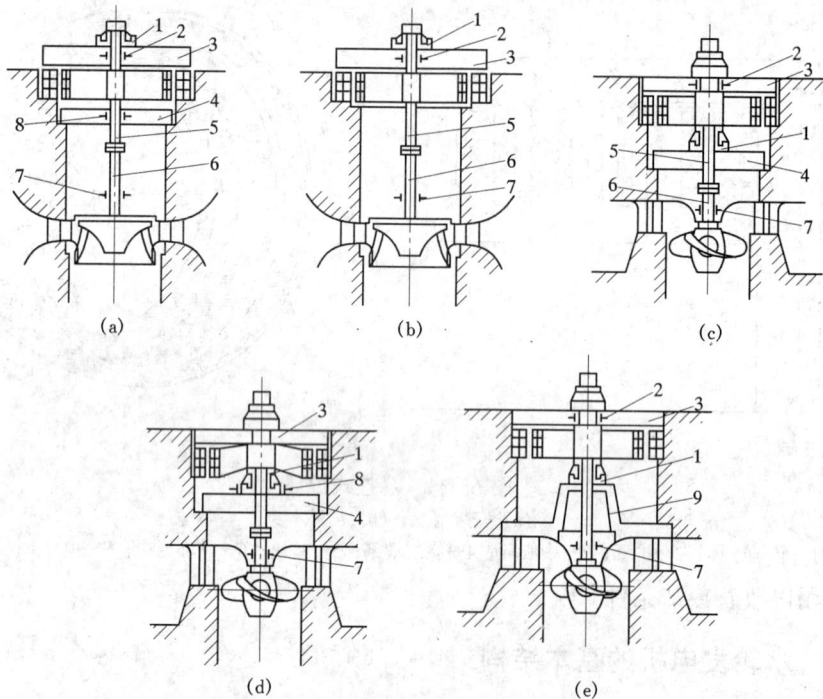

图 6-12 立式水轮发电机安装结构型式

(a) 三导悬式；(b) 二导悬式；(c)、(e) 二导半伞式；(d) 二导全伞式；

1—发电机推力轴承；2—发电机上导轴承；3—发电机上机架；4—发电机下机架；5—发电机转轴；6—水轮机转轴；7—水轮机导轴承；8—发电机下导轴承；9—水轮机顶盖

高转速的机组也有采用伞式的，特别是采用具有上、下导轴承的半伞式结构。

下面分别介绍水轮发电机的定子、转子、机架、轴承等主要部件。

6.2.2.1 定子

定子主要由机座、定子铁芯、定子绕组组成。

1．机座

机座用来支撑定子铁芯、轴承、端盖等，还构成冷却风路。对于直径较大的机座，为了运输方便，把机座连同定子铁芯一起分成若干瓣，到工地后再组装成一个整体。

2．定子铁芯

定子铁芯的基本结构与汽轮发电机相同。

3．定子绕组

定子绕组的结构与汽轮发电机相类似。区别在于，汽轮发电机的磁极数少，定子

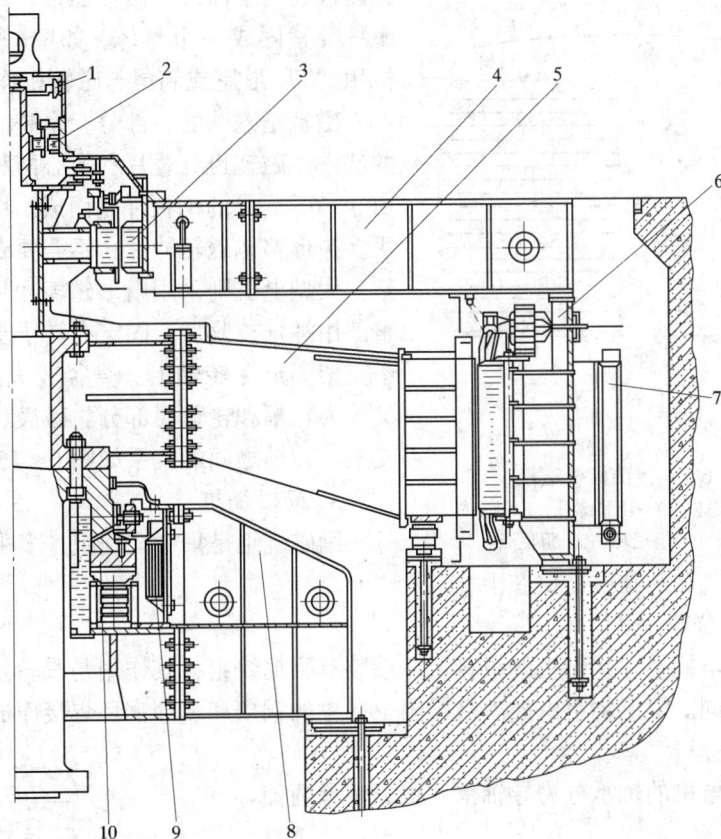

图 6-13 全伞式水轮发电机结构图

1—永磁发电机；2—副励磁机；3—励磁机；4—上机架；5—转子；6—定子；
7—空气冷却器；8—下机架；9—下导轴承；10—推力轴承

绕组多采用双层叠绕组；而水轮发电机的磁极数多，定子绕组多采用双层波绕组，可节省极相组间的连接线，并多采用分数槽绕组以改善绕组感应电动势的波形。

6.2.2.2 转子

转子主要由转轴、转子铁芯、转子支架、励磁绕组等组成。

1. 转轴

转轴一般采用高强度钢锻造而成，大中型发电机的转轴是空心的。

2. 转子铁芯和转子支架

转子铁芯由磁极铁芯和磁轭铁芯组成。磁极铁芯有叠片和实心两种，叠片磁极铁芯由于工艺性好，被广泛采用。叠片磁极铁芯通常由 1~1.5mm 厚的钢板冲片叠成，

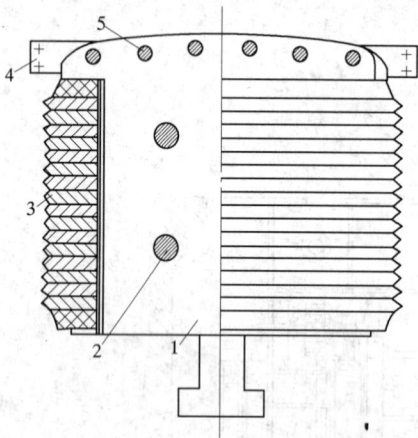

图 6-14　凸极机磁极
1—迭片铁芯；2—压紧螺杆；3—励磁
绕组；4—阻尼环；5—阻尼条

在磁极的两端面加上磁极压板，用铆钉或拉紧螺杆等紧固成一个整体，如图6-14所示。磁极用"T"形尾或鸽尾与磁轭相连。

磁轭是磁路的一部分，也是固定磁极铁芯的部件。磁轭也分叠片和实心两种，叠片磁轭由3~6mm厚的钢板冲制而成。中小型电机采用多边形整体磁轭冲片，不需要专门的转子支架。大型电机则采用扇形磁轭冲片，交错叠成整圆用螺杆拉紧后，固定在转子支架上，而转子支架固定在转轴上。直径较大的转子支架，又分为轮辐和轮臂两部分。磁极、磁轭、转子支架、转轴之间的关系如图6-15所示。

3. 励磁绕组

励磁绕组是集中式绕组，多采用绝缘扁铜线绕制而成，套装在磁极铁芯上。

4. 阻尼绕组

水轮发电机叠片式磁极的极靴上一般装有阻尼绕组，其作用与汽轮发电机阻尼绕组的作用相同。阻尼绕组由插入极靴阻尼孔中的铜条和端部铜环焊接而成。

6.2.2.3　轴承

水轮发电机的轴承分为导轴承和推力轴承两种。

1. 导轴承

导轴承的作用是约束机组轴线位移和防止轴摆动，主要承受径向力。导轴承主要由轴领、导轴瓦、支柱螺钉和托板组成，如图6-16所示。

2. 推力轴承

推力轴承承受立式水轮发电机组转动部分的全部重量及水轮机转轮上的轴向水推力。大容量机组的轴向水推力负荷可达数千吨，所以推力轴承是水轮发电机制造上的最困难的关键部件。推力轴承由推力头、镜板、推力瓦和轴承座等构成，其结构如图6-17所示。

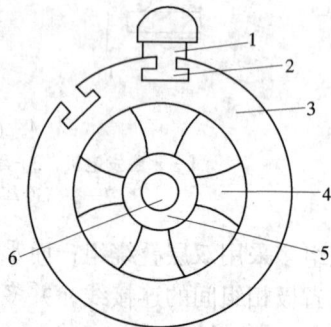

图 6-15　凸极机磁轭与转子支架
1—磁极；2—T尾；3—磁轭；
4—轮辐；5—轮毂；6—转轴

推力头用热套的方法固定在转轴上，镜板用定位销固定在推力头的下面，镜板与推力头和转轴一起旋转。推力瓦为推力轴承的静止部分，一般做成扇形，整个圆周一

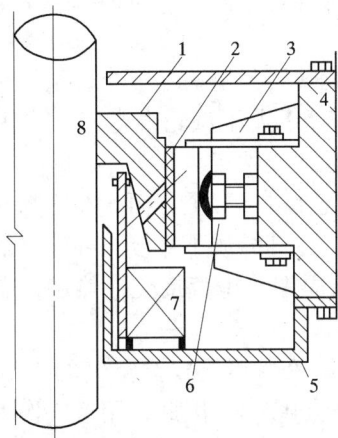

图 6-16 导轴承结构示意图
1—轴领；2—轴瓦；3—托板；4—支架；5—油
槽；6—支柱螺钉；7—冷油；8—主轴

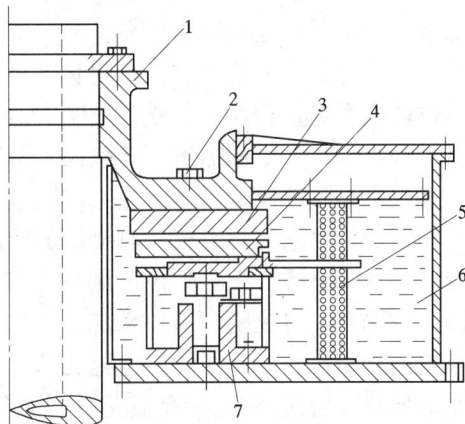

图 6-17 推力轴承结构示意图
1—推力头；2—定位销；3—镜板；4—推力
瓦；5—冷却器；6—油槽；7—轴承座

般均匀分布有 8～12 块推力瓦。钢坯推力瓦浇有 3～5mm 厚的巴氏合金，该合金硬度低，耐磨性好。镜板与推力瓦的接触面光洁度极高，加之在机组转动时镜板与推力瓦接触面之间有一层薄薄的油膜，极大地降低了转动时的摩擦阻力。每个推力瓦下面有托盘将推力瓦托住。整个推力轴承装在一个盛有润滑油的密闭油槽内，油不仅起润滑作用，也起冷却作用，冷却器是热油的散热装置。

6.2.2.4 机架

机架是立式水轮发电机安装轴承或放置制动器、励磁机等设施的支承部件。它由中心体和支臂组成。根据承载性质的不同，机架可分为负载机架和非负载机架两种。装设推力轴承的机架称为负载机架；非负载机架，只用来放置导轴承、励磁机、制动器等设施，主要承受导轴承传来的径向力，有的还要承受制动器顶起转子时的轴向力和制动时的制动力矩。

6.2.3 同步发电机的冷却方式

同步发电机运行时将产生各种损耗，这些损耗转变成热量，使发电机各部件发热，温度升高。电机中的一些部件，将加速电机绝缘材料的老化，电机中的某些部件也将不能可靠地工作。所以要采取适当的冷却方式，将电机中的热量散发出去，使发电机在允许的温度范围内工作。

电机的冷却方式，主要是指对电机散热采用什么冷却介质和相应的流动路径。一种好的冷却方式应该是，以最小的流量达到最有效的冷却效果，同时消耗功率小，结构简单，造价低，运行安全可靠。

水轮发电机由于直径大，轴向长度短，冷却问题较容易解决。中小容量汽轮发电机单位体积发热量较小，解决冷却问题也较容易。对于大型汽轮发电机，因为直径小、轴向长度长，中部热量不易散出，解决冷却问题比较困难。

现代大型汽轮发电机冷却方式的改进，主要表现在以下几个方面。在冷却介质方面，用氢气、水来代替空气；对绕组的冷却由外冷（冷却介质不直接与导体接触）变为内冷（冷却介质直接与导体接触）；冷却系统由与周围环境直接交换热量，变为与周围环境隔离，自成闭合循环系统。

与空气相比较，氢气的导热能力是空气的 5 倍左右，密度仅为空气的 1/14；纯净水的导热能力是空气的 50 倍左右，密度为空气的 1000 倍。因此，用氢气作为冷却介质，不仅可提高冷却效果，还可减小通风损耗；用水作为冷却介质，在相同要求下，相对空气来说可大大减少单位时间的流量，减小发电机的体积。但使用氢气或水作为冷却介质，电机的结构要比空冷电机复杂得多，要解决密封、绝缘等许多问题。目前在我国电力行业大量使用的 30 万和 60 万的机组，很多都是采用水—氢—氢的组合冷却方式。

6.3　三相同步发电机的励磁方式

励磁是保证同步发电机正常运行和对其进行调控的重要条件之一。为同步发电机提供可调励磁电流的设备构成励磁系统。它主要由两个部分组成：一是励磁功率单元，它是向同步发电机的励磁绕组提供直流电流的励磁电源部分；二是励磁调节器，它根据发电机电压及运行工况的变化，自动调节励磁功率单元输出的励磁电流的大小，以满足系统运行的要求。由励磁调节器、励磁功率单元及其发电机共同组成的闭环反馈控制系统称为励磁控制系统。

6.3.1　励磁系统的主要作用

励磁系统对发电机及其相连的电力系统的安全稳定运行有很大的影响，它的主要作用有：

（1）在正常运行时，根据发电机负荷的变化相应地调节励磁电流，以维持发电机端电压为给定值。

（2）控制并列运行的各同步发电机之间无功功率的分配。

（3）提高并入电网运行的发电机的静态稳定性。

（4）在发电机内部发生故障时，快速灭磁，以减小故障损失程度。

（5）在电力系统发生短路故障造成发电机端电压严重下降时，强行励磁，以提高并入电网运行的发电机的动态稳定性。

（6）根据运行要求对发电机实行最大励磁限制和最小励磁限制。

6.3.2　主要励磁方式

发电机的励磁方式按励磁电源的不同分为三种方式：一是直流励磁机励磁方式，多用于中、小型发电机组；二是交流励磁机励磁方式，其中按功率整流器是否旋转，又可分为交流励磁机静止整流器励磁方式和交流励磁机旋转整流器励磁方式（无刷励磁）两种；三是静止励磁方式，它有多种型式，其中应用较多的是自并励励磁方式。交流励磁机励磁方式和静止励磁方式多用于大型发电机组。

1．直流励磁机励磁方式

采用与同步发电机同轴的直流发电机作为励磁机，发出的直流电流通过电刷和集电环送入发电机的励磁绕组。通过励磁调节器改变直流励磁机的励磁电流的大小，来改变直流励磁机输出电压的高低，从而调节发电机转子的励磁电流，达到调节同步发电机端电压和输出无功功率大小的目的。

由于直流励磁机的制造容量受换向器的限制不能做得太大，且励磁调节速度慢，运行维护麻烦，已不能满足大容量发电机组的需要。随着大功率电力整流器件的出现，适应大型发电机组的交流励磁机励磁方式和静止励磁方式得到了迅速的发展。

2．交流励磁机静止整流器励磁方式

交流励磁机静止整流器励磁方式又称为三机励磁方式，这是因为交流副励磁机、交流主励磁机、同步发电机三机同轴旋转，整流器和励磁调节器是静止的。机组安装型式如图 6-18 所示。

同步发电机的励磁电流由主励磁机经静止硅二极管整流器供给，主励磁机的励磁电流由副励磁机经晶闸管整流器供给，副励磁机常常采用永磁式同步发电机。其原理图如图 6-19 所示。

为了加快励磁系统的响应，通常将励磁机的频率选得较高，以减少其励磁绕组的电感及时间常数。主励磁机的频率一般采用 100Hz，副励磁机多采用中频同步发电机，其频率为 400～500Hz。

交流励磁机静止整流器励磁方式的特点是：

（1）励磁功率源取自主轴功率，不受电力系统扰动的影响，可靠性高。

（2）无机械整流装置，维护工作量小。

（3）硅整流元件静止，易检测易维护，可在发电机励磁回路中装灭磁装置，灭磁

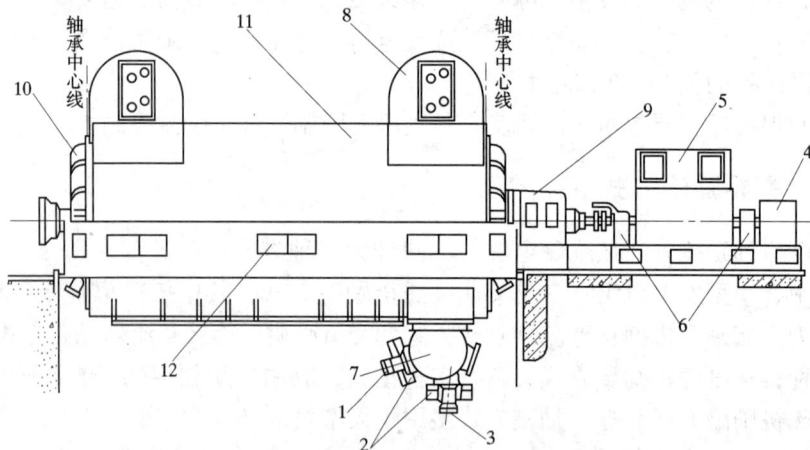

图 6-18　三机励磁系统安装示意图

1—X、Y、Z引出线；2—电流互感器；3—A、B、C引出线；4—永磁副励磁机；

5—主励磁机；6—励磁机轴承；7—出线盒；8—气体冷却器；9—碳刷架

隔音罩；10—端盖；11—机壳；12—测温引线盒

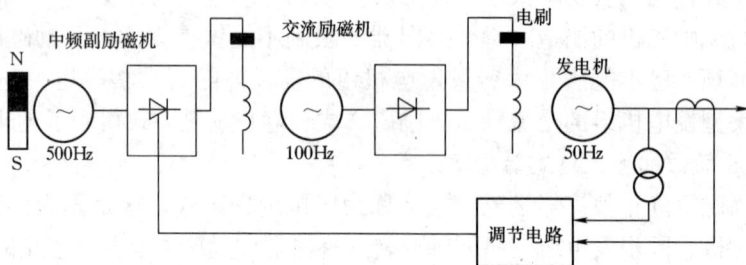

图 6-19　交流励磁机静止整流器励磁系统原理图

较快。

（4）仍有集电环、炭刷存在，也就有炭粉和铜末引起的绕组绝缘污染问题，炭刷与集电环之间产生火花而存在不安全因素的问题。

（5）旋转部件多，外接线多，励磁系统发生故障的几率较高。

（6）机组轴系长，轴承座多，易引起机组振动超标。

3．交流励磁机旋转整流器励磁方式（无刷励磁）

交流励磁机旋转整流器励磁方式通常称为无刷励磁方式，它也是三机励磁方式。与静止整流器励磁方式不同的是，主励磁机制造成电枢旋转式，即其励磁绕组装在定子上，三相交流电枢绕组装在转子上，主励磁机的电枢绕组与硅二极管整流器和同步发电机的励磁绕组同轴旋转。主励磁机经旋转的硅二极管整流器给励磁绕组供给直流电流，省去了炭刷和集电环。原理图如 6-20 所示。

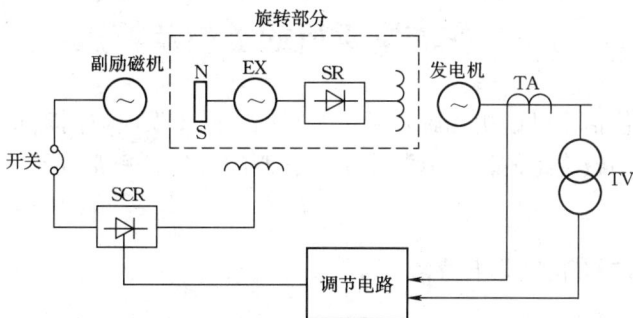

图 6-20　交流励磁机旋转整流器励磁系统原理图（无刷励磁）

　　无刷励磁方式与静止整流器励磁方式相比，其优点是：励磁电流可达很大，不受集电环极限容量限制；无需考虑电刷电流的分配和腐蚀问题；无炭粉和铜末对电机污染问题；主励磁机与发电机励磁绕组的连线通过主轴上的孔道连接，无外露部分；励磁系统结构变紧凑，可靠性提高，维护工作量减少。但也带来了新的问题，一是无法用常规的方法检测同步发电机励磁回路的工作状况，二是同步发电机励磁回路中无法装设灭磁装置，而只能在主励磁机的励磁回路中装设灭磁装置，故灭磁时间相对较长。

　　4. 自并励励磁方式

　　自并励励磁方式，励磁电源取自发电机本身。发电机的励磁电流，由并接在发电机端的励磁整流变压器经由晶闸管整流器、电刷、集电环供给，如图 6-21 所示。由于取消了主、副励磁机，整个励磁装置无转动部件，所以自并励励磁方式属于静止励磁方式的一种。

　　此励磁方式的优点是：机组长度缩短，励磁系统结构简单，降低了造价；调整容易、维护方便，提高了可靠性和机组轴系的稳定性；因为晶闸管整流器设在发电机励磁绕组回路内，所以励磁响应快，调压性能好，并可实现逆变快速灭磁。此励磁方式的问题是，其整流装置的电源电压，在电力系统发生故障时将随发电机端电压下降而下降，会影响暂态过程中的强励能力。但随着快速继电保护装置和其他相应技术的发展和完善，自并励励磁方式的许多性能都高于交流励磁机励磁系统。大型汽轮发电机采用

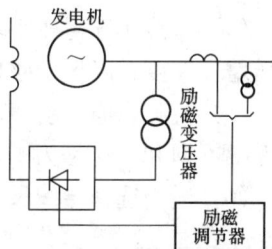

图 6-21　自并励励磁
系统原理图

自并励励磁方式在国外已成为发展趋势，在国内生产的大型水轮发电机上自并励励磁方式已成为主要的励磁方式。

6.4 交流励磁机的类型及特点

交流励磁机包括主励磁机和副励磁机，它们与同步发电机同轴或通过联轴器直接相接，是发电机励磁绕组的供电电源设备。它们的工作频率都高于50Hz的工频，属于中频发电机。

6.4.1 主励磁机的类型和特点

主励磁机是一台小型三相隐极式同步发电机，除了极数和转子结构有区别外，与主同步发电机基本相同。根据励磁系统的要求，有两种类型：一种是用于交流励磁机静止整流器励磁系统中的磁极旋转式交流励磁机；另一种是用于交流励磁机旋转整流器励磁系统中的电枢旋转式交流励磁机。根据运行的要求，结构上的主要有以下特点：

(1) 工作频率较高。工作频率选得较高，可减小主励磁机励磁绕组的时间常数，有利于提高励磁系统的响应速度；减小硅整流器输出的励磁电流的波纹；缩小交流励磁机的尺寸。汽轮发电机三机励磁系统中的主励磁机的工作频率一般都选用100Hz或150Hz，而无刷励磁系统中主励磁机的频率选得更高，可达200～400Hz。因为转速已固定，工作频率提高是靠增加励磁磁极的个数来得到的。

(2) 励磁磁极铁芯采用薄钢板叠片结构。采用薄钢板叠片结构是为了增大铁芯涡流电阻，减小磁路内涡流阻尼作用，进一步减小主励磁机励磁绕组的时间常数。另外，还可减小转子铁损。

(3) 电枢绕组采用由多股导线换位编织的线棒。采用由多股导线换位，为了减少定子线棒内频率较高的非正弦电流产生的附加铜损和集肤效应。

(4) 短路比选得较小。短路比一般设计为0.4～0.5左右，可提高电压突变时的电压增长速度，降低励磁机造价。

(5) 气隙磁通密度值取得较低。气隙磁通密度值一般取为0.4T左右，使得电机磁路很不饱和，这是为了保证运行需要的2倍左右的强励倍数。

(6) 适当选择导线尺寸、匝数、槽形使所有绕组的电感较小。

6.4.2 副励磁机

副励磁机是为主励磁机励磁绕组提供电源的发电机。除了要满足一般同步发电机的要求外，还要做到：输出特性硬；输出电动势波形接近正弦波；换相电抗小，适宜带可控整流负载；工作频率较高，以达到提高励磁系统响应速度、缩小电机尺寸和改善主励磁机励磁电流波形的目的。现代大型同步发电机励磁系统中的副励磁机，主要有两种类型，即感应子发电机和永磁发电机，它们的工作频率通常选在 300～500Hz 范围内。

早期的副励磁机多采用感应子发电机，它的工作原理是基于转子（也称感应子）表面齿槽的存在，在转子转动时，因气隙磁阻的变化引起电枢绕组中的磁链发生周期性的变化而感生电动势的。它的励磁绕组和电枢绕组都装在定子上，转子上没有绕组，因而不要集电环和电刷，结构简单、可靠性高、维护方便。但铁耗较大，效率较低，电机体积比同功率的一般同步发电机大，运转时噪音也较大。励磁系统采用感应子发电机作为副励磁机的机组，起动时需要外界的起励电源，运行时由可控的自励恒压装置维持恒压，增加了励磁系统的不可靠因素。

永磁发电机是以永磁体励磁代替一般同步电机的电励磁，它不需要励磁绕组、电刷和集电环。采用永磁发电机作为副励磁机，可显著提高励磁系统的可靠性。因此，目前的大型同步发电机的三机励磁系统大多采用它。

1. 永磁发电机的主要优点

（1）无励磁绕组、电刷和集电环，因而结构简单。

（2）永磁式转子无需外界励磁及自励恒压装置，操作及控制设备简单，不受外部干扰，运行可靠性高。

（3）电动势波形好，发热小，噪音低、效率高。

（4）维护工作量小。

2. 永磁发电机的结构特点

（1）转子一般采用凸极式，转子槽内放置稀土钴永磁体，转子本体沿轴向分为几段，每段为一个磁盘，如图 6-22 所示。

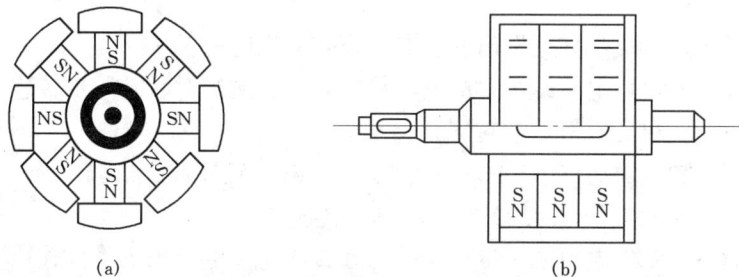

(a)　　　　　　　　　　　(b)

图 6-22　凸极式永磁发电机转子

(a) 磁极的轴向排列；(b) 磁极沿圆周的排列

（2）转子磁极用铝浇注充填成一整体，充填的铝导体在磁极间形成一阻尼绕组，可防止短路电流冲击导致永磁体退磁。

（3）为了改善感应电动势的波形，定子铁芯槽为斜槽，定子绕组为分数槽绕组，磁路设计在不饱和状态。

结合永磁发电机的结构特点，在使用和检修工作中都要注意它的特殊性。例如，禁止拆卸转子的压紧螺帽及压板，以防止磁体受轴向排斥力飞出伤人和损害设备；转子整体拆下时，要用保护工具罩好，以防转子表面吸附铁磁性物质，保持表面清洁。

小　结

1. 同步发电机是根据"导体切割磁力线感应电动势"这个基本原理工作的。当电机的磁极数一定时，感应电动势的频率与转子转速保持严格不变的关系，即 $f = \dfrac{pn}{60}$，这是它区别于其他电机的最主要的特点。因为电力系统要求感应电动势的频率恒定，故同步发电机的额定转速与极对数成反比。

2. 同步发电机的发展方向是：单机容量不断增大，冷却方式、冷却介质和电机所用材料不断改进。

3. 同步发电机根据转子结构的不同，分为隐极式和凸极式。通常，汽轮发电机由于转速较高采用隐极式转子，水轮发电机由于转速较低而采用凸极式转子。

4. 同步发电机的励磁方式主要有三种：一是直流励磁机励磁方式；二是交流励磁机励磁方式，其中按功率整流器是否旋转，又可分为交流励磁机静止整流器励磁方式和交流励磁机旋转整流器励磁方式（无刷励磁）两种；三是静止励磁方式。

习　题

6-1　同步发电机是如何发出三相对称正弦交流电的？

6-2　同步发电机电枢绕组感应电动势的频率、磁极对数及同步转速之间是什么关系？试求下列电机的磁极数或转速：

（1）一台汽轮发电机 $f = 50\text{Hz}$，$n = 1500\text{r/min}$，磁极数 $2p = ?$

（2）一台水轮发电机 $f = 50\text{Hz}$，$p = 48$，转速 $n = ?$

6-3　简述汽轮发电机的基本结构。为什么汽轮发电机采用隐极式转子，而水轮发电机却采用凸极式转子？

6-4　如果将同步发电机的电枢绕组置于转子上、磁极固定不动，从工作原理上看是否可行？

6-5 如果将同步发电机励磁绕组的直流电源极性改变，而转子旋转方向不变，将改变三相交流电动势的相序吗？如果同步发电机励磁绕组的直流电源极性不变，而改变转子旋转方向，将改变三相交流电动势的相序吗？

6-6 同步发电机常用的励磁方式有哪几种？交流励磁机的工作频率为什么选得较高？

6-7 一台 QFSN—300—2 型汽轮发电机，$U_N = 20kV$，$\cos\varphi_N = 0.85$，$f_N = 50Hz$，试求：

（1）发电机额定电流 I_N；

（2）在额定运行时，发电机发出的有功功率 P_N 和无功功率 Q_N。

第 7 章

交流绕组及其电动势和磁动势

【教学要求】 掌握一相绕组基波电动势的计算公式及绕组系数的意义，掌握三相绕组和单相绕组基波磁动势的特点。理解交流绕组基本术语的意义。了解交流绕组展开图的绘制方法，了解消除三相绕组电动势高次谐波的方法。

交流电机中的电枢或定子绕组，简称交流绕组，它是电机进行能量交换的重要部件。交流绕组与主磁通相对运动感生电动势，交流电流流过交流绕组会产生磁动势。电动势和磁动势的大小和波形都与绕组结构形式密切相关。

7.1 交流绕组的基本知识

7.1.1 交流绕组的类型和基本要求

1. 交流绕组的类型

交流绕组的种类很多。按槽内线圈边的层次分，有单层绕组、双层绕组、单双层绕组。按相数分，有单相绕组、三相绕组、多相绕组。按线圈形状和端部连接方式分，有叠绕组、波绕组以及等元件式、同心式、链式、交叉式绕组。按每极每相所占有的槽数分，有整数槽和分数槽绕组。按绕组布置分，有集中绕组和分布绕组。按相带分，有 120°、60° 和 30° 相带绕组。

单层绕组一般用作小型异步电动机的定子绕组。双层叠绕组一般用作汽轮发电机、大中型异步电动机及部分水轮发电机的定子绕组。双层波绕组一般用作水轮发电机的定子绕组和绕线式异步电动机的转子绕组。

2. 交流绕组的构成原则

(1) 绕组合成的电动势和磁动势的波形力求接近正弦波。

（2）在一定的导体数下，获得较大的基波电动势和基波磁动势。

（3）三相绕组对称，即各相绕组结构完全相同、在空间互差 120°电角度，以获得对称的三相电动势和三相磁动势。

（4）用铜量少，散热条件好，制造工艺简单，便于安装检修。

7.1.2 交流绕组的基本概念

1. 空间电角度

电机定子内圆一周的几何空间的角度恒为 360°，称为空间机械角度。从电磁角度看，当定子上的导体掠过一对磁极时，则其感应出的基波电动势就变化一个周期，即 360°电角度，也就是说一对磁极占有 360°的空间电角度。若电机的极对数为 p，则整个电机圆周为 $p \times 360$°空间电角度，所以空间电角度与空间机械角度的关系为

$$电角度 = p \times 机械角度 \tag{7-1}$$

2. 极距 τ

相邻两个磁极轴线之间沿定子铁芯内圆表面的距离称为极距 τ，即每个磁极所占有的空间距离。它常用对应的铁芯槽数来表示。当定子铁芯的槽数为 Z，磁极对数为 p 时，则

$$\tau = \frac{Z}{2p} \tag{7-2}$$

因为 Z 个槽占有的空间电角度为 $p \times 360$°，所以一个极距 τ 占有的空间电角度恒为 180°。

3. 线圈

线圈是组成交流绕组的基本单元，又称绕组元件。线圈可以是单匝，也可以是多匝串联绕制而成。每个线圈都有首端和尾端两根引出线，如图 7-1 所示。线圈的直线部分称为有效边，分别放置于两个铁芯槽内，是进行电磁能量转换的部分。线圈置于铁芯槽外的部分，起连接两个有效边的作用，称为端部。

两有效边在定子圆周上的距离称为线圈的节距 y，常用槽数来表示。为使每个线圈获得尽可能大的电动势或磁动势，节距 y 应等于或接近等于极距 τ。把 $y = \tau$ 的绕组称为整距绕组，$y < \tau$ 的绕组称为短距绕组，$y > \tau$ 的绕组称为长距绕组。短距绕组和长距绕组都能改善电动势或磁动势的波形，但由于长距绕组用铜量较多，实际上一般不采用。

4. 槽距角 α

相邻两槽间的空间电角度称为槽距角 α，因定子铁芯槽是在圆周上均匀分布的，故

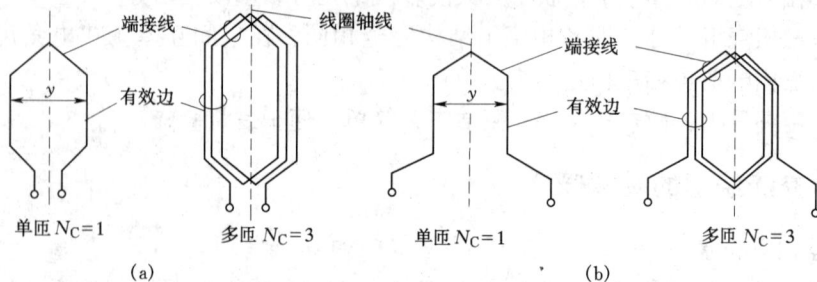

图 7-1 叠绕组和波绕组的线圈形状图
(a) 叠绕组线圈；(b) 波绕组线圈

$$\alpha = \frac{p \times 360°}{Z} \tag{7-3}$$

这也表明，相邻两槽内导体的基波感应电动势在时间相位上相差 α 电角度。

5. 每极每相槽数 q

每一磁极下每相绕组所占有的槽数，称为每极每相槽数 q，若绕组相数为 m，则

$$q = \frac{Z}{2pm} \tag{7-4}$$

式中，q 为整数时的绕组，称为整数槽绕组；q 为分数时的绕组，称为分数槽绕组。

6. 相带与线圈组

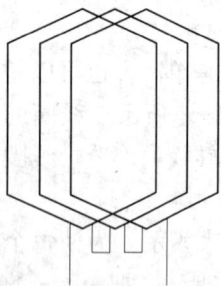

图 7-2 线圈组($q=3$)

每相绕组在每个磁极下所连续占有的空间电角度 $q\alpha$ 称为绕组相带。因为，每一磁极占有的空间电角度恒为 180°，所以对三相绕组而言，每相绕组在每个磁极下占有 60° 电角度，称为 60° 相带绕组。显然，每对磁极占有 360° 电角度，含有六个相带。而一台电机有 p 对极，则含有 $6p$ 个相带。

通常在电机中，将每个磁极下属于同一相的 q 个线圈串联，组成一个线圈组，也称为极相组。如图 7-2 所示。

7. 槽电动势星形图

为了能直观地反映各槽导体感应的正弦电动势的相位关系，以帮助确定每相绕组元件的连接规律，可将各槽内导体感应的电动势用相量图表示，这些相量构成一个辐射形的星形图，称之为槽电动势星形图。在单层绕组中，每一相量表示一个有效边的电动势；在双层绕组中，每一相量表示一个线圈的电动势。其绘制方法通过下面的例子说明。

【例 7-1】 一台三相同步发电机，定子槽数 $Z=24$，极数 $2p=4$，如图 7-3 所示。试绘出槽电动势星形图。

解：

槽距角
$$\alpha = \frac{p \times 360°}{Z} = \frac{2 \times 360°}{24} = 30°$$

每极每相槽数
$$q = \frac{Z}{2pm} = \frac{24}{4 \times 3} = 2(槽)$$

将定子铁芯上均匀分布的 24 个槽按顺序编号，如图 7-3 所示。各槽内导体的基波感应电动势采用同样编号的相量表示，各槽内导体的基波电动势在相位上依次相差一个槽距角 $\alpha = 30°$。当转子如图 7-3 所示方向旋转时，第 2 槽导体电动势滞后于第 1 槽导体电动势 30°，第 3 槽导体电动势滞后于第 2 槽导体电动势 30°，依次类推，一直到第 12 槽。1～12 槽的槽电动势相量图，恰好是一个圆周 360°，在机械上正好是经过一对磁极，其对应的空间电角度为 360°（空间机械角度是 180°）。由于各同极性磁极下对应位置导体的电动势同相位，所以从 13～24 槽的电动势相位与 1～12 槽的电动势相位相重叠，整个电机的槽电动势星形图如图 7-4 所示。若电机有 p 对磁极，则有 p 个重叠的槽电动势星形图。

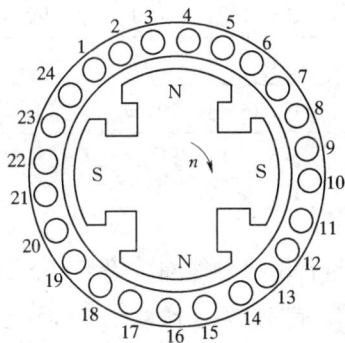

图 7-3 定子铁芯槽内导体分布示意图

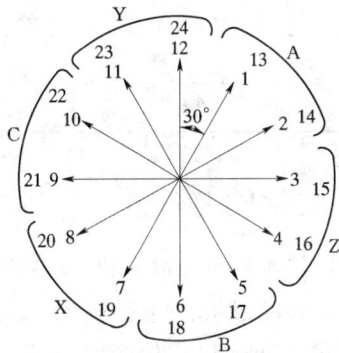

图 7-4 槽电动势星形图

有了槽电动势星形图，就可以分相，据此安排三相绕组各线圈的连接方式，通常用绕组展开图来表示。

8. 分相

即根据槽电动势星形图，把定子槽分配到 A、B、C 三相中去，然后构成三相绕组。分相的原则是使所得的相电动势尽可能大，且使三相电动势对称。所以要做到：

（1）为使两有效边连成的线圈电动势尽可能大，线圈节距 y 应尽可能等于或接近于极距 τ。

（2）为使三相电动势大小相等、相位互差 120°，每相所占有的槽数应相等。

（3）为使每相绕组的合成电动势尽可能达最大，在一对极范围内，应将不同磁极下对应位置的槽划归同一相。或者说，同一相绕组在两个不同极性下的相带的电动势的相位应尽量相差 180° 电角度。

在上例中，按 $q=2$（60° 相带），把一对极下的定子槽分成 6 个相带，把整台电机的定子槽分成 12 个相带。取 1、2 号槽为 A 相带，因 B 相带应与 A 相带相差 120°，故取 5、6 号槽为 B 相带。同理，取 9、10 号槽为 C 相带。再将与 A 相带相差 180° 的 7、8 号槽划为 X 相带，同理取 11、12 号槽为 Y 相带，取 3、4 号槽为 Z 相带。由于第 13～24 槽的电动势相位与第 1～12 槽的电动势相位相重叠，则对应取 13、14 号槽为 A 相带，17、18 号槽为 B 相带，21、22 号槽为 C 相带，19、20 号槽划为 X 相带，23、24 号槽为 Y 相带，15、16 号槽为 Z 相带。在整个圆周上，相带依次按 A—Z—B—X—C—Y 顺序排列，重叠两次。为清楚起见，还可用表格表示出各相带包含的槽号，如表 7-1 所示。

表 7-1 各相带槽号分配表

第一对极	相 带	A	Z	B	X	C	Y
	槽 号	1、2	3、4	5、6	7、8	9、10	11、12
第二对极	相 带	A	Z	B	X	C	Y
	槽 号	13、14	15、16	17、18	19、20	21、22	23、24

7.1.3 三相单层绕组

单层绕组的每个槽内只放置一个线圈边，整台电机的线圈数等于定子总槽数的一半。根据线圈形状和端部连接方式，单层绕组有等元件式、链式、同心式、交叉式等多种型式。单层等元件式和链式绕组由形状、几何尺寸和节距相同的线圈组成；单层交叉式绕组由线圈个数和节距都不相同的两种线圈组成，常用于 q 为奇数的电机中；单层同心式绕组由几何尺寸和节距不相等的绕制成同心状的线圈组成。下面通过一个例子来介绍单层等元件式绕组的展开图的绘制步骤。

【例 7-2】 一台电机的绕组为三相单层等元件式绕组，$Z=24$，$p=2$，每相并联支路数 $2a=1$，试绘出其绕组展开图。

解：（1）计算参数

极距

$$\tau = \frac{Z}{2p} = \frac{24}{4} = 6 (槽)$$

槽距角 $\qquad \alpha = \dfrac{p \times 360^\circ}{Z} = \dfrac{2 \times 360^\circ}{24} = 30^\circ$

每极每相槽数 $\qquad q = \dfrac{Z}{2pm} = \dfrac{24}{4 \times 3} = 2(槽)$

（2）画出槽电动势星形图，见图7-4。

（3）分相。从例7-1可知，A相包含1、2、7、8、13、14、19、20号等8个槽，B相包含5、6、11、12、17、18、23、24号等8个槽，C相包含9、10、15、16、21、22、3、4号等8个槽。各相带槽号的分布同于表7-1。

（4）画展开图。所谓展开图，就是将电机的绕组及其连接方法表示在平面上的一种图形。作图时，假想将电机定子从铁芯某齿的中心沿轴向剖开，并展成平面，磁极悬于纸面上方，不画出来。用实线表示上层线圈边，虚线表示下层线圈边，编号表示槽号，对于双层绕组，该编号又表示线圈号。还可根据磁场的旋转方向，用右手定则判断各线圈边电动势的瞬时方向，并以箭头标示在线圈边上。

首先，将每槽的导体（即线圈边）连成线圈。根据让线圈节距 y 尽量等于极距 τ 的原则，对于单层等元件式绕组只能取 $y = \tau = 6$（槽）。故A相的1-7、2-8、13-19、14-20号槽的线圈边，B相的5-11、6-12、17-23、18-24号槽的线圈边，C相的9-15、10-16、21-3、22-4号槽的线圈边，分别连成线圈。

再按 $q = 2$ 将两个线圈串联成一个线圈组，如A相的1-7与2-8两个线圈串联，13-19与14-20两个线圈串联，显然，每相有两个线圈组，三相共有六个线圈组。

最后，将线圈组连接成一相绕组。属于一相的线圈组，既可串联，也可并联，由电机的并联支路数 $2a$ 决定。串联，可获得较高的相电动势；并联，获得的相电动势较串联低，但可获得较大的输出电流。本例 $2a = 1$，需将两个线圈组串联成一相绕组。为使两个线圈组的电动势相加，必须使线圈组按"尾接头、头接尾"的规律连接，如图7-5实线所示。为简明起见，图示的展开图，只画出了A相绕组。本例若要求 $2a = 2$，需将两个线圈组并联成一相绕组，则必须使线圈组按"头接头、尾接尾"的规律连接。由于单层绕组每相在每对极下才有一个线圈。因此，每相的最大并联支

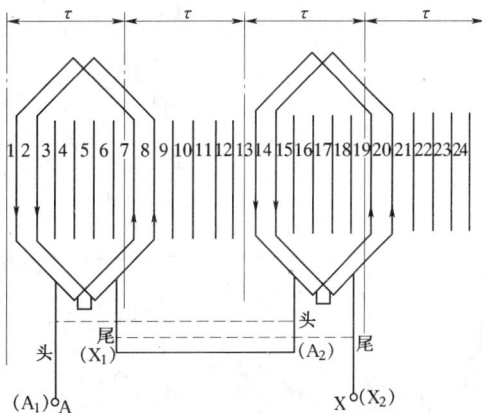

图7-5 单层等元件式绕组A相展开图

路数 $2a = p$。

图 7 - 6 给出了三相单层等元件式、同心式和链式绕组的展开图，从图中可以看出与等元件式绕组相比，后两种方式只是改变了同一相中各线圈边的连接次序，即只改变了同一相中各线圈边的电动势相加的先后顺序，这不会影响相绕组合成电动势的大小。虽然这些连接方式中的线圈的节距 y 小于或大于极距 τ，但它们仍然是等效的整距绕组。

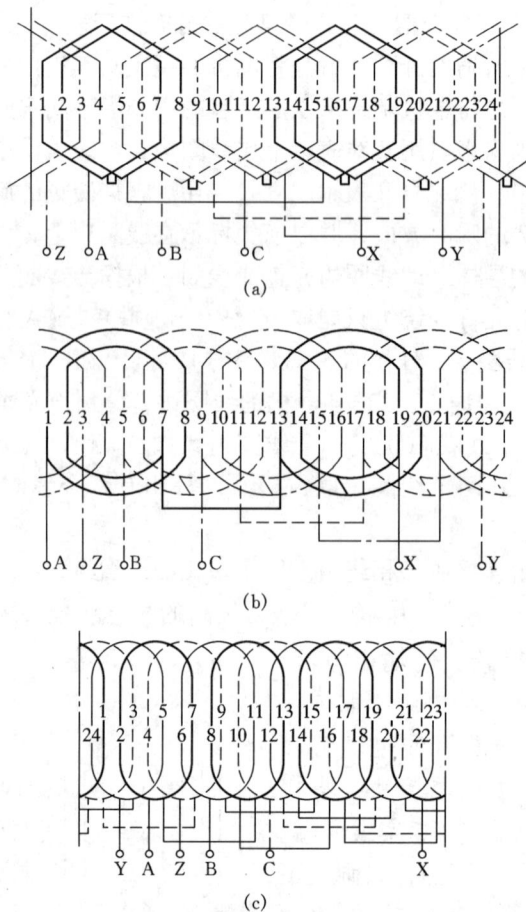

图 7 - 6 三相单层绕组展开图（$p = 2$；$Z = 24$；$2a = 1$）

(a) 等元件式；(b) 同心式；(c) 链式

单层绕组的优点是槽内只有一个线圈边，没有层间绝缘，槽利用率高。其缺点是不能利用短距来削弱谐波电动势和磁动势，漏电抗也较大，故电机铁损和噪音较大，起动性能不良。一般用于 10kW 以下的交流异步电动机中。

7.1.4 三相双层叠绕组

双层绕组的每个槽内放置上、下两层的线圈边，每个线圈的一个有效边放置在某槽的上层，另一有效边则放置在相隔节距 y 的另一个槽的下层。整台电机的线圈数等于定子总槽数。双层绕组的所有线圈尺寸相同，便于绕制；端接部分形状相同，便于排列，有利于散热；能采用短距，可改善绕组感应电动势和磁动势的波形及节省端接部分的用铜量。根据双层绕组线圈的形状和端接部分的形式不同，可分为双层叠绕组和双层波绕组。

双层绕组的构成原则和步骤与单层绕组基本相同，下面以绘制一台电机叠绕组的展开图为例，介绍双层绕组的连接规律。

【例 7-3】 一台电机采用三相双层叠绕组，定子槽数 $Z = 24$，极对数 $p = 2$，每相并联支路数 $2a = 1$，节距 $y = \dfrac{5}{6}\tau$，试绘出其绕组展开图。

解：（1）计算参数

极距

$$\tau = \frac{Z}{2p} = \frac{24}{4} = 6（槽）$$

线圈节距

$$y = \frac{5}{6}\tau = 5（槽）$$

槽距角

$$\alpha = \frac{p \times 360°}{Z} = \frac{2 \times 360°}{24} = 30°$$

每极每相槽数

$$q = \frac{Z}{2pm} = \frac{24}{4 \times 3} = 2（槽）$$

（2）画出槽电动势星形图，形式同于图 7-4。因为是双层绕组，图中的每一个相量既可看成是槽内上层线圈边的电动势相量，也可看成是一个线圈的电动势相量。

（3）分相。A 相包含 1、2、7、8、13、14、19、20 号等 8 个线圈，B 相包含 5、6、11、12、17、18、23、24 号等 8 个线圈，C 相包含 9、10、15、16、21、22、3、4 号等 8 个线圈，各相带槽号的分配见槽电动势星形图或表 7-1。要注意的是，某线圈的编号同于其上层圈边所在的槽的编号，该线圈的下层圈边位于哪个槽，则由节距 y 可以推算出。

（4）画展开图。首先，根据节距 $y = 5$ 将每槽的导体（即线圈边）连成线圈，如将 1、2 号槽的上层线圈边（用实线表示）与 6、7 号槽的下层圈边（用虚线表示）分别相连。再根据按 $q = 2$，将 1、2 号两个线圈串联成一个线圈组。

同理，7、8 号槽的上层圈边与 12、13 号槽的下层圈边，13、14 号槽的上层圈边与18、19号槽的下层圈边，19、20号槽的上层圈边与24、1号槽的下层圈边分别相连组成A相其余的三个线圈组。可见A相共有四个线圈组。

然后，根据每相并联支路数$2a=1$的要求，将A相的四个线圈组按照"头接头、尾接尾"的规律串联起来，构成一相绕组，如图7-7所示。B、C相构成方法类同。

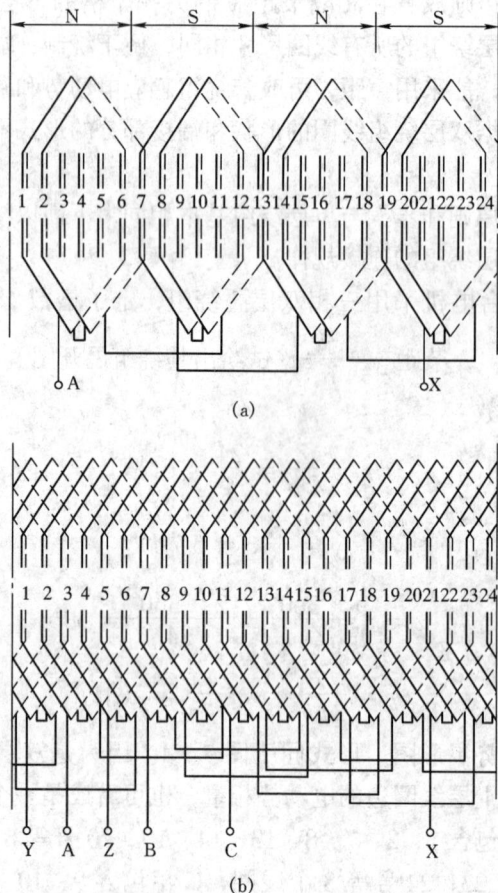

图7-7 三相4极24槽双层叠绕组展开图
(a) A相展开图；(b) 三相展开图

从以上分析中可以看出，整数槽的双层绕组每相在每极下有一个线圈组，每相绕组的线圈组数等于电机的磁极数。因此，每相绕组的最大并联支路数$2a=2p$。

需要指出，每相绕组的头、尾的引出方法并不是惟一的。只要保持各线圈组中电动势或电流的方向不变，则各线圈组串联的顺序可以改变，且不会影响其电磁特性。

这个原则在工艺上是有用的，例如，为了使三相绕组头的位置集中在出线盒附近，常采用从不同相的均邻近于出线盒几个线圈组抽取绕组的头的方法。

叠绕组的优点是短距时能节省端部用铜和便于得到较多的并联支路数。缺点是线圈组间的连接线较长，在多极电机中这些连接线用铜量很大。

至于双层波绕组，它的相带划分和槽号的分配方法与双层叠绕组相同，它们的差别在于线圈端部形状和线圈之间连接顺序不同。波绕组的优点是可以减少线圈组间的连接线，故多用在水轮发电机的定子绕组和绕线式异步电动机的转子绕组中。波绕组的线圈一般是单匝的，故短距不能节省端部用铜量。

7.2 交流绕组的电动势

研究交流电机绕组的电动势，主要是讨论电动势的频率、波形、大小与什么因素有关。关于频率在第 6 章已讨论过了，即

$$f = \frac{pn}{60}$$

电动势的波形主要取决于电机气隙中磁通密度沿空间分布的波形，要求为正弦波。这只要设计电机时，对磁极形状、气隙尺寸和绕组的结构等方面予以注意，就能满足工程实际的要求。所以，下面着重分析绕组基波电动势的大小。先从一根导体的电动势开始，再按单匝线圈、多匝线圈、线圈组、一相绕组的顺序依次研究。

7.2.1 一根导体的电动势

在正弦分布磁场下，一根导体感应电动势的波形为正弦波。由电磁感应定律

$$e = Blv$$

可推导出一根导体基波电动势的有效值为

$$E_{C1} = 2.22f\Phi_1 \tag{7-5}$$

式中　Φ_1——每极基波磁通。

上式说明，导体电动势的有效值，正比于频率和每极磁通的乘积。当频率不变时，电动势与每极磁通成正比。磁通单位为韦伯，频率单位为赫兹时，电动势单位是伏。

7.2.2 匝电动势及短距系数

单匝线圈的电动势简称为匝电动势，它是不同槽内两根导体电动势的合成，其大小与线圈的节距有关。

对于整距线匝，两个有效边永远处于不同极性的磁极下的相应位置，如图7-8 (a) 中实线所示。假定两导体电动势相量用 $\dot{E}_{c1}$ 和 $\dot{E}'_{c1}$ 表示，当其正方向规定如图 7-8 (a)所示，则两导体电动势的相位正好相反，相量图如图7-8 (b) 所示。根据 基尔霍夫第二定律，整距线匝电动势应为

$$\dot{E}_{ti} = \dot{E}_{c1} - \dot{E}'_{c1} = = 2\dot{E}_{C1}$$

其有效值为

$$E_{t1(y=\tau)} = 2E_{c1} = 4.44f\Phi_1 \qquad (7-6)$$

即整距线匝电动势为两根导体的电动势的算术和。

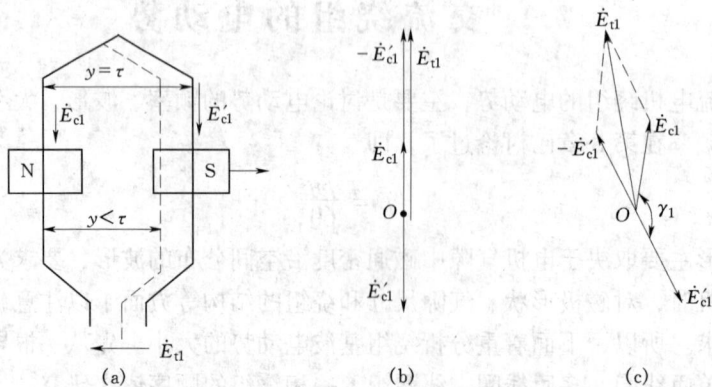

图7-8 整距和短距线匝电动势的相量图
(a) 线匝；(b) 整距线匝电动势相量图；(c) 短距线匝电动势相量图

短距线匝（$y<\tau$）如图7-8 (a) 中虚线所示。构成它的两根导体的电动势在时 间上的相位差不是180°，而等于两根导体相距的空间电角度 γ_1。由图7-8 (c) 知， 短距线匝电动势为两根导体电动势的相量和，它显然小于整距线匝电动势，经推导得 其有效值

$$E_{t1(y<\tau)} = k_{y1}E_{t1(y=\tau)} = 4.44fk_{y1}\Phi_1 \qquad (7-7)$$

其中短距线匝电动势与该线匝为整距时的电动势之比

$$k_{y1} = \sin\frac{\gamma_1}{2} = \sin\left(\frac{y}{\tau} \times 90°\right)$$

称为基波短距系数。显然，$k_{y1}<1$，它表示短距线匝电动势对应于整距线匝电动势所 打的折扣。

整距线匝的 $\gamma_1=180°$，对应的 $k_{y1}=1$，因此可把整距线匝看成是短距线匝的一 种特例，则式 (7-7) 就可看成是计算线匝电动势有效值的一个通用公式，即

$$E_{t1} = 4.44 f k_{y1} \Phi_1 \qquad (7-8)$$

7.2.3 线圈电动势

设一个线圈由 N_C 匝串联而成，由于线圈内的各匝电动势同相位、同大小，故线圈电动势的有效值为

$$E_{y1} = N_c E_{t1} = 4.44 f N_c k_{y1} \Phi_1 \qquad (7-9)$$

7.2.4 线圈组电动势及分布系数

线圈组由 q 个线圈串联而成，若把每个极下的 q 个线圈都集中放置在一个槽中（即 $q=1$），则称为集中绕组。显然，各线圈的电动势同相位、同大小，则集中绕组的线圈组电动势有效值为 q 个线圈电动势的算术和，即

$$E_{q1(q=1)} = q E_{y1} = 4.44 f q N_c k_{y1} \Phi_1 \qquad (7-10)$$

实际上，交流绕组一般为分布绕组（即 $q>1$），线圈组的 q 个线圈嵌放在槽距角为 α 的 q 个槽内，故线圈组的电动势为 q 个线圈电动势的相量和。设 $q=3$，则

$$\dot{E}_{q1(q>1)} = \dot{E}_{y1} + \dot{E}_{y2} + \dot{E}_{y3}$$

而线圈组电动势的相量图如图 7-9 所示。显然，分布放置的线圈组电动势小于集中放置的线圈组电动势，经推导得到分布放置的线圈组电动势有效值为

$$E_{q1(q>1)} = k_{q1} E_{q1(q=1)} = k_{q1} 4.44 f q N_c k_{y1} \Phi_1 \qquad (7-11)$$

其中分布放置的线圈组电动势与集中放置的线圈组电动势之比

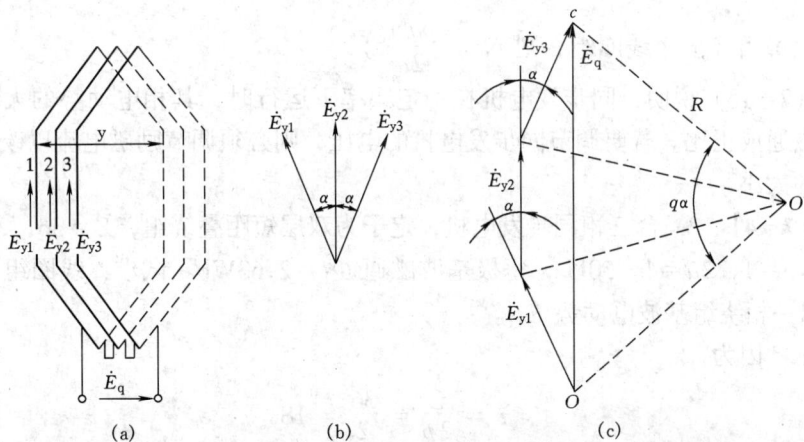

图 7-9 线圈组及电动势相量图

(a) 线圈组；(b) 各线圈电动势相量图；(c) 线圈组电动势相量图

$$k_{q1} = \frac{\sin \dfrac{q\alpha}{2}}{q\sin \dfrac{\alpha}{2}} \tag{7-12}$$

称为基波分布系数。

基波分布系数 $k_{q1} < 1$，它表示分布放置的线圈组电动势对应于集中放置的线圈组电动势所打的折扣。

可把集中绕组看成是分布绕组当 $k_{q1} = 1$ 的一种特例，则式（7-11）就可看成是计算线圈组电动势有效值的一个通用公式，即

$$E_{q1} = 4.44 f q N_c k_{y1} k_{q1} \Phi_1 = 4.44 f(q N_c) k_{w1} \Phi_1 \tag{7-13}$$

$$k_{w1} = k_{y1} k_{q1} \tag{7-14}$$

称为基波绕组系数，它表示短距和分布绕组的电动势对应于整距和集中绕组的电动势所打的折扣。式中，$q N_c$ 是一个线圈组的总匝数。

7.2.5 一相绕组电动势

每相绕组由若干个线圈组串并联形成一定数量的支路，故一相绕组电动势实际上就是一条支路的电动势。设一条支路串联的匝数为 N（称为每相绕组串联匝数），若每相并联支路数为 $2a$，则一相绕组基波电动势的有效值为

$$E_{\phi 1} = 4.44 f N k_{w1} \Phi_1 \tag{7-15}$$

对于双层绕组，每相有 $2p$ 个线圈组，则每相绕组串联匝数 $N = \dfrac{2pqN_c}{2a}$；对于单层绕组，每相有 p 个线圈组，则 $N = \dfrac{pqN_c}{2a}$。

式（7-15）说明，同步发电机在一定频率下运行时，其相电动势的大小与转子的每极磁通成正比。若要调节同步发电机的电压，则必须调节励磁电流以改变转子每极磁通的大小。

【例 7-4】 一台三相同步发电机，定子为双层短距叠绕组，$Z = 36$，$2p = 2$，$y = 14$，$N_C = 1$，$2a = 1$，50Hz，每极基波磁通 $\Phi_1 = 2.63$Wb。试求：线圈组基波电动势 E_{q1} 和一相绕组基波电动势 $E_{\phi 1}$。

解： 因为

$$\tau = \frac{Z}{2p} = \frac{36}{2} = 18$$

$$\alpha = \frac{p \times 360°}{Z} = \frac{1 \times 360°}{36} = 10°$$

$$q = \frac{Z}{2pm} = \frac{36}{2 \times 1 \times 3} = 6$$

$$N = \frac{2pqN_c}{2a} = \frac{2 \times 1 \times 6 \times 1}{1} = 12 \,(匝)$$

所以由已知条件及相关公式可得

$$k_{y1} = \sin\left(\frac{y}{\tau} \times 90°\right) = \sin\left(\frac{14}{18} \times 90°\right) = 0.94$$

$$k_{q1} = \frac{\sin\dfrac{q\alpha}{2}}{q\sin\dfrac{\alpha}{2}} = \frac{\sin\dfrac{6 \times 10°}{2}}{6 \times \sin\dfrac{10°}{2}} = 0.956$$

$$k_{w1} = k_{y1}k_{q1} = 0.94 \times 0.956 = 0.899$$

$$E_{q1} = 4.44f(qN_c)k_{w1}\Phi_1$$
$$= 4.44 \times 50 \times (6 \times 1) \times 0.899 \times 2.63 = 3149 \,(V)$$

$$E_{\phi1} = 4.44fNk_{w1}\Phi_1$$
$$= 4.44 \times 50 \times 12 \times 0.899 \times 2.63 = 6298 \,(V)$$

7.2.6 改善电动势波形的方法

发电机电动势中除基波外，还存在着一系列高次谐波。一是由于发电机气隙磁通密度沿气隙空间分布的波形不会是理想的正弦波，二是由于电枢铁芯和转子铁芯有齿、槽造成气隙磁导不均匀引起的。发电机的电动势中存在高次谐波，会使电动势波形变坏，产生许多不利影响。如发电机的附加损耗增加，效率下降，温升增高；可能引起输电线路谐振而产生过电压；对邻近输电线的通信线路产生干扰；使异步电动机的运行性能变坏等。因此，必须尽可能削弱电动势中的高次谐波。

1. 削弱气隙磁通密度非正弦分布引起的高次谐波电动势的方法

因为此类原因产生的高次谐波电动势只含奇数次（3、5、7、9等）谐波分量，且次数愈高幅值愈小，对电动势波形的影响也愈小，故主要考虑削弱3、5、7、9等次谐波电动势。通常采用以下方法削弱高次谐波：

（1）对凸极发电机通过改善磁极的极靴外形，对隐极发电机通过改善励磁绕组的分布范围，使磁极磁场沿电枢表面的分布接近与正弦波。

（2）三相绕组采用Y形接线，以消除线电动势中3及3的倍数次谐波分量。

当然三相绕组采用三角形接线，也可消除线电动势中谐波分量，但会在三相绕组中产生3及3的倍数次谐波环流，增加附加损耗，故一般不采用三角形接线。

（3）采用短距绕组。

同推导基波电动势一样，可推得高次谐波电动势表达式

$$E_{\phi_\nu} = 4.44 f_\nu N k_{y\nu} k_{q\nu} \phi_\nu \tag{7-16}$$

式中　$k_{y\nu}$——ν 次谐波的短距系数；

　　　$k_{q\nu}$——ν 次谐波的分布系数。

其中

$$k_{y\nu} = \sin\left(\frac{\nu y}{\tau} \times 90°\right) \tag{7-17}$$

$$k_{q\nu} = \frac{\sin\dfrac{\nu q \alpha}{2}}{q \sin\dfrac{\nu \alpha}{2}} \tag{7-18}$$

由式（7-17）知，若要消除 ν 次谐波电动势，只需令 $k_{y\nu} = 0$。取线圈节距 $y = \dfrac{\nu-1}{\nu}\tau$，即可达此要求。由于三相绕组采用 Y 形接线，线电动势中 3 及 3 的倍数次谐波分量已经消除，所以选择绕组节距时主要考虑同时消除 5、7 次谐波电动势。通常选 $y_\nu \approx \dfrac{5}{6}\tau$，5、7 次谐波电动势就会得到很大程度的削弱。

当然，采用短距绕组，绕组的基波电动势也会略有减小，但可有效地改善电动势波形，同时节省了端部用铜，故短距绕组被广泛采用。

（4）采用分布绕组。

适当地选择每极每相槽数 q，可使某次谐波的分布系数等于或接近于零，从而削弱该次谐波电动势。随着 q 的增大，基波的分布系数减小不多，但谐波的分布系数却显著减小，从而改善电动势波形的效果越好。但是，当 $q > 6$ 以后，其效果增加不显著了。因此，除两极汽轮发电机取 $q = 6 \sim 12$ 外，一般交流电机的 q 均在 $2 \sim 6$ 之间。

2. 消除齿谐波的方法

由于电枢铁芯和转子铁芯有齿、槽存在而引起的高次谐波称为齿谐波，常采用以下几种方法削弱：

（1）采用磁性槽楔或半闭口槽，以减小由于槽开口而引起的气隙磁导的变化。

（2）采用斜槽。

（3）采用分数槽绕组。这是一种很有效地削弱齿谐波电动势的方法，在水轮发电机和低速同步电机中得到了广泛的应用。

7.3　交流绕组基波磁动势

在交流电机中，定子绕组流过交流电流会产生电枢磁动势，它对电机的能量转换

和运行性能都有很大的影响。本节将分别讨论单相绕组和三相绕组基波磁动势的
特点。

7.3.1 单相脉振磁动势

假设在一台气隙均匀的电机定子上安放一单相集中整距绕组 AX，匝数为 N。在
绕组中通入电流，它将在电机内产生一个两极磁场。当电流的方向是 X 进、A 出时，
由右手螺旋定则可决定该磁动势的方向，并用虚线表示磁力线的分布情况，如图
7-10（a）所示。对于定子来说，下端为 N 极，上端为 S 极。

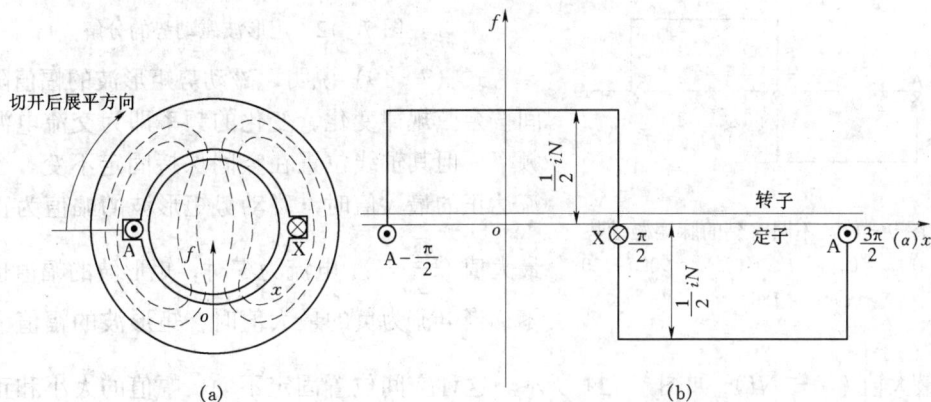

图 7-10 单相集中整距绕组的磁动势
(a) 磁场分布；(b) 磁动势波形

现在分析磁动势沿气隙圆周的分布情况。设想将电机从 A 线圈边处切开后展平，
如图 7-10（a）所示，选定绕组 AX 的轴线处为坐标原点，用纵坐标表示磁动势 f，
横坐标 x（或 α）表示沿气隙圆周离开原点的空间距离。若略去铁芯中的磁阻不计，
可认为绕组所产生的磁动势全部降落在两个气隙上，并均匀分布，则定子内圆各处气
隙中的磁动势正好等于绕组磁动势的一半，即 $\frac{1}{2}iN$。且规定，磁力线从定子进入转
子的磁动势为正，反之为负，则可得到沿气隙圆周空间分布的磁动势曲线，如图
7-10（b）所示。可见磁动势波形为矩形波，宽度等于线圈的宽度，高度为 $\frac{1}{2}iN$。

如果绕组中的电流为直流电，则矩形波的幅值不随时间变化。如果绕组中流过交
流电，且其随时间按余弦规律变化，即 $i = \sqrt{2}I\cos\omega t$，则气隙的磁动势为

$$f = \frac{1}{2}iN = \frac{\sqrt{2}}{2}NI\cos\omega t \tag{7-19}$$

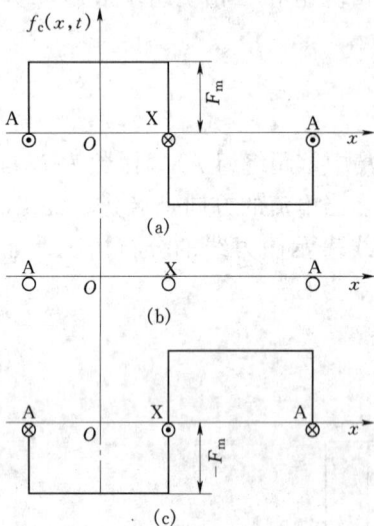

图 7-11　不同时刻的脉振磁动势

(a) $\omega t = 0$，$i = I_m$；　(b) $\omega t = 90°$，$i = 0$；

(c) $\omega t = 180°$，$i = -I_m$

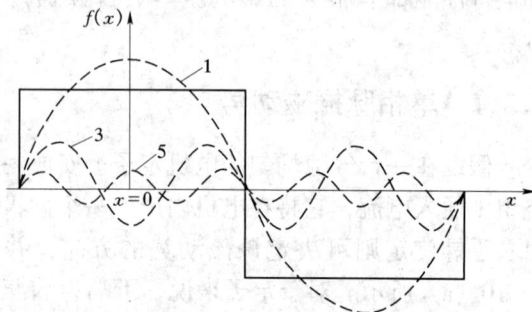

图 7-12　矩形波磁动势的分解

式（7-19）说明，磁动势矩形波的幅值随时间按余弦规律变化，变化的频率即为交流电源的频率，但其轴线位置在空间保持固定不变。当电流达正的最大值时，磁动势矩形波的幅值为正的最大值（$\frac{\sqrt{2}}{2}NI$）；电流为零时，矩形波的幅值也为零；当电流为负的最大值时，矩形波的幅值为负的最大值（$-\frac{\sqrt{2}}{2}NI$），如图 7-11 所示。这种空间位置固定不动，幅值的大小和正负随时间而变化的磁动势，称为脉振磁动势。

对于空间按矩形波分布的脉振磁动势，可用傅立叶级数分解为基波和一系列奇次谐波，如图 7-12 所示。

对于有 p 对磁极的电机，可推导出其基波磁动势的表达式为

$$f_1 = \frac{2\sqrt{2}}{\pi}k_{w1}\frac{NI}{p}\cos\omega t\cos\alpha$$

$$= 0.9k_{w1}\frac{NI}{p}\cos\omega t\cos\frac{\pi}{\tau}x = F_{\phi1}\cos\omega t\cos\frac{\pi}{\tau}x \qquad (7-20)$$

$$F_{\phi1} = 0.9k_{w1}\frac{NI}{p}（安匝／极）$$

式中　k_{w1}——基波绕组系数；

　　　N——每相绕组串联匝数；

　　　I——相电流；

　　　$F_{\phi1}$——单相绕组基波磁动势最大幅值。

可见，f_1 也是一个脉振磁动势。

基波磁动势在空间按余弦规律分布，其幅值位置固定于绕组轴线处，其幅值大小随时间按余弦规律变化，其脉动频率为电流的频率，其最大幅值为 $0.9k_{w1}\dfrac{NI}{p}$（安匝/极）。它既是时间的函数，又是空间的函数。

基波磁动势可用空间向量来表示，向量的长度表示磁动势的幅值，向量所在的位置表示磁动势的幅值所在的位置，箭头的方向指正值的方向。本书用字母上加横线作为空间向量的文字代号，如 A 相绕组的基波磁动势用 $\overline{F}_A$ 表示。

通常交流电机绕组采用分布短距绕组，分布和短距对高次谐波有削弱作用，其原理与削弱电动势中的高次谐波相同，分布系数和短距系数的计算公式也相同。因此，当电机采用对称三相分布短距绕组时，气隙中的磁动势可以认为就是基波磁动势。

7.3.2 三相旋转磁动势

1. 三相旋转磁动势的产生

三相交流电机的定子铁芯中，放置三相对称绕组 AX、BY、CZ，设为一对极，将它们接成 Y 形，如图 7-13（a）所示。在三相绕组中通入三相对称交流电流

$$
\left.
\begin{aligned}
i_A &= I_m\cos\omega t \\
i_B &= I_m\cos(\omega t - 120°) \\
i_C &= I_m\cos(\omega t - 240°)
\end{aligned}
\right\}
\tag{7-21}
$$

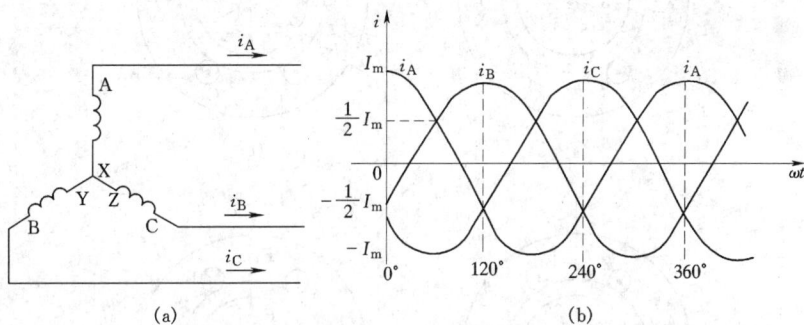

图 7-13 定子三相绕组接线及其电流波形
（a）Y 形连接的定子三相绕组；（b）三相对称电流波形

三相电流的波形如图 7-13（b）所示。假设电流的瞬时值为正时，从绕组的尾端流入，首端流出；瞬时值为负时，则从绕组的首端流入，尾端流出。电流流入端用符号⊗表示，流出端用符号⊙表示。

根据一相绕组产生的脉振磁动势的大小与电流成正比，其方向可用右手螺旋定则

确定，其幅值位置均处在该相绕组的轴线上的规律，选取几个特别的瞬间观察，进而分析出三相对称绕组流过三相对称电流所产生的磁动势的特点。

从图 7-13（b）可见，当 $\omega t=0°$ 时，$i_A=I_m$，$i_B=i_C=-\dfrac{1}{2}I_m$，A 相电流达正最大值。A 相电流从尾端 X 流入、首端 A 流出，A 相脉动磁动势 $\overline{F}_A$ 幅值为正最大等于 $F_{\phi 1}$，其位置位于 A 相绕组轴线正方向上。B 相和 C 相电流均从首端流入、尾端流出，脉动磁动势 $\overline{F}_B$、$\overline{F}_C$ 的幅值均为 $-\dfrac{1}{2}F_{\phi 1}$，其位置分别位于 B、C 相绕组轴线的反方向上。由磁动势向量图，可判断出此时三相绕组合成磁动势向量 $\overline{F}_1$ 正好位于 A 相绕组的轴线上，其幅值 $F_1=\dfrac{3}{2}F_{\phi 1}$，如图 7-14（a）所示。

当 $\omega t=120°$ 时，$i_B=I_m$，$i_A=i_C=-\dfrac{1}{2}I_m$。同理，B 相磁动势 $\overline{F}_B$ 幅值为最大等于 $F_{\phi 1}$，其位置位于 B 相绕组轴线正方向上。磁动势 $\overline{F}_A$、$\overline{F}_C$ 的幅值均为 $-\dfrac{1}{2}F_{\phi 1}$，其位

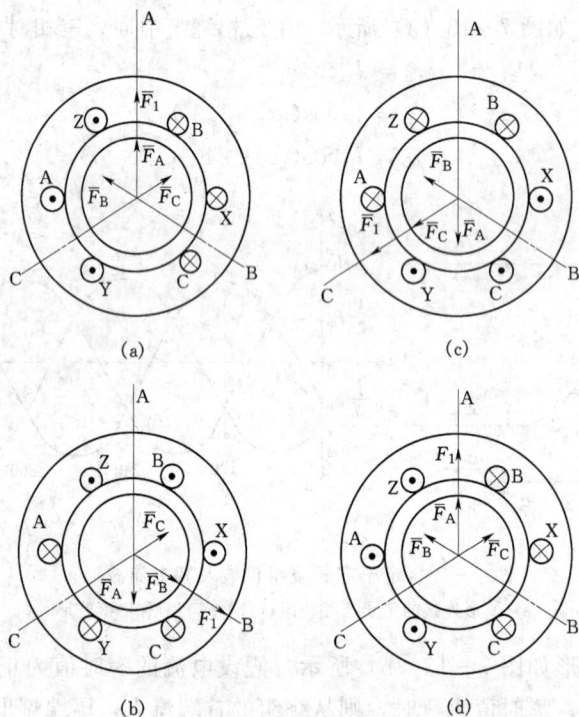

(a)

(c)

(b)

(d)

图 7-14 三相电流产生的旋转磁场（$p=1$）

(a) $\omega t=0°$；(b) $\omega t=120°$；(c) $\omega t=240°$；(d) $\omega t=360°$

置分别位于 A、C 相绕组轴线的反方向上。由磁动势向量图，可判断出此时三相绕组合成磁动势向量 $\overline{F}_1$ 正好位于 B 相绕组的轴线上，其幅值 $F_1 = \frac{3}{2}F_{\phi 1}$。合成磁动势沿顺时针方向旋转了 120°，如图 7-14（b）所示。

当 $\omega t = 240°$时，$i_C = I_m$，$i_A = i_B = -\frac{1}{2}I_m$。同理，可判断出此时三相绕组合成磁动势向量 $\overline{F}_1$ 正好位于 C 相绕组的轴线上，其幅值 $= \frac{3}{2}F_{\phi 1}$。合成磁动势向量沿顺时针方向旋转了 240°，如图 7-14（c）所示。

当 $\omega t = 360°$时，A 相电流又达正最大值，合成磁动势向量 $\overline{F}_1$ 又正好转回到了 A 相绕组的轴线上，从起始位置沿顺时针方向旋转了 360°。即电流变化一个周期，$\overline{F}_1$ 在空间上旋转一周，如图 7-14（d）。向量 $\overline{F}_1$ 的幅值大小不变，其端点的运动轨迹为一个圆。

由以上分析可知，当定子三相对称绕组中流过三相对称交流电流时，其基波合成磁动势是一个幅值不变的旋转磁动势（可称为圆形旋转磁动势）。这个结论可推广为，当定子 m（m≥2）相对称绕组中流过 m 相对称交流电流时，其基波合成磁动势是一个幅值不变的旋转磁动势。

2. 旋转磁动势的转向

由图 7-14 可知，三相绕组中流过的交流电流的相序是正序 A—B—C，旋转磁动势的转向也是 A—B—C，即从 A 相绕组的轴线转向 B 相绕组的轴线，再转向 C 相绕组的轴线。若任意对调两相绕组所接交流电源相序，则三相绕组中流过的交流电流的相序是负序 A—C—B，用上面同样的分析方法可知，旋转磁动势的转向会反转，转向为 A—C—B。

由此可得出结论，旋转磁动势的转向与通入三相绕组中的电流相序有关，总是从载有超前电流相绕组的轴线转向载有滞后电流相绕组的轴线。

3. 旋转磁动势的转速 n_1

旋转磁动势的转速与电源频率和定子绕组的磁极对数有关。由前面的分析知道，当电机为一对极时，电流变化一个周期，旋转磁动势旋转 360°空间电角度，对应的机械角度也是一周为 360°。用上面同样的分析方法可知，当电机为 p 对极时，电流变化一个周期，旋转磁动势也是旋转 360°空间电角度，而相应的机械角度则是 $360°/p$，即旋转了 $1/p$ 周。若交流电的频率为 f，每分钟电流变化 $60f$ 次，则旋转磁动势每分钟的转速为

$$n_1 = \frac{60f}{p} \text{ (r/min)} \tag{7-22}$$

这说明,旋转磁动势转速与电机的磁极对数成反比,与电源的频率成正比。又因为电源的频率是与同步发电机转子的转速 n 成严格对应关系的,$f=\dfrac{pn}{60}$,代入上式可得 n_1 $=n$。即旋转磁动势转速 n_1 与同步发电机转子的转速 n 相等,故 n_1 称为同步速。

4. 旋转磁动势的幅值

由磁动势向量图或数学分析法均可证明三相旋转磁动势的幅值是单相脉动磁动势最大幅值的 $\dfrac{3}{2}$ 倍,即 $1.35k_{w1}\dfrac{NI}{p}$(安匝/极)。

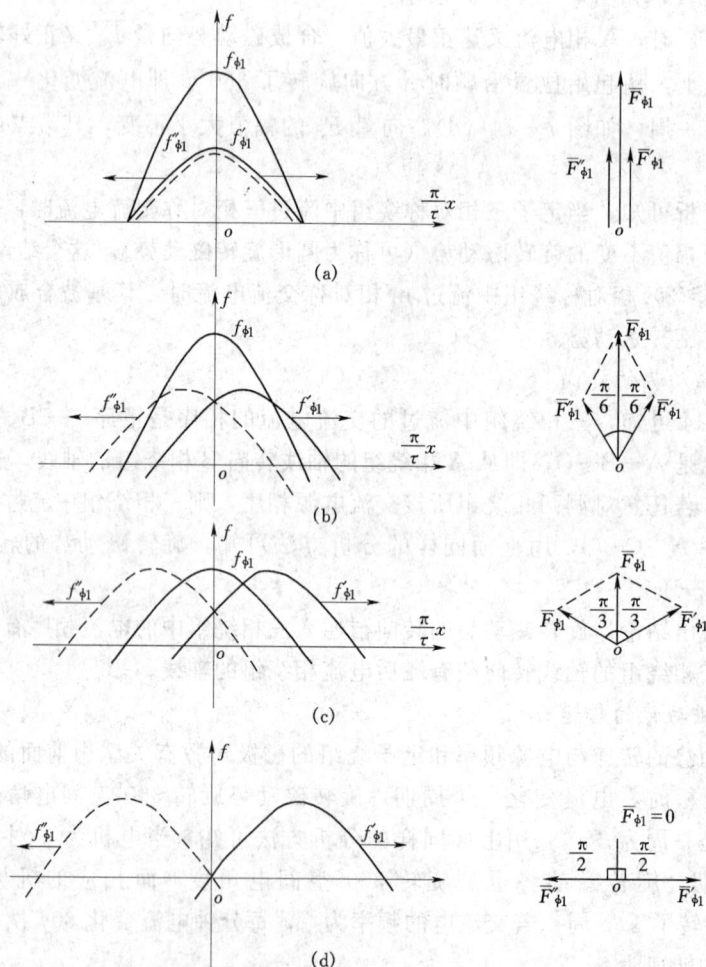

图 7-15 基波脉振磁动势分解为两个旋转磁动势

(a) $\omega t=0$;(b) $\omega t=30°$;(c) $\omega t=60°$;(d) $\omega t=90°$

7.3.3 单相基波脉振磁动势的分解

式（7-20）描述的单相基波脉振磁动势 $\overline{F}_{\phi 1}$，其幅值位置在空间固定不变，大小随时间脉动。在脉动过程中，它始终可看成是由两个反方向旋转的基波磁动势 $\overline{F}'_{\phi 1}$ 和 $\overline{F}''_{\phi 1}$ 相加而成。这两个旋转磁动势转向相反；转速相同；大小相等，其幅值恒为脉振磁动势最大幅值的一半；当脉振磁动势的幅值达最大时，两个旋转磁动势向量恰与脉振磁动势向量同向。如图 7-15 所示。

小 结

1. 三相绕组的构成原则是：力求获得最大的基波电动势和磁动势，尽可能地削弱谐波电动势和磁动势，并保证三相电动势和磁动势对称。为此应选择适当的短距和分布系数，要求每极每相槽数要相等，相带排列要正确，一般采用 $60°$ 相带，各相绕组在空间互差 $120°$ 空间电角度。

2. 一般电机只能做到近似于正弦分布的气隙磁通密度，使电机绕组感应电动势中含有高次谐波电动势。消除由此原因引起的谐波电动势的方法有四个：使气隙磁通密度在气隙空间尽可能按正弦规律分布，三相绕组采用星形接线，采用短距和分布绕组。

基波电动势的频率 $f = \dfrac{pn}{60}$，一台独立运行的发电机，其频率与转子转速成正比。

基波相电动势的有效值 $E_{\phi 1} = 4.44 f N k_{w1} \Phi_1$，它的大小由每极磁通、转子转速、相绕组串联匝数及绕组系数决定。

3. 单相交流绕组流过交流电流产生脉动磁动势，它的基波分量也是一个脉动磁动势。基波脉动磁动势在空间按余弦规律分布，其幅值位置固定于绕组轴线处，其幅值大小随时间按余弦规律变化，其脉动频率为电流的频率，其最大幅值为 $0.9 k_{w1} \dfrac{NI}{p}$（安匝/极）。它既是时间的函数，又是空间的函数。

4. 三相对称交流绕组流过三相对称交流电流时，其基波合成磁动势是一个幅值不变的旋转磁动势。基波合成磁动势的幅值等于单相脉动磁动势基波最大幅值的 $\dfrac{3}{2}$ 倍；其转速为同步速 $n_1 = \dfrac{60 f}{p}$（r/min）；其转向与电流的相序有关，即从载有超前电流相绕组的轴线转向载有滞后电流相绕组的轴线；当某相绕组的电流达最大时，三相基波合成磁动势的幅值位置正好位于该相绕组的轴线上。

习 题

7-1 三相交流对称绕组，对称的意义是什么？

7-2 单层交流绕组和双层交流绕组各有什么优缺点？

7-3 同步发电机一相绕组基波感应电动势的频率、波形及大小各与哪些因素有关？这些因素中，哪些已由电机本身的结构决定了，哪些可通过人为调整来决定？

7-4 针对同步发电机由于气隙磁通密度沿气隙空间分布的波形不是理想的正弦波，导致感应电动势中存在着一系列高次谐波的现象，通常采取哪些措施来消除高次谐波电动势？

7-5 一相交流绕组基波感应电动势的公式中，短距系数和分布系数的物理意义是什么？如何选择短距系数来消除高次谐波电动势？

7-6 额定转速为 3000r/min 的同步发电机，若仅将转速调整为 3060r/min，则会对各相绕组基波电动势的大小、频率、波形及各相电动势相位差有何影响？

7-7 一台三相单层绕组交流电机，极数 $2p=4$，定子槽数 $Z=36$，每相并联支路数 $2a=2$，试在槽电动势星形图上标出 60°相带的分相情况，并画出等元件式绕组展开图。

7-8 一台三相双层叠绕组交流电机，极数 $2p=4$，定子槽数 $Z=36$，每相并联支路数 $2a=2$，线圈节距 $y=\frac{7}{9}\tau$，试在槽电动势星形图上标出 60°相带的分相情况，并画出 A 相的绕组展开图。

7-9 一台三相同步发电机，双层叠绕组，定子槽数 $Z=36$，极数 $2p=4$，节距 $y=7$，线圈匝数 $N_C=1$，每相并联支路数 $2a=2$，频率 $f=50Hz$，每极基波磁通 $\Phi_1=2.63Wb$，试求一相基波电动势的有效值。

7-10 一台三相同步发电机，双层叠绕组，极数 $2p=2$，每极每相槽数 $q=3$，线圈匝数 $N_C=6$，节距 $y=8$，每相并联支路数 $2a=1$，频率 $f=50Hz$，每极基波磁通 $\Phi_1=1.203Wb$，试求一相基波电动势的有效值。

7-11 一台三相同步发电机，频率 50Hz，双层分布短距绕组，Y 接，定子槽数 $Z=48$，$2p=2$，节距 $y=20$，每相绕组串联匝数 $N=32$，空载时线电压为 10.5kV，试求每极基波磁通量。

7-12 一台三相交流电机，双层绕组，$Z=36$，$2p=4$，$f=50Hz$，$y=\frac{7}{9}\tau$，试求 5 次和 7 次谐波绕组系数。

7-13 一台三相同步发电机，$Z=60$，$2p=2$，$n=3000r/min$，每相绕组串联匝数 $N=20$，$f=50Hz$，每极基波磁通 $\Phi_1=1.505Wb$，试求：若要消除 5 次谐波电动势，节距 y 应选多大？此时基波电动势的有效值为多大？

7-14 交流电机单相绕组基波磁动势的幅值大小、空间位置、脉动频率各与哪些因素有关？这些因素中，哪些已由电机本身的结构决定了，哪些可通过人为调整来决定？

7-15 交流电机三相绕组合成基波磁动势的幅值大小、空间位置、转速及转向各与哪些因素有关？这些因素中，哪些已由电机本身的结构决定了，哪些可通过人为调整来决定？

第8章

同步发电机的运行原理及运行特性

【教学要求】 掌握同步发电机对称负载稳定运行时，不同 ψ 角的电枢反应性质；掌握隐极同步发电机的电动势方程式和相量图。理解同步发电机对称负载稳定运行时，气隙磁场的特点；理解凸极式发电机的电动势方程式和相量图；理解外特性、调整特性的定义。了解同步发电机稳定运行时电机内部的电磁过程；了解损耗与效率的定义。

8.1　同步发电机的空载运行

同步发电机转子通入直流励磁电流 I_f，以建立转子主磁场，并用原动机拖动转子旋转到额定转速，定子三相对称绕组开路的运行状态，称为空载运行，这时电机电枢电流为零，故电机气隙中只有转子励磁磁动势建立的主极磁场。

图 8-1 表示一台凸极同步发电机的空载磁路。图中转子励磁磁动势 $F_f = I_f W_f$ 基波分量 $\overline{F}_{f1}$ 产生的磁通可分成两部分，一是同时和定转子绕组交链的基波磁通，称为主磁通 ϕ_0，另一部分是只和转子励磁绕组本身交链而不和定子绕组交链，也不进行定、转子间能量交换的主极漏磁通 $\phi_{f\sigma}$（通常将 F_f 产生的高次谐波磁通也计入该漏磁通）。当转子被原动机拖动到额定转速，转子主磁通 ϕ_0 将在气隙中旋转，从而使定子电枢绕组切割主磁通感应三相对称基波电动势 $\dot{E}_A \underline{/0°}$、$\dot{E}_B \underline{/-120°}$、$\dot{E}_C \underline{/-120°}$。

每相基波电动势大小为：　　$E_0 = 4.44 f N \phi_0 K_{W1}$

电动势频率为：
$$f = \frac{pn}{60}$$

当原动机转速恒定时，f 为恒定值，改变励磁电流 I_f 大小，相应主磁通 ϕ_0 大小改变，因而每相感应电动势 E_0 大小也改变。因此 $E_0 = f(I_f)$ 的曲线，表示了在额

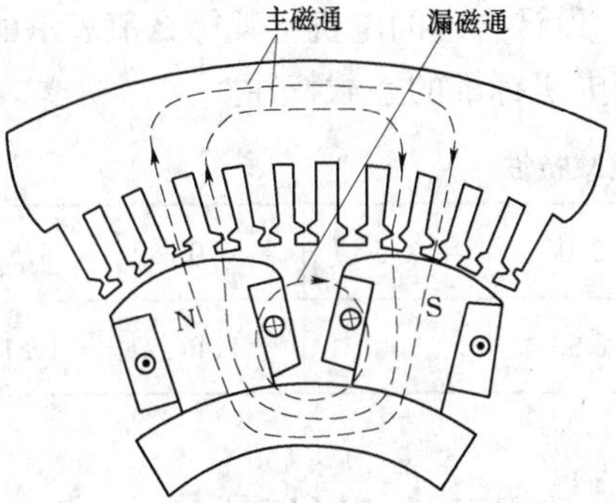

图 8 - 1　凸极同步发电机的空载磁路 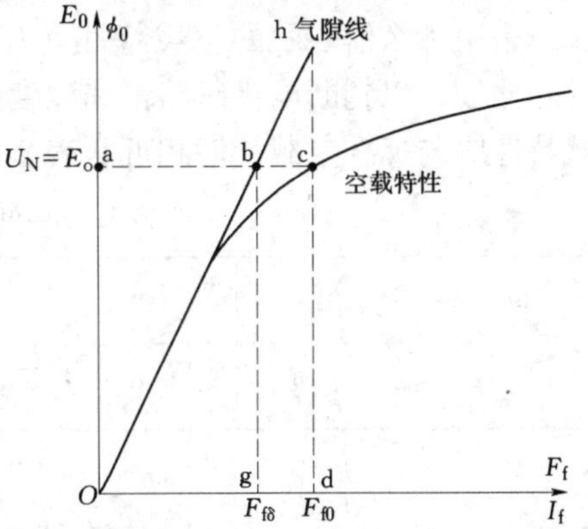　　图 8 - 2　同步发电机的空载特性（磁化曲线）

定转速下，发电机空载电动势 E_0 与励磁电流 I_f 之间的函数关系，称为发电机的空载特性，如图 8 - 2 所示。由于 $E_0 \propto \phi_0$，$I_f \propto F_f$，空载特性坐标改换比例尺也可表示为 $\phi_0 = f(F_f)$ 的关系曲线，称为电机的磁化曲线，即当发电机转子励磁磁动势改变时，气隙中主磁通 ϕ_0 大小的变化规律。由图可见，当主磁通 ϕ_0 较小时，磁路中的铁磁部分未饱和，因而铁磁部分所消耗的磁动势很小，此时励磁磁动势 F_f 绝大部分作用在气隙中，曲线下部呈直线，其延长线 Oh，称为气隙线。Oh 表示了在电机磁路不饱和情况下，气隙中主磁通 ϕ_0 大小随励磁磁动势 F_f 大小的变化规律。然而，当主磁通 ϕ_0 较大时，在电机闭合磁路中铁磁部分会出现饱和，铁磁部分所消耗的磁动势较大。ϕ_0 将不再随 F_f 值成正比增大，故空载特性逐渐弯曲，呈现"饱和"现象。为充分利用铁磁材料，一般在设计电机时，使空载电动势 $E_0 = U_N$ 时的 F_{f0} 处在空载特性曲线的转弯处，如图中的 c 点，此时电机转子的励磁磁动势 $F_{f0} = I_{f0} \cdot W_f = \overline{ac}$，消耗在气隙中的部分为 $F_{f\delta} = \overline{ab} = I_{f\delta} \cdot W_f$，定义电机磁路的饱和系数 K_μ 为

$$K_\mu = \frac{\overline{ac}}{\overline{ab}} = \frac{F_{f0}}{F_{f\delta}} = \frac{I_{f0}}{I_{f\delta}} = \frac{\overline{dh}}{\overline{dc}} > 1 \tag{8-1}$$

通常 $K_\mu = 1.1 \sim 1.25$ 左右。从图可看出，要获得同样的电动势 $E_0 = U_N$，若磁路不饱和，只需 $F_{f\delta}$，磁路饱和时则需 F_{f0}，其中（$F_{f0} - F_{f\delta}$）消耗在铁磁部分。磁路越饱和，铁磁部分消耗的磁动势也越大。

　　由上分析，电机的空载特性实质上反映了电机磁化曲线，是由电机的磁路特点决定的。故空载特性反映的 $E_0 = f(I_f)$ 或 $\phi_0 = f(F_f)$ 的函数关系，不仅适用于空载，也适用于负载运行情况。因此，空载特性是电机的一个基本特性，对已制成的电机，可利用空载试验来求取，试验时应注意励磁电流 I_f 的调节只能单向进行，否则铁磁

物质的磁滞作用会使试验数据产生误差。

采用标么值表示的空载特性（$I_f^* = I_{f\delta}/I_{f0}$，$E_0^* = E_0/U_N$），可以与标准空载特性相比较，以判断电机磁路饱和程度是否适当。设计合理的电机，其标么值表示的空载特性应与标准空载特性相近。表 8-1 为同步电机标准的空载特性。

表 8-1　　　　　　　　　同步发电机标准空载特性

I_f^*	0.5	1.0	1.5	2.0	2.5	3.0	3.5
$U_0^* = E_0^*$	0.58	1.0	1.21	1.33	1.40	1.46	1.51

8.2　对称负载时的电枢反应及电磁转矩

8.2.1　电枢反应的概念

同步发电机空载时，气隙中只有以机械方式旋转的主极磁场，并在定子三相绕组感应三相电动势，称为空载电动势（或励磁电动势）$\dot{E}_0$，当接通三相对称负载后，电枢绕组（即定子三相绕组，因其是能量转换的枢纽，故也称电枢绕组）将有三相对称电流流过。由第 7 章可知，三相合成电枢磁动势的基波也是一个以同步速旋转（电磁方式）的旋转磁动势，并且与主极旋转磁场基波"同步"，相对静止。因此负载时，同步发电机气隙的磁场是由励磁磁动势与电枢磁动势两者共同产生的。此合成气隙磁场的大小与波形与原空载时的主极磁场已不一样，从而使发电机的电动势、端电压都较空载时发生改变，还将影响发电机的机电能量转换和其运行性能。

同步发电机对称负载运行时，电枢磁动势的基波对主极磁场基波的影响，称为电枢反应。故电枢磁动势又称作电枢反应磁动势。

电枢反应的性质取决于电枢磁动势基波与励磁磁动势基波在空间上的相对位置。分析表明，这一相对位置和空载磁动势 $\dot{E}_0$ 与电枢电流 $\dot{I}$ 相位差 ψ 角有关，ψ 角称为内功率因数角，且规定 $\dot{I}$ 滞后于 $\dot{E}_0$ 时，ψ 角为正。ψ 角的大小与同步发电机的内阻抗及外加负载的性质有关，即当负载性质不同时（如电阻性、感性或容性），电枢反应的性质也不同。

下面分析不同 ψ 角的电枢反应时，设相电流和相电动势的正方向为从相绕组的"尾端进、首端出"，磁动势正方向与电流正方向符合右手螺旋定则。图中电枢绕组每一相均用一个等效的整距集中线圈表示。为了清晰起见，采用一对极的凸极同步发电机为例。为了便于比较，均选择 A 相电动势瞬时值为正最大的时刻讨论。

8.2.2 不同 ψ 时的电枢反应

1. $\psi = 0°$ 时（即 $\dot{I}$ 与 $\dot{E}_0$ 同相位）

图 8-3 是表示一台凸极式同步发电机的原理图，当转子旋转到如图 8-3（a）所示位置，即转子磁极轴线（称为直轴、纵轴或 d 轴）超前 A 相轴线 90°位置时，A 相电动势为正最大值。因为 $\psi = 0°$，$i_A = I_m$、$i_B = -\dfrac{I_m}{2}$、$i_C = -\dfrac{I_m}{2}$。此时，三相电动势和电流的相量图如图 8-3（b）所示。

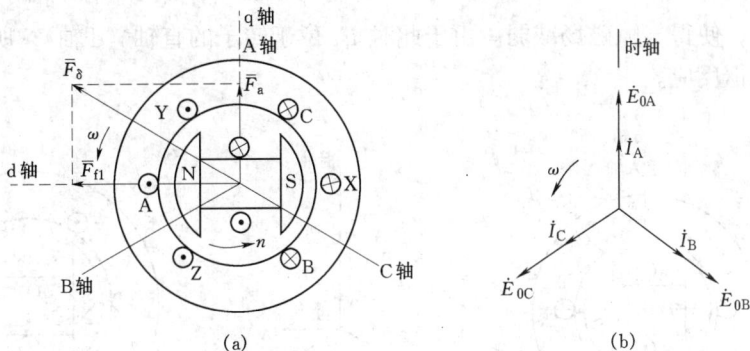

图 8-3 $\psi = 0°$时的电枢反应
(a) 空间向量图；(b) 时间相量图

三相绕组合成基波磁动势相量 $\overline{F}_a$ 正好位于 A 相绕组的轴线上，它滞后转子磁极轴线 90°电角度［或者说 $\overline{F}_a$ 滞后转子励磁基波磁动势 $\overline{F}_{f1}$（90° + ψ），此时 $\psi = 0°$］，而与转子交轴（或称为横轴、q 轴）重合，故称 $\psi = 0°$ 时的电枢反应为交轴电枢反应。

交轴电枢反应的结果是使气隙磁场轴线位置从空载时的直轴逆转向位移了一个锐角，其位移角度的大小取决于同步发电机负载的大小。

$\psi = 0°$ 时，可近似认为定子电流是有功电流，或者说同步发电机的负载近似为电阻性负载（严格说应为阻容性负载）。此时定子电流产生的交轴电枢磁场与流过励磁电流的转子励磁绕组相互作用产生电磁力 f_1、f_2，f_1、f_2 的方向用左手定则确定，如图 8-4 所示。f_1 和 f_2 将产生转矩。它们的转向与转子的转向相反，对发电机转子起制动作用，使发电机的转速（频率）下降。要想维持转速不变，就需要相应地增大汽轮机的进气量或增大水轮机的进水量。

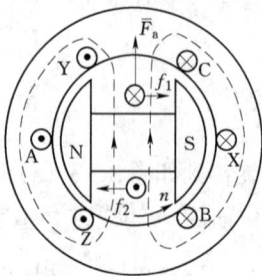

图 8-4 交轴电枢磁场
与转子电流的作用

总之，交轴电枢反应使气隙磁场轴线位置发生位移，且使发电机的转速下降。

2. $\psi = 90°$时（即 $\dot{I}$ 滞后 $\dot{E}_0$ 90°相位）

图 8-5 画出了 $\dot{I}$ 滞后 $\dot{E}_0$ 90°相位时的情况，这时定子三相空载电动势和电枢电流的相量图如图 8-5（b）所示。三相绕组中电流的方向及产生的磁动势如图 8-5（a）所示，可以看出，此时电枢磁动势 $\overline{F}_a$ 的轴线滞后于转子励磁磁动势 $\overline{F}_{f1}$ 180°电角度〔或者说 $\overline{F}_a$ 滞后转子励磁磁动势 $\overline{F}_{f1}$（90°+ψ），此时 $\psi = 90°$〕，即 $\overline{F}_a$ 与 $\overline{F}_{f1}$ 的方向相反，起去磁作用，使得气隙磁场减弱。由于此时 $\overline{F}_a$ 位于转子的直轴（d 轴），所以称之为直轴去磁电枢反应。

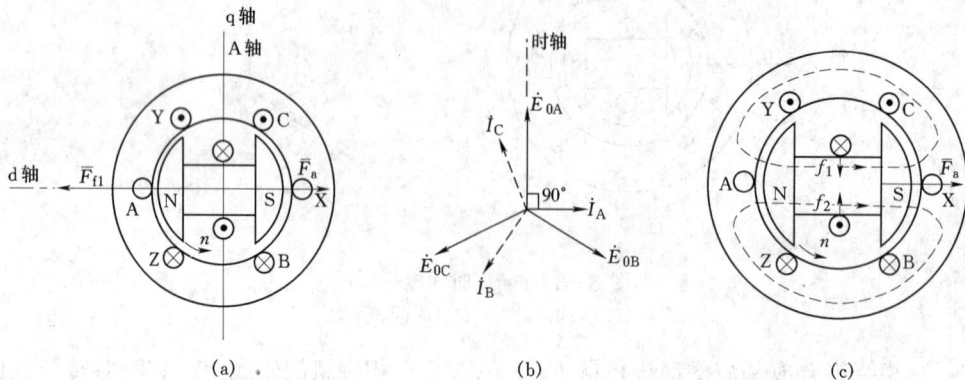

图 8-5 $\psi = 90°$时的电枢反应
(a) 空间向量图；(b) 时间相量图；(c) 直轴去磁电枢磁场与转子电流的作用

$\psi = 90°$时，负载电流是感性无功电流。从图 8-5（c）可见，电枢磁场对转子载流导体产生的电磁力不形成电磁转矩，说明发电机输出感性无功功率时，对发电机转子不会产生制动作用，但会使发电机的端电压降低。若要维持端电压不变，应增加励磁电流。

3. $\psi = -90°$时（即 $\dot{I}$ 超前 $\dot{E}_0$ 90°相位）

图 8-6 画出了 $\dot{I}$ 超前 $\dot{E}_0$ 90°相位时的情况，这时定子三相励磁电动势和电枢电流的相量图如图 8-6（b）所示，三相电流的方向及产生的磁动势如图 8-6（a）所示。由图中可见，此时电枢磁动势 $\overline{F}_a$ 的轴线滞后转子励磁磁动势 $\overline{F}_{f1}$ 0°电角度〔或者说 $\overline{F}_a$

滞后转子励磁磁动势 $\overline{F}_f$（$90° + \psi$）注意此时 $\psi = -90°$]，即 $\overline{F}_a$ 与 $\overline{F}_f$ 的方向相同，起到助磁的作用，使得气隙磁场增强。由于此时 $\overline{F}_a$ 位于转子的直轴（d 轴），所以也称之为直轴助磁电枢反应。

$\psi = -90°$时，负载电流是容性无功电流。从图 8–6（c）可见，电枢磁场对转子载流导体产生的电磁力不形成电磁转矩，说明发电机输出容性无功功率时，对发电机转子不会产生制动作用，但会使发电机的端电压升高。若要维持端电压不变，应减少励磁电流。

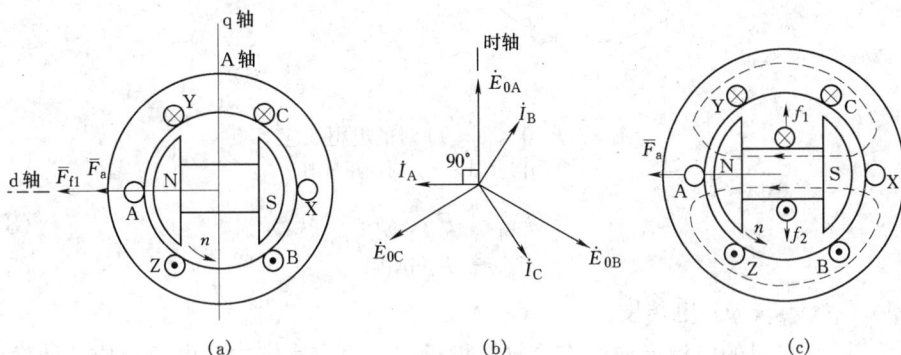

图 8–6 $\psi = -90°$时的电枢反应
(a) 空间向量图；(b) 时间相量图；(c) 直轴助磁电枢磁场与转子电流的作用

4. $0° < \psi < 90°$

当 $0° < \psi < 90°$时的负载，称之为一般性的阻感性负载。同样以 A 相励磁电动势达最大时的情况来分析。三相电枢电流的方向及产生的磁动势如图 8–7（a）所示，此时的定子三相空载电动势和电枢电流的相量图如图 8–7（b）所示。我们可将每相的电流分解为两个分量，一个与励磁电动势 $\dot{E}_0$ 同相位的 $\dot{I}_q$（交轴分量）、一个滞后 $\dot{E}_0$ 90°的 $\dot{I}_d$（直轴分量）。

即
$$\dot{I} = \dot{I}_q + \dot{I}_d$$
$$I_q = I\cos\psi \tag{8–2}$$
$$I_d = I\sin\psi \tag{8–3}$$

三相的交轴分量 $\dot{I}_{Aq}$、$\dot{I}_{Bq}$、$\dot{I}_{Cq}$ 产生交轴分量的电枢磁动势 $\overline{F}_{aq}$，三相的直轴分量 $\dot{I}_{Ad}$、$\dot{I}_{Bd}$、$\dot{I}_{Cd}$ 产生直轴分量的电枢磁动势 $\overline{F}_{ad}$，如图 8–7（a）所示。即

$$\overline{F}_a = \overline{F}_{aq} + \overline{F}_{ad} \tag{8–4}$$

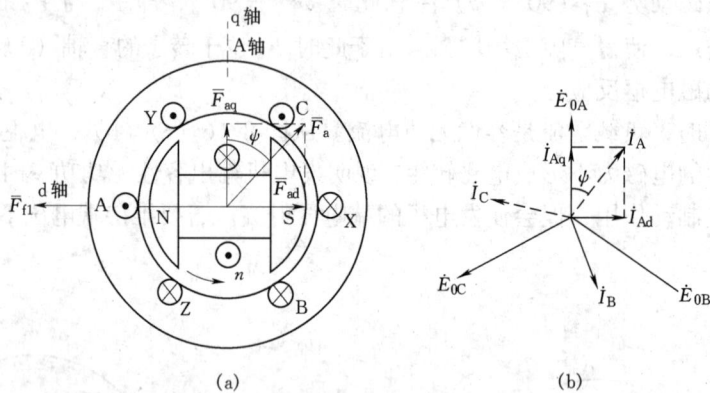

图 8-7　$0° < \psi < 90°$时的电枢反应
(a) 空间向量图；(b) 时间相量图

其值
$$F_{aq} = F_a\cos\psi \qquad (8-5)$$
$$F_{ad} = F_a\sin\psi \qquad (8-6)$$

$\overline{F}_a$ 滞后 $\overline{F}_f$ $(90° + \psi)$ 电角度。

$0° < \psi < 90°$时的电枢反应既有交轴电枢反应，又有直轴去磁电枢反应，使发电机的转速和端电压均下降，要想维持转速和端电压不变，应调节原动机的输入功率和转子的励磁电流。

8.3　同步发电机的电动势方程式和相量图

8.3.1　隐极同步发电机的电动势方程式和相量图

1. 隐极同步发电机的电动势方程式

同步发电机负载运行时气隙中存在着两个旋转磁动势，转子励磁磁动势和电枢磁动势。为了分析问题方便起见，不考虑磁路饱和的影响。当不计磁路饱和时，可以应用叠加原理，认为一个磁动势单独产生相应的磁通，并在电枢绕组中感应出相应的电动势。即转子励磁电流 I_f 产生励磁磁动势 $\overline{F}_{f1}$，$\overline{F}_{f1}$ 产生主极磁通 $\dot{\phi}_0$ 感应空载电动势 $\dot{E}_0$；电枢电流 $\dot{I}$（三相）产生电枢磁动势 $\overline{F}_a$，$\overline{F}_a$ 产生电枢反应磁通 $\dot{\phi}_a$ 感应电枢反应电动势 $\dot{E}_a$；电枢电流 $\dot{I}$ 产生的电枢漏磁通 $\dot{\phi}_\sigma$ 感应漏电动势 $\dot{E}_\sigma$；每相绕组中感应的上述电动势与每相的电压 $\dot{U}$ 及绕组电阻压降 $\dot{I}r_a$ 相平衡。可用下面表示上述关系。

$$I_f \longrightarrow \overline{F}_{f1} \longrightarrow \dot{\phi}_0 \longrightarrow \dot{E}_0 \longrightarrow \dot{U}$$

$$\dot{I} \longrightarrow \overline{F}_a \longrightarrow \dot{\phi}_\alpha \longrightarrow \dot{E}_\alpha$$

$$\dot{\phi}_\sigma \longrightarrow \dot{E}_\sigma \longrightarrow \dot{I}r_a$$

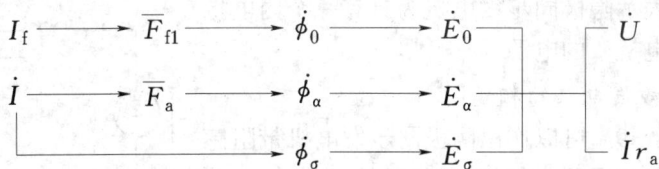

从图 8‑8 所示同步发电机各物理量规定的正方向,根据基尔霍夫第二定律,并考虑三相对称,便可得出一相的电动势平衡方程式为

$$\dot{E}_0 + \dot{E}_a + \dot{E}_\sigma = \dot{U} + \dot{I}\,r_a \tag{8‑7}$$

一般电枢绕组的电阻很小,忽略电枢绕组电阻压降电动势平衡方程式为

$$\dot{E}_0 + \dot{E}_a + \dot{E}_\sigma = \dot{U} \tag{8‑8}$$

我们将每相绕组感应的电枢反应电动势 E_a 与电枢电流 I 之比称为电枢反应电抗 x_a,即

$$\frac{E_\alpha}{I} = X_\alpha \quad 且 \quad \dot{E}_a = -\mathrm{j}\dot{I}\,x_a$$

当电枢反应磁通的磁路不饱和时,x_a

图 8‑8 同步发电机相绕组中
各物理量规定的正方向

是个常数;若饱和时,x_a 会随磁路饱和程度增加而减小,故它不是个常数。

将每相感应的电枢漏电动势 E_σ 与电枢电流 I 之比称为电枢漏抗 x_σ,即

$$\frac{E_\sigma}{I} = X_\sigma \quad 且\,\dot{E}_\sigma = -\mathrm{j}\dot{I}\,x_\sigma$$

将上述关系代入式 (8‑8) 可得

$$\dot{E}_0 = \dot{U} + \mathrm{j}\dot{I}\,x_a + \mathrm{j}\dot{I}\,x_\sigma = \dot{U} + \mathrm{j}\dot{I}\,(x_a + x_\sigma) = \dot{U} + \mathrm{j}\dot{I}\,x_t \tag{8‑9}$$

式中,$x_t = x_a + x_\sigma$,称为隐极同步发电机的同步电抗,等于电枢反应电抗和电枢漏抗之和。

同步电抗是表征同步发电机在三相对称稳定运行时,电枢旋转磁场和漏磁场对电枢一相电路影响的一个综合参数。它在数值上等于三相对称电枢电流所产生的全部磁通在定子一相绕组中感应的总电动势 $(E_a + E_\sigma)$ 与相电流 I 之比。

同步电抗是同步发电机的一个重要参数,它的大小直接影响发电机端电压随负载波动的幅度、发电机短路电流的大小及在大电网中并列运行的稳定性。

2. 隐极同步发电机的等值电路

根据式 (8‑9) 可以作出隐极同步发电机的等效电路 (忽略电枢电阻),如图

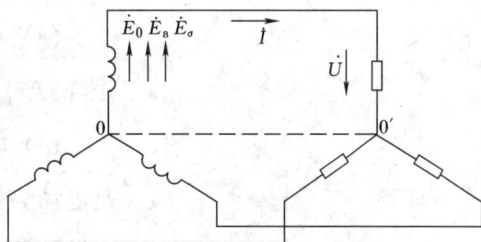

8-9所示。它表示隐极同步发电机为具有一个内电抗
x_t（就是同步电抗）的电源。

3.隐极同步发电机的相量图

根据式（8-9）可以作出隐极同步发电机带阻感
性负载时的简化相量图，如图8-10所示。

其作图步骤如下：

（1）选电压 U 作为参考相量。

图 8-9 隐极同步发电机
的等值电路

（2）根据负载功率因数角 φ，画出滞后于 $\dot{U}$ 为 φ 角的电流相量 $\dot{I}$。

（3）在电压相量 $\dot{U}$ 端点作超前 $\dot{I}$ 90°的同步电抗
压降 $j\dot{I}x_t$。

（4）电压 $\dot{U}$ 与同步电抗压降 $j\dot{I}x_t$ 相量之和，便
是电动势相量 $\dot{E}_0$。图中，$\dot{U}$ 与 $\dot{I}$ 之间的夹角 φ 为功
率因数角；$\dot{E}_0$ 与 $\dot{I}$ 之间的夹角 ψ 称为内功率因数角；
$\dot{E}_0$ 与 $\dot{U}$ 之间的夹角 δ 称为功率角，简称功角。

从图 8-10 可见，同步发电机带阻感性负载时，
其 $U < E_0$，这是因为感性负载时，电枢反应产生去
磁作用，使端电压降低。

已知 I、U、$\cos\varphi$ 及 x_t，可由式（8-9）求得相
量 $\dot{E}_0$。也可由相量图计算 $\dot{E}_0$ 值

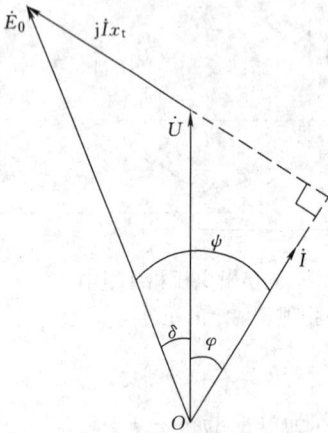

图 8-10 隐极同步发电机带
阻感性负载时的简化相量图

$$E_0 = \sqrt{(U\cos\varphi)^2 + (U\sin\varphi + Ix_t)^2} \qquad (8-10)$$

8.3.2 凸极同步发电机的电动势方程式和相量图

1.凸极同步发电机的电动势方程式

由于凸极电机的气隙不均匀，当不计磁路饱和时，可将凸极同步发电机的电枢电
流 $\dot{I}$ 分解为 $\dot{I}_q$ 和 $\dot{I}_d$，则有下面的电磁关系存在。

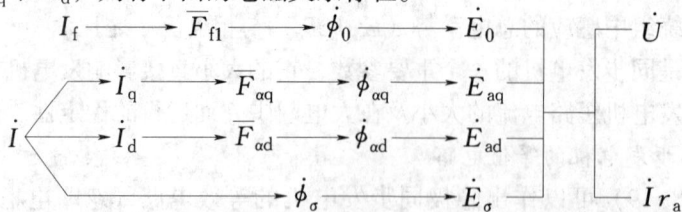

上面表示中 $\dot{\phi}_{aq}$——交轴电枢反应磁通;

$\qquad\qquad\qquad \dot{E}_{aq}$——交轴电枢反应电动势;

$\qquad\qquad\qquad \dot{\phi}_{ad}$——直轴电枢反应磁通;

$\qquad\qquad\qquad \dot{E}_{ad}$——直轴电枢反应电动势。

类似于图 8-8 所示同步发电机各物理量规定的正方向,凸极同步发电机电动势平衡方程为

$$\dot{E}_0 + \dot{E}_{aq} + \dot{E}_{ad} + \dot{E}_\sigma = \dot{U} + \dot{I}\, r_a \qquad (8-11)$$

同理可定义 $x_{aq} = \dfrac{E_{aq}}{I_q}$,且 $\dot{E}_{aq} = -\mathrm{j}\dot{I}_q x_{aq}$。

式中,x_{aq} 为凸极同步发电机的交轴电枢反应电抗。

定义 $x_{ad} = \dfrac{E_{ad}}{I_d}$,且 $\dot{E}_{ad} = -\mathrm{j}\dot{I}_d x_{ad}$。

式中,x_{ad} 为凸极同步发电机的直轴电枢反应电抗。

将上述关系代入式 (8-11),且忽略绕组电阻 r_a,则凸极同步发电机的电动势方程式为

$$
\begin{aligned}
\dot{E}_0 &= \dot{U} + \mathrm{j}\dot{I}_q x_{aq} + \mathrm{j}\dot{I}_d x_{ad} + \mathrm{j}\dot{I}\, x_\sigma \\
&= \dot{U} + \mathrm{j}\dot{I}_q x_{aq} + \mathrm{j}\dot{I}_d x_{ad} + \mathrm{j}(\dot{I}_q + \dot{I}_d) x_\sigma \\
&= \dot{U} + \mathrm{j}\dot{I}_q(x_{aq} + x_\sigma) + \mathrm{j}\dot{I}_d(x_{ad} + x_\sigma) \\
&= \dot{U} + \mathrm{j}\dot{I}_q x_q + \mathrm{j}\dot{I}_d x_d \qquad\qquad (8-12)
\end{aligned}
$$

式中　x_q——交轴同步电抗;

$\qquad x_d$——直轴同步电抗。

凸极同步发电机同步电抗的标么值 $x_d^* > x_q^*$,一般 $x_q^* \approx 0.6 x_d^*$ 左右。隐极机可看成是凸极机 $x_q = x_d = x_t$ 的一种特例。

2. 凸极同步发电机的相量图

据式 (8-12) 可作出凸极同步发电机带阻感性负载时的相量图,如图 8-11 所示。假设已知内功率因数角 ψ,则其作图步骤如下:

(1) 电压 $\dot{U}$ 作为参考相量。

(2) 根据负载功率因数角 φ,滞后电压 $\dot{U}$ 相量 φ 角作电流相量 $\dot{I}$。

（3）根据 ψ 可确定 $\dot{E}_0$ 的位置线，并将 $\dot{I}$ 分解为 $\dot{I}_q$ 和 $\dot{I}_d$；

（4）在 $\dot{U}$ 的端点作 $j\dot{I}_q x_q$（超前 $\dot{I}_q$ 90°），再作 $j\dot{I}_d x_d$（超前 $\dot{I}_d$ 90°），便得 $\dot{E}_0$。

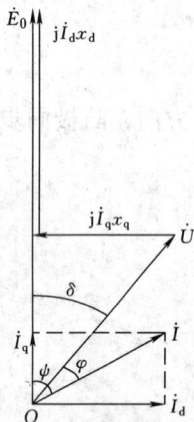

图 8‑11 凸极同步发电机带阻
感性负载时的简化相量图

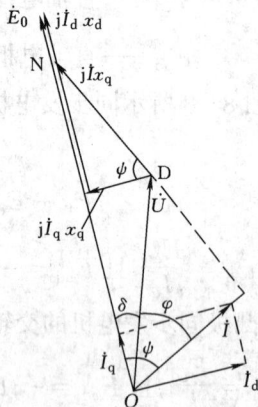

图 8‑12 凸极同步发电机
确定 ψ 角相量图

实际上，内功率因数角 ψ 无法测量，因而无法将 $\dot{I}$ 分解为 $\dot{I}_q$ 和 $\dot{I}_d$，电动势相量图也就无法完成。为确定 ψ 角，在图 8‑11 相量图中，过 $\dot{U}$ 的端点 D 作 $\dot{I}$ 的垂线，该垂线交 $\dot{E}_0$ 相量于 N 点，得线段 $\overline{DN}$，可以看出 $\overline{DN}$ 与相量 $j\dot{I}_q x_q$ 的夹角为 ψ，如图 8‑12 所示。于是有

$$\overline{DN} = \frac{I_q x_q}{\cos\psi} = I x_q$$

可得 ψ 的计算公式为

$$\psi = \text{tg}^{-1} \frac{I x_q + U\sin\varphi}{U\cos\varphi} \tag{8-13}$$

知道 ψ 角就可以按前述方法作相量图了。

从图 8‑11 可得用几何方法求励磁电动势 E_0 的计算式为

$$E_0 = U\cos(\psi - \varphi) + I_d x_d \tag{8-14}$$

可避免使用式（8‑12）时的复数运算。

【例 8‑1】 一台水轮发电机，定子三相绕组 Y 接法，额定电压 $U_N = 10.5\text{kV}$，额定电流 $I_N = 165\text{A}$，$\cos\varphi_N = 0.8$（滞后），已知 $x_d^* = 1.0$，$x_q = 0.6$，$r_a = 0$。

试求：额定运行时的 ψ、I_d、I_q、E_0（不计饱和影响）。

解:
$$\psi = \text{tg}^{-1}\frac{I^* x_q + U^* \sin\varphi}{U^* \cos\varphi} = \text{tg}^{-1}\frac{1 \times 0.6 + 1 \times 0.6}{1 \times 0.8} = 56.31°$$

$$I_q^* = I^* \cos\psi = 1 \times \cos 56.31° = 0.5547$$

$$I_d^* = I^* \sin\psi = 1 \times \sin 56.31° = 0.8321$$

$$I_q = I_d^* I_N = 0.5547 \times 165 = 91.53 \,(\text{A})$$

$$I_d = I_d^* I_N = 0.8321 \times 165 = 137.3 \,(\text{A})$$

$$E_0^* = U^* \cos(\psi - \varphi_N) + I_d^* x_d^*$$

$$= 1 \times \cos(56.31° - 36.87°) + 0.8321 \times 1 = 1.775$$

$$E_0 = E_0^* U_{NX} = 1.775 \times 10.5/\sqrt{3} = 10.76 \,(\text{kV})$$

8.4 同步发电机的运行特性

同步发电机在对称负载下稳定运行时,维持转速(频率)和负载功率因数为常数的条件下,发电机的端电压 U、负载电流 I、励磁电流 I_f 是三个主要的运行量,它们都可以在运行中被测量。它们之间互有联系,当保持其中某一个量为常数,另外两个量之间的函数关系称为运行特性。同步发电机的运行特性有空载特性、短路特性、外特性和调整特性,其中空载特性已在本章开始作了介绍,下面只作后面三个特性的介绍。

8.4.1 短路特性和短路比

1. 短路特性

短路特性是指保持同步发电机在额定转速下, 将定子三相绕组短路, 定子绕组的相电流 I_K（稳态短路电流）与转子励磁电流 I_f 的关系。即在 $n = n_N$、$U = 0$ 条件下, $I_K = f (I_f)$。短路特性是同步发电机的一项基本特性。一台已制造好的同步发电机, 求取它的同步电抗 x_d、短路比 K_C 及其他一些参数, 都可在已知的短路特性的基础上进行。短路特性可通过短路试验方法来求取,求取短路特性的试验称为短路试验。根据规定：短路试验既是电机型式试验的一个项目,也是电机检查的一个项目。因此,无论是制造好的新电机,或是大修后的电机,都必须做短路试验。

图 8－13 为同步发电机的短路试

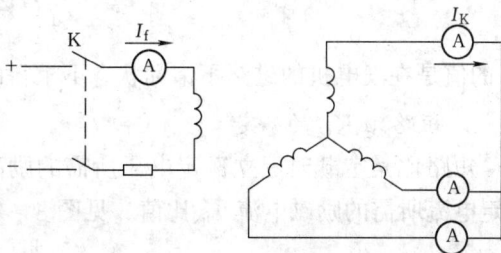

图 8－13 同步发电机的短路试验原理接线

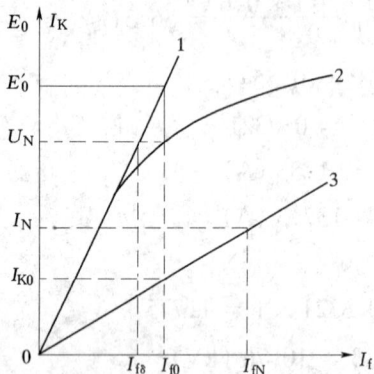

图 8 - 14 求不饱和电抗 x_d、短路比 K_C
1—不饱和的空载特性；2—空载
特性；3—短路特性

验原理接线。试验时，先将三相绕组的出线端通过低阻抗的导线短接。驱动转子保持额定转速不变，调节励磁电流 I_f，使定子短路电流从零开始逐渐增大，直到短路电流为额定电流的 1.25 倍为止。记取不同短路电流时的 I_K 和对应的励磁电流 I_f，作出短路特性 $I_K = f(I_f)$，如图 8 - 14 的直线 2 所示。

短路特性 $I_K = f(I_f)$ 为一条直线是因为短路时端电压 $U = 0$，限制短路电流的是发电机的内部阻抗。由于定子绕组的电阻 r_a 远小于同步电抗 x_d，所以短路时可以认为是一个纯电感性电路。短路电流 $\dot{I}_K$ 滞后 $\dot{E}_0$ 90°，即 $\psi = 90°$，短路电流为直轴分量，即 $\dot{I}_K = \dot{I}_d$，此时的电枢磁动势是起去磁作用的直轴磁动势，气隙合成磁动势 $\overline{F}_\delta$ 很小，所产生的气隙磁通也很小，磁路处于不饱和状态。因此，短路特性 $I_K = f(I_f)$ 为一条直线。无论是隐极机还是凸极机，电动势方程式均为

$$\dot{E}_0 = j\dot{I}_K x_d \tag{8-15}$$

上式说明：短路时，励磁电动势 $\dot{E}_0$ 仅与短路电流在直轴同步电抗 x_d 上的电压降相平衡。

2. 利用不饱和空载特性和短路特性求 x_d 的不饱和值

当发电机三相短路试验时，短路电流是纯感性的，产生去磁的电枢反应，磁路处于不饱和状态，故求 x_d 的不饱和值时 E'_0 应从不饱和空载特性上查取，见图 8 - 14 中曲线 1。则任取一较小的 I_f 值，以曲线 1、3 取得相应的 E'_0、I_K，可求出

$$x_d = \frac{E'_0}{I_K} \tag{8-16}$$

x_d 的值是在发电机的磁路不饱和状态下求得的，故为不饱和值。

3. 短路比 K_C 的确定

短路比是空载时建立额定电压所需的励磁电流 I_{f0} 与短路时产生的短路电流等于额定电流所需的励磁电流 I_{fN} 比值。见图 8 - 14，短路比用 K_C 表示，则

$$K_C = \frac{I_{f0}}{I_{fN}} = \frac{I_{K0}}{I_N} \tag{8-17}$$

由式（8-16）得 $I_{K0} = \dfrac{E_0'}{x_d}$，代入（8-17）式，得

$$K_C = \frac{E_0'/x_d}{I_N} = \frac{E_0'/U_N}{\dfrac{I_N x_d}{U_N}} = K_\mu \frac{1}{x_d^*} \tag{8-18}$$

式（8-18）表明：短路比 K_C 等于 x_d 值的标幺值的倒数乘以饱和系数 K_μ。短路比 K_C 是影响到同步发电机技术经济指标好坏的一个重要参数。其大小对电机的影响如下：

（1）影响电机的尺寸和造价。短路比大，即 x_d^* 小，意味着气隙大，要在电枢绕组中产生一定的励磁电动势，则励磁绕组的安匝数势必增加，导致电机的用铜量、尺寸和造价都增加。

（2）影响电机的运行性能的好坏。短路比大，即 x_d^* 小，发电机具有较大的过载能力、运行稳定性较好；x_d^* 小，负载电流在 x_d 上的压降小，负载变化时引起发电机端电压波动的幅度较小；x_d^* 小，发电机短路时的短路电流则较大。

所以设计合理的同步发电机，其短路比 K_C 数值的选用要兼顾到制造成本和运行性能两个方面。国产的汽轮发电机 $K_C=0.47\sim0.63$，水轮发电机 $K_C=0.8\sim1.3$。

8.4.2 同步发电机的外特性

1. 外特性

外特性是指发电机保持额定转速不变，$I_f=$ 常数、$\cos\varphi=$ 常数时，发电机的端电压 U 与负载电流 I 之间的关系曲线 $U=f(I)$。它可用直接负载法测定，也可用作图法间接求取。

对应于不同负载功率因数时的外特性曲线，如图 8-15 所示。从图中可以看出，在带纯电阻性负载 $\cos\varphi=1$ 和带阻感性负载 $\cos\varphi=0.8$（滞后）时，外特性曲线都是下降的。这是因为在这两种情况下，均为 $90°>\varphi>0°$，随负载电流 I 的增大，电枢反应的去磁作用增强和定子绕组漏阻抗压降增大，致使发电机的端电压下降。而带容性负载 $\cos\varphi=0.8$（超前）时，由于 $\varphi<0°$，电枢反应有助磁作用，所以随负载电流 I 的增大，端电压 U 是升高的。从图中还看到，为了在不同的功率因数下，$I=I_N$ 时都得到 $U=U_N$，感性负载需要较大的励磁电流，而容性负载的励磁电流则较小。

2. 电压变化率

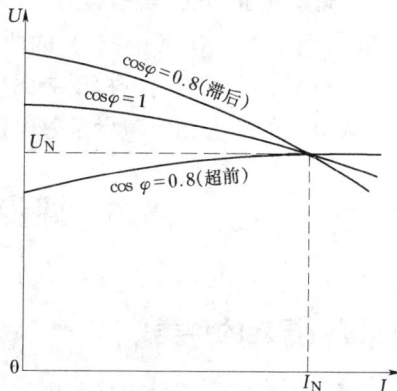

图 8-15 同步发电机的外特性

电压变化率是指单独运行的同步发电机，保持额定转速和额定励磁电流（$I = I_N$、$U = U_N$、$\cos\varphi = \cos\varphi_N$ 时的励磁电流）不变，发电机从额定负载变为空载，端电压的变化量与额定电压的比值，用百分数表示。即

$$\Delta U = \frac{E_0 - U_N}{U_N} \times 100\% \qquad (8-19)$$

电压变化率是表征同步发电机运行性能的数据之一，现代的同步发电机多数装有快速自动调压装置，因此 ΔU 可大些。但为了防止突然甩负荷时电压上升过高而危及绕组绝缘，最好 $\Delta U < 50\%$，一般汽轮发电机的 ΔU 为 $30\% \sim 48\%$，水轮发电机的 ΔU 为 $18\% \sim 30\%$。

8.4.3 同步发电机的调整特性

从外特性曲线可知，当负载发生变化时，发电机的端电压也随之变化，对电力用户来说，总希望电压是稳定的。因此，为了保持发电机电压不变，必需随负载的变化相应调节励磁电流。

调整特性就是指发电机保持 $n = n_N$、$U = U_N$、$\cos\varphi = $ 常数时，励磁电流 I_f 与负载电流 I 的关系曲线 $I_f = f(I)$，如图 8-16 所示。图中示出了对应与不同负载功率因数有不同的调整特性曲线。对于纯电阻性和感性负载，为了补偿负载电流形成电枢反应的去磁作用和绕组漏阻漏电抗压降，保持发电机的端电压不变，就必须随负载电流 I 的增大相应增大励磁电流 I_f。因此，调整特性曲线是上升的，如图中 $\cos\varphi = 1$ 和 $\cos\varphi = 0.8$（滞后）的曲线所示。对

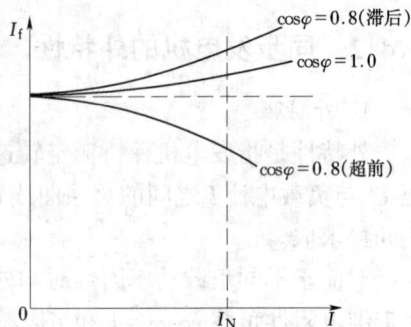

图 8-16 同步发电机的调整特性

于容性负载，为了抵消电枢反应磁场的助磁作用，保持发电机的端电压不变，就必须随负载电流的增大相应减少励磁电流 I_f。因此，它的调整特性曲线是下降的。

8.5 同步发电机的损耗和效率

8.5.1 损耗的种类

同步发电机是能量转换的电气设备，它在将机械能转换为电能的过程中，要消耗

一部分功率，这部分功率称为损耗。损耗不仅消耗了有用的能量，降低了发电机的效率，而且，各种损耗最终都转变为热能，使电机温度升高，影响电机的出力。因此，在设计制造时要考虑尽量减少损耗，运行中注意电机的冷却问题。现将各种损耗简介如下。

1. 机械损耗 p_{mec}

转动部分摩擦，如轴承摩擦、电刷与集电环摩擦、冷却风与定转子表面摩擦等引起的损耗。机械损耗约占总损耗的 30%～50%。

2. 定子铁损耗 p_{Fe}

指主磁通在定子铁芯中引起的铁损耗。

3. 定子铜损耗 p_{Cu}

指三相电流流过定子绕组时，绕组电阻引起的铜损耗。

4. 励磁损耗 p_{Cuf}

指整个励磁回路中的所有损耗，如同轴有励磁机，还包括励磁机的损耗。

5. 附加损耗 p_Δ

主要是定子漏磁通和定、转子磁场的高次谐波所引起的损耗。

8.5.2 效率

同步发电机输入的功率 P_1 扣除上述的总损耗 $\sum p$ 后，就是输出的电功率 P_2。因此，同步发电机的效率为：

$$\eta = \frac{P_2}{P_1} \times 100\% = \frac{P_2}{P_2 + \sum P} \times 100\% \qquad (8-20)$$

式中　$\sum P$——总损耗，$\sum P = p_{mec} + p_{Fe} + p_{Cu} + p_{Cuf} + p_\Delta$。

效率是同步发电机运行性能的重要数据之一。现代大型汽轮发电机 $\eta = 94\% \sim 97.8\%$，大型水轮发电机 $\eta = 96\% \sim 98.5\%$，中小型的比上述数据小些。

小 结

1. 同步发电机对称负载运行时，电枢磁动势的基波对主极磁场基波的影响，称为电枢反应，电枢反应的性质取决于负载的性质和电机的内阻抗。

电枢反应的存在是同步发电机实现机电能量转换的关键。

$\psi = 0°$ 时的电枢反应是交磁性质的，发电机输出有功功率，输出的有功电流对发电机转子会形成制动的电磁转矩。发电机输出有功功率越大，对发电机转子形成的制动性电磁转矩也越大，为保持发电机的频率恒定，则向发电机输入的机械功率也应越大。

$\psi = 90°$时的电枢反应是直轴去磁性质的，为维持发电机的端电压恒定，需增加直流励磁电流，此时发电机输出感性的无功功率。发电机输出感性的无功功率越大，直流励磁电流增加也越大。

$\psi = -90°$时的电枢反应是直轴助磁性质的，为维持发电机的端电压，需减少直流励磁电流，此时发电机输出容性的无功功率。发电机输出容性的无功功率越大，直流励磁电流减少也越多。

发电机有功功率的调节靠调节输入到原动机的机械功率；无功功率的调节靠调节输入到转子励磁绕组中的直流励磁电流。

2. 同步电抗是表征同步发电机在三相对称稳定运行时，电枢旋转磁场和漏磁场对电枢一相电路影响的一个综合参数。同步电抗包括定子漏电抗和电枢反应电抗，定子漏电抗代表电枢漏磁场的作用；而电枢反应电抗则代表电枢反应磁场的作用。对于凸极同步发电机，由于交轴和直轴的磁阻不同，同样数值的电枢磁动势，作用于交轴和直轴产生的电枢反应磁通是不同的，故有交轴同步电抗和直轴同步电抗之分。对于隐极同步发电机，定转子间的气隙是均匀的，所以，交轴同步电抗和直轴同步电抗相等。

3. 同步发电机的电动势方程式是描述电机各物理量之间相互关系的一种表达形式，相量图是各种磁动势单独产生各自的磁通及电动势，利用叠加的原理作出的，主要用作定性分析。

4. 同步发电机与运行关系较密切的特性有外特性和调整特性。外特性反映了负载功率因数不变、励磁电流不变时，端电压随负载电流变化的规律。调整特性则反映负载功率因数不变、保持端电压恒定时，励磁电流随负载电流变化的规律。短路特性与空载特性都是同步发电机的基本特性，可以利用它们检验电机的质量或判断故障，还可互相配合用来求取电机的参数。

习　题

8-1　为什么同步发电机的电枢磁动势 $\overline{F}_a$ 的转速 n_1 总是与转子转速 n 相同？

8-2　解释同步电机的"同步"的含义。

8-3　何谓同步发电机的电枢反应？电枢反应的性质与什么因素有关？

8-4　什么是同步电抗？它的物理意义是什么？试分析下面几种情况对同步电抗的影响：

（1）电枢绕组匝数增加；

（2）铁芯饱和程度增加；

（3）气隙减小；

（4）励磁绕组匝数增加。

8-5 为什么隐极同步发电机只有一个同步电抗 x_t？而凸极同步发电机有交轴同步电抗 x_q 和直轴同步电抗 x_d 之分呢？

8-6 试写出隐极同步发电机的电动势方程式（$r_a = 0$），并分别作出带纯电阻负载时和带纯感性负载时的相量图。

8-7 为什么同步发电机带感性负载时 $\cos\varphi = 0.8$（滞后），外特性曲线是下降的？调整特性曲线是上升的？而带容性负载时 $\cos\varphi = 0.8$（超前），外特性曲线是上升的？调整特性曲线是下降的？

8-8 若同步电机定子上加三相对称的恒定电压，转子不加励磁以同步速旋转和将转子抽出，这两种情况下，定子的电流那种情况大？为什么？

8-9 同步发电机短路比的大小会产生哪些影响？

8-10 一台汽轮发电机，$P_N = 100MW$，$U_N = 10500V$，Y 接法，每相同步电抗 $x_t = 1.04\Omega$，忽略电枢绕组的电阻，试求额定负载且 $\cos\varphi = 0.8$（滞后）时的 E_0、ψ、δ 和 ΔU？

8-11 有一台 $P_N = 300000kW$、$U_N = 18000V$、Y 接法、$\cos\varphi_N = 0.8$（滞后）的汽轮发电机，已知 $x_t^* = 2.28$，电枢电阻略去不计，试求额定负载下的励磁电动势 E_0 和 δ_N？

8-12 有一台水轮发电机 $P_N = 72500\ kW$，$U_N = 10500V$，Y 接法，$\cos\varphi_N = 0.8$（滞后），参数为：$x_q = 0.9493\Omega$，$x_d = 1.528\Omega$，电枢电阻略去不计，试求额定负载下的励磁电动势 E_0、I_q、I_d、ψ 和 δ_N？

8-13 一台水轮发电机，$x_q^* = 0.554$，$x_d^* = 0.854$，电枢电阻略去不计，$\cos\varphi_N = 0.8$（滞后）。试求额定负载下的励磁电动势 E_0^*、δ_N 和 ΔU？

第 9 章

同步发电机的并列运行

【**教学要求**】 掌握同步发电机与无穷大电网并列基本操作方法的类型,准同步法并列的条件和不符合条件并列产生的后果;掌握隐极式同步发电机的功角特性,同步发电机并列于无穷大容量电网运行时有功功率及无功功率的调节方法及调节原理。理解静态稳定的概念。了解 V 形曲线、调相运行、调相机的特点。

现代发电厂通常采用多台发电机并列运行的方式,这有利于发电厂根据负载的变化来调整投入并列机组的台数,这不仅可以提高机组的运行效率,便于机组的检修,而且能提高供电的可靠性,减少机组的备用容量。

将许多火力发电厂、水力发电厂及各种不同类型的发电厂并列运行,构成一个巨大的电力系统共同向用户供电,使得系统能在很大区域实行电能的调剂,如水力发电厂和火力发电厂并列后,枯水期主要由火力发电厂供电,水力发电厂作调峰或调相运行;而丰水期,则由水力发电厂发出大量廉价的电能,充分利用动力资源而使整个电

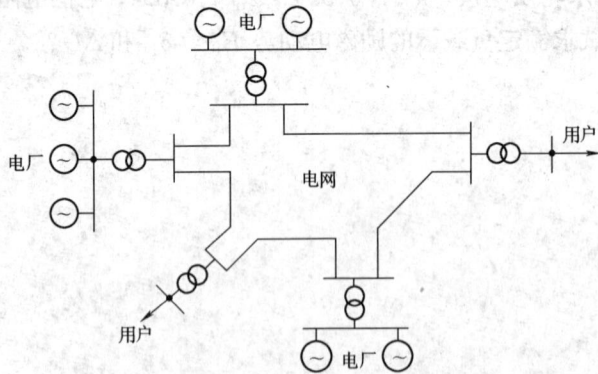

图 9-1 电力系统示意

力系统处于最经济的条件下运行。同时还大大地提高了供电质量，这是因为形成强大的电力系统后，某个负载变化，或改变系统内的某台发电机运行状态，对系统的电压及频率影响都极小，即系统的电压＝常数、f＝常数，这样的系统有时也称为"无穷大电网"。如图 9-1 所示。

9.1 同步发电机并列的方法和条件

将同步发电机与系统并列，为了避免产生冲击电流和并网后能稳定运行，合闸时，必须满足并列条件。根据待并的发电机励磁情况的不同，并列的方法和条件也不同。目前，并列的方法有两种，一种是准同步法，另一种是自同步法。现代同步发电机在正常时一般均采用准同步法。

9.1.1 准同步法

9.1.1.1 准同步法并列的条件

（1）待并发电机电压 $\dot{U}_F$ 与系统电压 $\dot{U}$ 大小相等。

（2）待并发电机电压 $\dot{U}_F$ 与系统电压 $\dot{U}$ 的相位相同。

（3）待并发电机的频率 f_F 与系统频率 f 相等。

（4）待并发电机电压相序与系统电压相序相同。

上述条件中，第（4）个条件决定于发电机的旋转方向，发电机制造厂已明确规定，并在发电机的出线端标明了相序，只要在安装时或大修后按规定调试好，此条件就满足了。因此，实际中，只要调节发电机使其满足前三个条件即可。

9.1.1.2 条件不满足时并列

1. 待并发电机的电压 $\dot{U}_F$ 与系统电压 $\dot{U}$ 大小不等

以隐极机为例，图 9-2(a)所示，合闸前，待并发电机的电压等于其空载电动势，即 $\dot{U}_F = \dot{E}_0$，当 $U_F \neq U$ 时，则在并列开关 K 两端存在着电压差 $\Delta\dot{U} = \dot{U}_F - \dot{U}$。合闸时，在此电压差的作用下发电机与系统构成的回路将产生冲击电流。假定系统为无穷大（指 U＝常数，f＝常数，综合阻抗为零），据图示电压、电流的正方向，冲击电流为

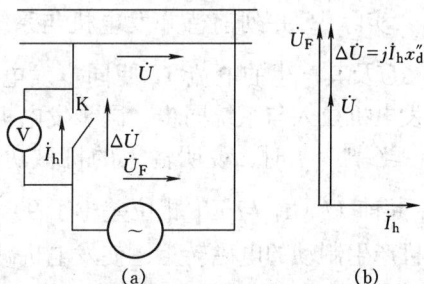

图 9-2 $U_F \neq U$ 时的并列
(a) 并列单线图；(b) 相量图

$$\dot{I}_{h} = \frac{\Delta \dot{U}}{\mathrm{j} x_{d}''} = \frac{\dot{U}_{F} - \dot{U}}{\mathrm{j} x_{d}''} \tag{9-1}$$

式中 x_{d}''——发电机合闸过渡过程中的电抗，$x_{d}'' \ll x_{d}$。

根据隐极机的电动势方程式 $\dot{E}_{0} = \dot{U} + \mathrm{j}\dot{I}_{h}x_{d}''$，可作出相量图，如图 9-2(b) 所示。$\dot{I}_{h}$ 滞后系统电压 $\dot{U}$ 90°为无功性质的。由于 x_{d}'' 很小，即使 ΔU 较小，也会产生很大的冲击电流，将对发电机定子绕组产生很大的电磁力作用，可能使绕组的端部受到损坏。

2. 待并发电机电压 $\dot{U}_{F}$ 与系统电压 $\dot{U}$ 的相位不同

此时在发电机与系统所组成的回路中，将因电压相位的不同而产生电压差 $\Delta \dot{U} = \dot{U}_{F} - \dot{U}$，在并列合闸时，产生冲击电流 $\dot{I}_{h}$，如图 9-3 所示，且 $\dot{U}_{F}$ 和 $\dot{U}$ 相位差为 180°时 ΔU 的值最大，冲击电流也为最大，约为额定电流的 20～30 倍，巨大的冲击电磁力将损坏发电机。

3. 待并发电机的频率 f_{F} 与系统频率 f 不等

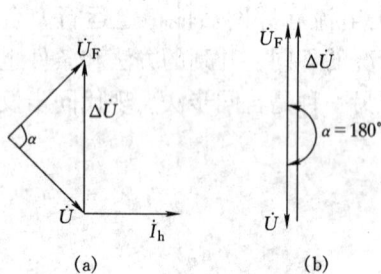

图 9-3 电压相位不同时并列
(a) 相位差 $a < 180°$时；
(b) 相位差 $a = 180°$时

由于频率不等，则 $\dot{U}_{F}$ 和 $\dot{U}$ 两相量旋转的角速度也不同，两相量出现相对运动，若以系统电压 $\dot{U}$ 作为参考相量，则 $\dot{U}_{F}$ 相量将以 $\Delta \omega = \omega_{F} - \omega$ 的角速度旋转，两相量之间的相位差 a 在 0°～360°之间变化，ΔU 的值忽大忽小，在 (0～2)U 之间变化，这个变化的电压称为拍振电压。在拍振电压的作用下将产生大小和相位都不断变化的拍振电流 $\dot{I}_{h}$。$\dot{I}_{h}$ 的有功分量与转子磁场作用所产生的电磁转矩也时大时小、时正时负（即时而制动时而驱动），导致发电机发生振动。

实际中，并列前待并发电机与系统频率相差是很小的，合闸后，缓慢变化的电压差 $\Delta \dot{U}$ 及其产生的电流 $\dot{I}_{h}$ 使同步发电机利用自身具有的"自整步"作用这一特性，将发电机拉入与系统同步。同步发电机的"自整步"作用介绍如下：

当 $f_{F} > f$ 时，说明输入的机械功率稍大，此时 $\omega_{F} > \omega$，如图 9-4 (a) 所示，$\dot{U}_{F}$ 超前 $\dot{U}$，$\dot{I}_{h}$ 与 $\dot{U}_{F}$ 相位差小于 90°，发电机输出有功功率，有功分量的电流对发电机产生制动的电磁转矩，使发电机减速而拉入与系统同步。

当 $f_{F} < f$ 时，说明输入的机械功率稍小，此时 $\omega_{F} < \omega$，如图 9-4(b) 所示，$\dot{U}_{F}$ 滞后 $\dot{U}$，$\dot{I}_{h}$ 与 $\dot{U}_{F}$ 相位差大于 90°，发电机吸收有功功率，对发电机产生驱动的电磁转矩，使

发电机加速而拉入与系统同步。

必须指出：同步发电机的"自整步"作用只有在频率接近时才能发挥，若频率相差较大时，由于电流 $\dot{I}_h$ 及其产生的转矩变化太快和由于转子惯性作用，就可能无法将转子拉入同步。

9.1.1.3 准同步法的并列操作

按准同步法的并列条件进行并列操作，可采用"灯光法"或"同步表法"。灯光法在电力系统的发电厂中已不使用，只是在某些企业自备发电机的并列操作中会采用，故不作介绍。同步表法是在仪表的监视下，调节待并发电机的电压和频率，使之符合与系统并列的条件时的并列操作。其原理接线如图9-5所示。

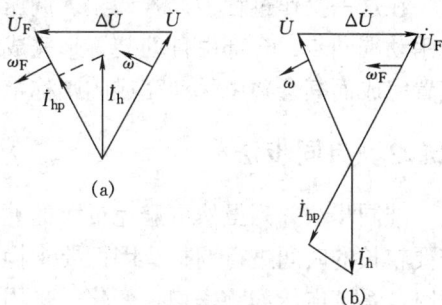

图 9-4 自整步作用
(a) $f_F > f$；(b) $f_F < f$

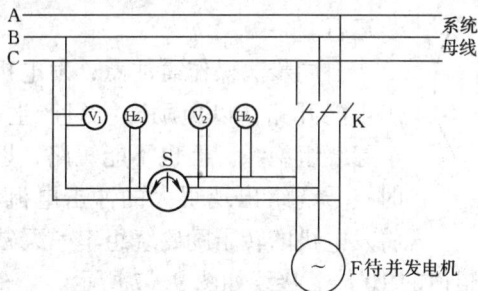

图 9-5 准同步法并列的原理接线

图 9-6 同步表外形

系统电压和待并发电机电压分别由电压表 V_1 和 V_2 监视，调节待并发电机励磁电流，使其电压与系统电压相同。系统频率和待并发电机频率分别由频率表 Hz_1 和 Hz_2 监视，调节待并发电机的原动机转速，使其接近系统的频率。准同步法并列第2、3条件可由同步表S（如图9-6）监视，同步表表盘有一红线刻度。同步表的指针向快的方向旋转时，表明待并发电机频率高于系统频率，此时应减小原动机转速，反之亦然。并列操作时，调节待并发电机励磁电流和转速，使仪表 V_1 和 V_2、Hz_1 和 Hz_2 的读数相同，同步表S的指针转动缓慢，指针转至接近红线时，表明并列条件已满足，应迅速合闸，完成并列操作。

实际操作中，除相序绝对不能出现错误外，其他三个条件允许有一定的偏差，如频率偏差不超过 $0.2\% \sim 0.5\%$（即 $0.1 \sim 0.25 Hz$）。

在这一操作过程中，若调频、调压及并列断路器的合闸均由运行人员手动完成的称手动准同步，全部由自动装置来完成的则称自动准同步，其中任一项或几项由自动装置完成而其余项由手动完成的则称半自动准同步。

9.1.2 自同步法

准同步法并列虽然可避免过大的冲击电流，但操作复杂，要求有较高的准确性，需要较长的时间进行调整，因而要求操作人员具有熟练的技能。但在电力系统发生故障时，系统电压和频率均在变化，采用准同步法并列较为困难。此时，可采用自同步法将发电机并入系统。

用自同步法进行并列操作，是在相序正确的前提下，不加励磁起动发电机，当其转速接近于同步速时合上并列断路器，将发电机并入电网，并迅速加直流励磁，利用"自整步"作用将发电机拉入系统同步运行。

自同步法操作需注意，发电机励磁绕组不能开路，以免励磁绕组产生高电压，击穿绕组绝缘。但也不能短路，以免合闸时定子绕组出现很大的冲击电流。为此，将发电机的转子励磁绕组串一灭磁电阻 R

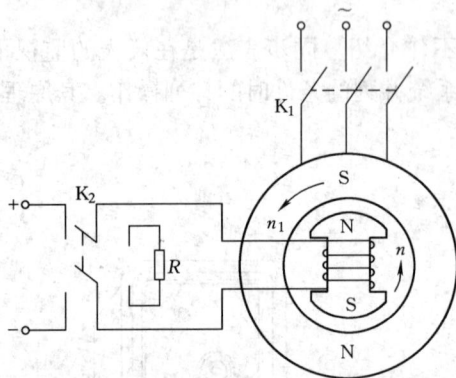

图 9-7 自同步法并列原理接线图

闭合，灭磁电阻的值约为励磁绕组电阻值的 10 倍。接线如图 9-7 所示。

自同步法并列操作简单迅速，不需增加复杂设备，但投入系统的瞬间，会产生冲击电流，一般用于系统故障时的并列操作。

9.2 有功功率的调节和静态稳定

同步发电机并入系统后，就应向系统输送有功功率和无功功率，系统的有功功率不足时，系统的频率和电压会下降。下面分析并入系统的发电机有功功率的调节原理。

9.2.1 有功功率的调节

9.2.1.1 功率平衡和转矩平衡

1. 功率平衡平衡方程式

同步发电机由原动机带动旋转，从转轴上输入机械功率 P_1，扣除发电机的机械

损耗 p_{mec}、铁耗 p_{Fe} 和励磁损耗 p_{Cuf} 后，其余的部分通过气隙磁场传递到定子三相绕组中称为电磁功率 P_M。电磁功率 P_M 扣除定子绕组的铜耗 p_{Cu} 后，便是发电机输出的电功率 P_2。其能量转换过程如图 9-8 所示。即

$$P_M = P_1 - (p_{mec} + p_{Fe} + p_{Cuf}) = P_1 - p_0$$

$$P_1 = p_0 + P_M \qquad (9-2)$$

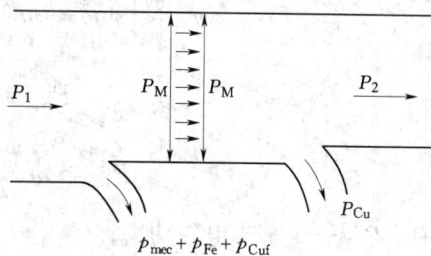

图 9-8 发电机能量流程示意

式中，$p_0 = p_{mec} + p_{Fe} + p_{Cuf}$ 为空载损耗，发电机空载运行时就已存在。

$$P_2 = P_M - p_{Cu}$$

因定子绕组的电阻很小，略去定子绕组的铜耗 p_{Cu} 则有

$$P_M \approx P_2 = mUI\cos\varphi$$

2. 转矩平衡方程式

将式 (9-2) 两边同除以 Ω，得到发电机转矩平衡方程式为

$$\frac{P_1}{\Omega} = \frac{p_0}{\Omega} + \frac{P_M}{\Omega}$$

$$T_1 = T_0 + T \qquad\qquad (9-3)$$

式中　T_1——原动机输入转矩（驱动性质）；

　　　T_0——发电机空载转矩（制动性质）；

　　　T——发电机电磁转矩（制动性质）。

9.2.1.2 功角特性

电磁功率与发电机本身参数及内部电磁量的关系，称为功角特性。

1. 凸极机的功角特性

由凸极式同步发电机的简化相量图 8-11 可得

$$\begin{aligned}
P_M \approx P_2 &= mUI\cos\varphi = mUI\cos(\psi - \delta) \\
&= mUI\cos\psi\cos\delta + mUI\sin\psi\sin\delta \\
&= mUI_q\cos\delta + mUI_d\sin\delta \qquad (9-4)
\end{aligned}$$

因为 $I_q x_q = U\sin\delta, I_d x_d = E_0 - U\cos\delta$，则有

$$I_d = \frac{E_0 - U\cos\delta}{x_d} \qquad I_d = \frac{U\sin\delta}{x_q};$$

将上两关系式代入式 (9-4)，并整理得凸极同步发电机的功角特性方程式为

$$P_{\mathrm{M}} = m\frac{E_0 U}{x_{\mathrm{d}}}\sin\delta + m\frac{U^2}{2}\left(\frac{1}{x_{\mathrm{q}}} - \frac{1}{x_{\mathrm{d}}}\right)\sin 2\delta = P'_{\mathrm{M}} + P''_{\mathrm{M}} \qquad (9-5)$$

$$P'_{\mathrm{M}} = m\frac{E_0 U}{x_{\mathrm{d}}}\sin\delta$$

$$P''_{\mathrm{M}} = m\frac{U^2}{2}\left(\frac{1}{x_{\mathrm{q}}} - \frac{1}{x_{\mathrm{d}}}\right)\sin 2\delta$$

式中　P'_{M}——基本电磁功率；

　　　P''_{M}——附加电磁功率。

附加电磁功率与励磁电流无关，它是由于交轴与直轴的磁阻不同（$x_{\mathrm{q}} \neq x_{\mathrm{d}}$）而引起的，故有时也称磁阻功率。

2. 隐极机的功角特性

对于隐极发电机，因其 $x_{\mathrm{q}} = x_{\mathrm{d}} = x_{\mathrm{t}}$ 故只有基本电磁功率，功角特性表达式为

$$P_{\mathrm{M}} = m\frac{E_0 U}{x_{\mathrm{t}}}\sin\delta \qquad (9-6)$$

隐极同步发电机的功角特性曲线 $P_{\mathrm{M}} = f(\delta)$ 如图 9-9 所示，凸极同步发电机的功角特性曲线 $P_{\mathrm{M}} = f(\delta)$ 如图 9-10 所示。

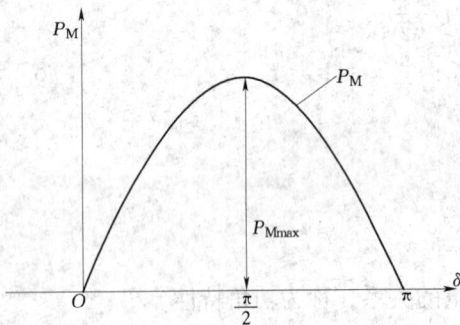

图 9-9　隐极同步发电机的功角特性

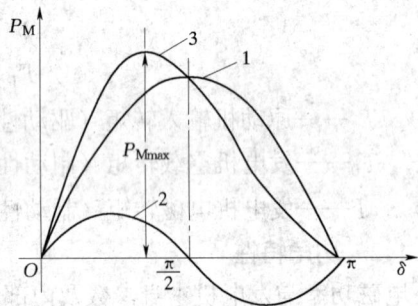

图 9-10　凸极同步发电机的功角特性(曲线 3)
1—基本电磁功率；2—附加电磁功率；
3—凸极同步发电机的电磁功率

以隐极同步发电机为例来进一步分析功角特性。它与系统并列运行时，系统电压 U 是恒定的；若励磁电流不变，则空载电动势也是不变的；因此其电磁功率（即发出的有功功率）是功角的正弦函数。

当功角在 $0 < \delta < 90°$ 区间，电磁功率随 δ 的增大而增大；

当功角 $\delta = 90°$ 时，电磁功率为最大，即为 P_{Mmax}，此值称功率极限值；

当功角在 $90° < \delta < 180°$ 区间，电磁功率随 δ 的增大反而减小，$\delta = 180°$ 时电磁功

率为 0。

当功角 $\delta > 180°$ 时，电磁功率由正变为负值，说明发电机不再向系统输出有功功率，反而向系统吸收有功功率，即由发电机状态变为电动机状态。

从以上分析看出，功角 δ 是研究同步发电机并列运行的一个重要物理量。它有双重的物理意义：一是励磁电动势 $\dot{E}_0$ 和端电压 $\dot{U}$ 两个时间相量之间的夹角；二是励磁磁动势 $\overline{F}_{f1}$ 和定子合成等效磁动势 $\overline{F}_u$ 两个空间相量之间的夹角。由于 $\dot{\Phi}_0$ 对应于 $\overline{F}_{f1}$，定子合成等效磁通 $\dot{\Phi}_u$（由主磁通、电枢反应磁通和漏磁通合成）对应于 $\overline{F}_u$。$\overline{F}_{f1}$ 超前 $\dot{E}_0$ 90°，端电压 $\dot{U}$ 与合成等效磁动势 $\overline{F}_u$ 相对应，同样 $\overline{F}_u$ 超前 $\dot{U}$ 90°。因此，它们有如图 9-11（a）所示的关系。

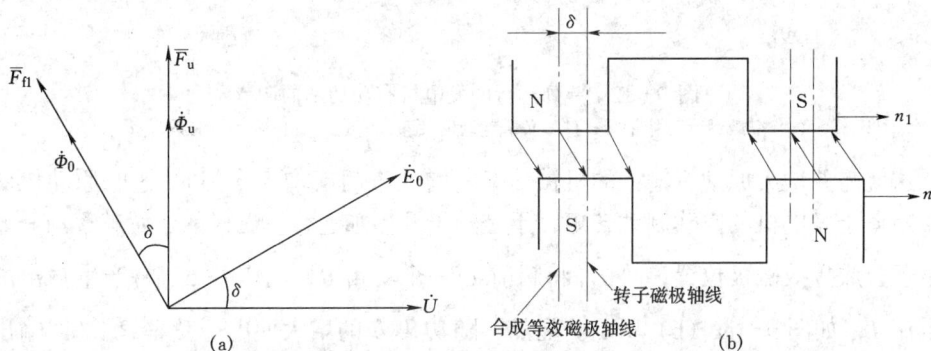

图 9-11 功角的物理含义

(a) 相量图；(b) 功角的空间示意

夹角 δ 的存在使得转子磁极和定子合成等效磁极间的通过气隙的磁力线被扭斜了，产生了磁拉力，这些磁力线像弹簧一样有弹性地将两磁极联系在一起，如图 9-11（b）所示。在励磁电流不变时，功角 δ 愈大，则磁拉力也愈大，相应的电磁功率和电磁转矩也愈大。

功角 δ 是研究同步发电机运行状态的一个重要参数，它不仅决定了发电机输出有功功率的大小，而且还反映了发电机转子的相对空间位置，通过它把同步发电机的电磁关系和机械运行状态紧密地联系了起来。转子相对空间位置的变化，引起发电机有功功率的变化，反过来，转子的相对空间位置又要受电磁过程的制约。

9.2.1.3 有功功率的调节

为了简化分析，以并列在无穷大容量电力系统的隐极同步发电机为例，不考虑磁路饱和及定子绕组电阻的影响，且保持励磁电流不变，来分析有功功率的调节过程。

当发电机并列于系统作空载运行时，$\dot{E}_0 = \dot{U}$、$\delta = 0$、$P_2 = P_M = 0$，运行在功角特性的 0 点，见图 9-12 (a) 和图 9-2 (c) 的原点。从式 $P_M = m \dfrac{E_0 U}{x_t} \sin\delta$ 可知，要使发电机输出有功功率 P_2，就必须使 $\delta \neq 0$。

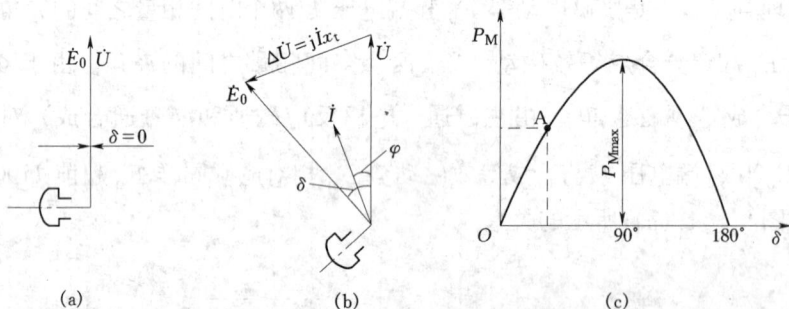

图 9-12 并列运行的发电机有功功率的调节
(a) 空载运行时相量图；(b) 负载运行时相量图；(c) 有功调节后的运行点

这就需要增大原动机输入的机械功率（增大汽门或增大水门），这时原动机的驱动转矩大于发电机的空载制动转矩，于是转子开始加速，主磁极的位置就逐渐开始超前定子合成等效磁极位置，故 $\dot{E}_0$ 将超前 $\dot{U}$ 一个功角 δ，电压差 $\Delta \dot{U}$ 将产生输出的定子电流 $\dot{I}$，如图 9-12 (b) 所示。显然，随功角 δ 的增大使电磁功率 P_M（即输出的有功功率 P_2）也随之增大，对应制动性质的电磁转矩也随之增大，当电磁制动转矩增大到与增大的驱动转矩相等时，转子就停止加速。这样，发电机输入功率和输出功率达到一个新的平衡状态，便在功角特性上新的运行点稳定运行，如图 9-12 (c) 功角特性上的 A 点。

由此可见，要调节与系统并列运行的发电机输出的有功功率，就靠调节原动机输入的机械功率来改变功角，使输出功率改变。还需指出，并不是无限制地增大原动机输入的机械功率，发电机输出功率都会相应增大，这是因为发电机有一个极限功率（即 P_{Mmax}）的问题。

9.2.2 静态稳定

并列在系统运行的同步发电机，经常会受到来自系统或原动机方面某些微小而短暂的干扰，导致发电机运行状态发生变化。同步发电机能否在干扰消失后恢复到原来的稳定运行状态，这就是同步发电机的静态稳定问题。如能恢复到原来的运行状态，则发电机处在"静态稳定"状态，否则，处在"静态不稳定"状态。

为使分析问题更加简便，略去空载损耗，即认为 $P_1 = P_M$。以隐极发电机为例，当原动机的输入功率为 P_1 时，它与发电机的功角特性有 a、b 两个交点，如图 9-13 所示。下面分别分析它们是否为静态稳定点。

设发电机原来稳定运行在 a 点，对应的功角为 δ_a，此时的电磁功率为 P_{Ma} 与输入的机械功率平衡。由于某种原因，原动机输入的功率瞬间增加了 ΔP_1，而发电机输出的电磁功率还未来得及变化，致使发电机输入的驱动转矩大于制动转矩而加速，则功角将从 δ_a 增大到 $\delta_C = \delta_a + \Delta\delta$，相应输出的电磁功率将增加 ΔP_M，直到

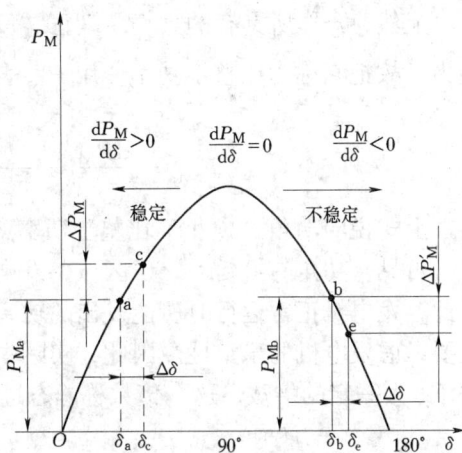

图 9-13 同步发电机静态稳定分析

输出的电磁功率与输入功率重新平衡，发电机稳定地运行于 c 点，此时的电磁功率为 P_{MC}。当干扰消失（即 $\Delta P_1 = 0$）时，此时发电机的电磁功率 P_{MC} 大于输入的功率 P_1，使转子减速，功角由 δ_C 回到 δ_a，输出与输入功率相平衡，发电机重新在 a 点稳定运行。

若发电机原在 b 点运行，此时输出功率与输入功率平衡，即 $P_1 = P_{Mb}$，由于某种原因，原动机输入的功率瞬间增加了 ΔP_1，同理，则功角将从 δ_b 增大到 $\delta_e = \delta_b + \Delta\delta$ 时，电磁功率反而减小了 $\Delta P'_M$，此时的电磁功率 P_{Me} 小于输入的功率 $P_1 + \Delta P_1$。即使干扰消失，电磁功率 P_{Me} 仍小于输入的功率 P_1，使转子加速。功角 δ_e 继续增大，电磁功率 P_M 将进一步减小，输出与输入功率得不到平衡，所以，发电机在 b 点无法稳定运行，最终导致转子主磁极与气隙合成等效磁极失去同步。这种现象称发电机"失步"。

综上所述，从功角特性曲线上可看出，凡是电磁功率随功角增大而增大部分（即曲线上升部分），发电机的运行是静态稳定的，用数学式表示为

$$\frac{\mathrm{d}P_M}{\mathrm{d}\delta} > 0 \tag{9-7}$$

这就是同步发电机静态稳定的条件。

反之，电磁功率随功角增大而减小部分（即曲线下降部分），即 $\dfrac{\mathrm{d}P_M}{\mathrm{d}\delta} < 0$，发电机的运行是静态不稳定的。在 $\dfrac{\mathrm{d}P_M}{\mathrm{d}\delta} = 0$ 处，就是同步发电机的静态稳定极限。

显然，$\dfrac{\mathrm{d}P_\mathrm{M}}{\mathrm{d}\delta}$ 所具有的大小及其正、负数值，表征了发电机抗干扰保持静态稳定的能力，故把它称为比整步功率，用 P_syn 表示。对于隐极同步发电机的比整步功率为：

$$P_\mathrm{syn} = \frac{\mathrm{d}P_\mathrm{M}}{\mathrm{d}\delta} = \frac{d\,\dfrac{E_0 U}{x_\mathrm{t}}\sin\delta}{\mathrm{d}\delta} = \frac{E_0 U}{x_\mathrm{t}}\cos\delta$$

上式说明功角 δ 愈小，比整步功率愈大，发电机的稳定性愈好。

可见，功角在 $0 \leqslant \delta < 90°$ 区域，发电机是静态稳定的，$\delta > 90°$ 是静态不稳定的。因此，发电机正常运行时所能发出的功率，不但要考虑发电机本身温升的限制，而且还要考虑发电机的稳定性。因此，实际中，要求发电机的功率极限值 P_Mmax 比额定功率 P_N 大一定的倍数，这个倍数称静态过载能力，即

$$K_\mathrm{m} = \frac{P_\mathrm{Mmax}}{P_\mathrm{N}} = \frac{m\,\dfrac{E_0 U}{x_\mathrm{t}}}{m\,\dfrac{E_0 U}{x_\mathrm{t}}\sin\delta_\mathrm{N}} = \frac{1}{\sin\delta_\mathrm{N}} \tag{9-8}$$

一般要求 $K_\mathrm{m} = 1.7 \sim 3$，与此对应的发电机额定运行时的功角 $\delta_\mathrm{N} = 20° \sim 35°$ 左右，从以上分析知道，K_m 愈大发电机的稳定性愈好，但是，K_m 值提高，额定功角 δ_N 必须减小，而减小 δ_N 的途径：一是增大 E_0，二是减小同步电抗 x_t。前者需增大励磁电流，引起励磁绕组的温升提高；后者需加大气隙，导致励磁安匝数的增加，电机尺寸加大，电机造价也随之提高。因此，根据发电机运行提出的要求，设计制造发电机时应综合考虑。

【例 9-1】　有一台凸极式同步发电机，数据如下：$S_\mathrm{N} = 8750\mathrm{kVA}$，$\cos\varphi_\mathrm{N} = 0.8$（滞后），Y 接法，$U_\mathrm{N} = 11\mathrm{kV}$，每相同步电抗 $x_\mathrm{q} = 9\Omega$，$x_\mathrm{d} = 17\Omega$，定子绕组电阻略去不计。

试求：（1）同步电抗的标么值；

（2）该机在额定运行时的功角 δ_N 及励磁电动势 E_0；

（3）该机的最大电磁功率 P_Mmax，过载能力 K_m 及产生最大功率时的 δ。

解：（1）额定电流：$I_\mathrm{N} = \dfrac{S_\mathrm{N}}{\sqrt{3}\,U_\mathrm{N}} = \dfrac{8750 \times 10^3}{\sqrt{3} \times 11 \times 10^3} = 459.3$（A）

阻抗基值：$z_\mathrm{N} = \dfrac{U_\mathrm{N\phi}}{I_\mathrm{N}} = \dfrac{11 \times 10^3 / \sqrt{3}}{459.3} = 13.83$（$\Omega$）

同步电抗的标么值：$x_\mathrm{q}^* = \dfrac{x_\mathrm{q}}{z_\mathrm{N}} = \dfrac{9}{13.83} = 0.651$

$$x_\mathrm{d}^* = \frac{x_\mathrm{d}}{z_\mathrm{N}} = \frac{17}{13.83} = 1.229$$

(2) $\psi = \mathrm{tg}^{-1}\dfrac{I^* x_{\mathrm{q}} + U^* \sin\varphi}{U^* \cos\varphi} = \mathrm{tg}^{-1}\dfrac{1\times 0.651 + 1\times 0.6}{1\times 0.8} = 57.4°$

$\delta_{\mathrm{N}} = \psi - \varphi_{\mathrm{N}} = 57.4° - 36.9° = 20.5°$

$E_0 = U_{\mathrm{N\phi}}\cos\delta_{\mathrm{N}} + I_{\mathrm{d}}x_{\mathrm{d}}$

$\qquad = \dfrac{11\times 10^3}{\sqrt{3}}\times\cos 20.5° + 459.3(\sin 57.4°)\times 17 = 12530\ (\mathrm{V})$

$E_0^* = \dfrac{E_0}{U_{\mathrm{N\phi}}} = \dfrac{12530}{11\times 10^3/\sqrt{3}} = 1.973$

(3) $P_{\mathrm{M}}^* = \dfrac{E_0^* U^*}{x_{\mathrm{d}}^*}\sin\delta + \dfrac{U^{*2}}{2}\left(\dfrac{1}{x_{\mathrm{q}}^*} - \dfrac{1}{x_{\mathrm{d}}^*}\right)\sin 2\delta$

$\qquad = \dfrac{1.973\times 1}{1.229}\sin\delta + \dfrac{1^2}{2}\times\left(\dfrac{1}{0.651} - \dfrac{1}{1.229}\right)\sin 2\delta$

$\qquad = 1.605\sin\delta + 0.3612\sin 2\delta$

令 $\dfrac{\mathrm{d}P_{\mathrm{M}}^*}{\mathrm{d}\delta} = 0$，则有

$\dfrac{\mathrm{d}P_{\mathrm{M}}^*}{\mathrm{d}\delta} = 1.605\cos\delta + 0.7224\cos 2\delta$

$\qquad = 1.445\cos^2\delta + 1.605\cos\delta - 0.7224 = 0$

$\cos\delta = \dfrac{-1.605\pm\sqrt{1.605^2 + 4\times 1.445\times 0.7224}}{2\times 1.445}$

$\qquad = \dfrac{-1.605\pm 2.598}{2.89}$

发电机运行时：$0<\delta<90°$，$0<\cos\delta<1$，故分子应取正号，于是 $\cos\delta = \dfrac{0.993}{2.89}$

$= 0.3436$，得 $\delta = 69.9°$，并代入 P_{M}^*，则

$$R_{\mathrm{Mmax}}^* = \dfrac{E_0^* U^*}{x_{\mathrm{d}}^*}\sin\delta + \dfrac{U^{*2}}{2}\left(\dfrac{1}{x_{\mathrm{q}}^*} - \dfrac{1}{x_{\mathrm{d}}^*}\right)\sin 2\delta$$

$$= \dfrac{1.973\times 1}{1.229}\sin\delta + \dfrac{1^2}{2}\times\left(\dfrac{1}{0.651} - \dfrac{1}{1.229}\right)\sin 2\delta$$

$$= 1.605\sin\delta + 0.3612\sin 2\delta$$

$$= 1.605\sin 69.9° + 0.3612\sin(2\times 69.9°) = 1.745$$

因此最大电磁功率为

$$P_{\mathrm{Mmax}} = P_{\mathrm{Mmax}}^*\cdot S_{\mathrm{N}} = 1.745\times 8750 = 15269\ (\mathrm{kW})$$

该发电机的过载能力：$K_{\mathrm{m}} = \dfrac{P_{\mathrm{Mmax}}}{P_{\mathrm{N}}} = \dfrac{15269}{8750\times 0.8} = 2.181$

9.3 无功功率的调节和 U 形曲线

电力系统中的负荷包括有功功率和无功功率。因此，同步发电机与系统并列运行时，不但要向系统供给有功功率，而且还要向系统供给无功功率。系统的无功功率（均指感性）不足时，会导致系统电压的下降。

为简便起见，以隐极同步发电机为例，并忽略定子绕组的电阻，说明并列运行时发电机无功功率的调节。

9.3.1 无功功率的功角特性（也称无功特性）

同步发电机输出的无功功率为：

$$Q = mUI\sin\varphi \tag{9-9}$$

图 9-14 为隐极发电机不计定子绕组电阻的相量图，由图可见

$$IX_t\sin\varphi = E_0\cos\delta - U$$

或

$$I\sin\varphi = \frac{E_0\cos\delta - U}{x_t} \tag{9-10}$$

将式（9-10）代入式（9-9）得

$$Q = m\frac{E_0 U}{x_t}\cos\delta - m\frac{U^2}{x_t} \tag{9-11}$$

上式即为无功功率的功角特性。无功功率 Q 与功角 δ 如图 9-15 中的 $Q = f(\delta)$ 曲线所示。为便于比较，图中还画出了有功功角特性 $P_M = f(\delta)$ 曲线。

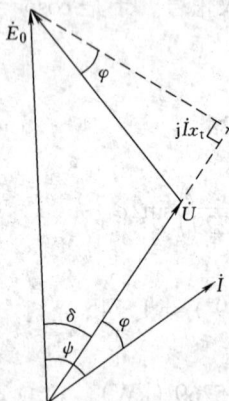

图 9-14 隐极发电机
的相量图

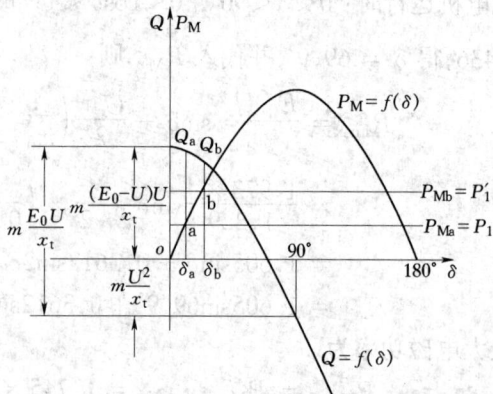

图 9-15 隐极发电机的有功功率
和无功功率的功角特性

从图 9-15 可以看出，当励磁电流保持不变时，有功功率的调节会引起无功功率变化。如发电机原运行功角特性的 a 点，此时的功角为 δ_a，输出的电磁功率为 P_{Ma} 与输入功率 P_1 相平衡，且此时输出的无功功率为 Q_a。现输入功率增大为 P'_1 功角增大为 δ_b，输出的电磁功率相应增大为 P_{Mb} 与 P'_1 平衡，然而输出的无功功率减小为 Q_b。因此可见，保持励磁电流不变，输出的有功功率增大时，会引起输出的无功功率减小；反之，输出的有功功率减小时，会引起输出的无功功率增大。

9.3.2 无功功率的调节

1. 不带有功时无功的调节

隐极同步发电机不计定子绕组电阻时的电动势平衡方程式为

$$\dot{E}_0 = \dot{U} + j\dot{I}X_t$$

(1) 当发电机并列于系统作空载运行时，$\dot{E}_0 = \dot{U}$，$\dot{I} = 0$，如图 9-16（a）所示。输出的有功功率 $P = 0$，输出的无功功率 $Q = 0$，这时的励磁状态称为"正常励磁"状态。

(2) 在正常励磁的基础上，增大励磁电流，空载电动势 $\dot{E}_0$ 会增大，电枢绕组向系统输出感性的无功电流，也即向系统输出感性的无功功率，此时的励磁状态称为"过励"状态，如图 9-16（b）示。

(3) 在正常励磁的基础上，减小励磁电流，空载电动势 $\dot{E}_0$ 会减小，电枢绕组向系统输出容性的无功电流，也即向系统输出容性的无功功率，此时的励磁状态称"欠励"状态，如图 9-16（c）示。

综上所述，可以得出，发电机不带负载情况下，正常励磁时,输出电流 $I = 0$ 为最小;过励时发感性无功,过励越多,则发出的感性电流也越大;欠励时发容性无功,欠励越多,则发出的容性无功也越大。

值得指出的是，在欠励状态下，发电机向系统发出的容性无功功率，也即向系统吸收感性无功功率，增加了系统感性无功的负担，同时会降低发电机的静态稳定性。因此，同步发电机一般不运行在欠励状态。

2. 带有功时无功的调节

从能量守恒的观点来看，同步发电机与系统并列运行，仅调节无功功率，是不

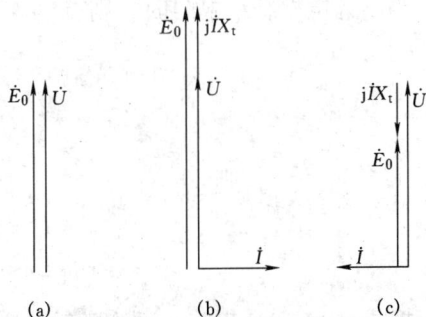

图 9-16 $P = 0$ 时无功功率的调节
(a) 正常励磁状态；(b) 过励状态；(c) 欠励状态

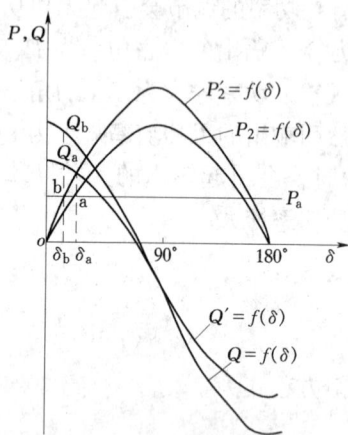

图 9-17 励磁电流改变时
的有功、无功特性

需改变原动机输入功率的。从无功特性公式（9-11）可知，只要调节励磁电流改变励磁电动势，就能达到改变同步发电机发出的无功功率，见图 9-17，设发电机原运行在功角特性 $P_M = P_2 = f(\delta)$ 的 a 点，此时的功角为 δ_a，输出的有功功率为 P_2 与输入的机械功率 P_1 相平衡，相应输出的无功功率为 Q_a。现维持原动机输入功率不变，而只增大励磁电流，空载电动势 E_0 随之增大，有功特性和无功特性的幅值随之增大，如图中的特性曲线 $P'_2 = f(\delta)$ 和 $Q' = f(\delta)$，发电机的功角将从 δ_a 减小到 δ_b，对应的有功功率为 P_b，但输出的无功功率增大为 $Q_b > Q_a$。反之亦然。

上述说明，调节无功功率时，对有功功率不会产生影响，这是符合能量守恒定律的。但调节无功功率将改变功率极限值和功角大小从而影响静态稳定性。必须指出的是：增大励磁电流可提高发电机的稳定性，所以，一般同步发电机都运行在过励状态。

9.3.3 同步发电机的 U 形曲线

以上分析了并列于系统的发电机，在有功功率保持不变时，改变励磁电流可实现无功功率的调节，也即改变励磁电流可实现无功电流的调节，输出的定子电流 I 随励磁电流 I_f 变化的关系曲线形似 U 字，故称同步发电机的 U 形曲线。

下面以隐极发电机为例，不计定子绕组电阻，在保持输出有功功率不变，定子电流随励磁电流变化而变化的情况，如图 9-18 所示。

当不计电枢绕组电阻时，则有

$$P_M \approx P_2 = mUI\cos\varphi = 常数$$
$$P_M = m\frac{E_0 U}{x_t}\sin\delta = 常数$$

由于 U、x_t 不变，则

$$I\cos\varphi = 常数$$
$$E_0\sin\delta = 常数$$

$$(9-12)$$

据式（9-12）表明，无论励磁电流如何变化，定子电流 $\dot{I}$ 在 $\dot{U}$ 坐标上的投影不变，则 $\dot{I}$ 的端点轨迹必须在 B—B' 直线上；电动势 $\dot{E}_0$ 的端点轨迹必须在 A—A' 直线上。图 9-18 中画出了四种不同励磁情况下的相量图，分别讨论如下：

(1) 励磁电流 $I_f = I_{f1}$ 时，相应的电动势为 $\dot{E}_{01}$，此时的 $\dot{I}_1$ 与 $\dot{U}$ 同相位，即 $\cos\varphi = 1$，定子电流只有有功分量，且其值最小。此状态下的励磁称"正常励磁"，发电机只输出有功。

(2) 增大励磁电流，使 $I_{f2} > I_{f1}$，则 $E_{02} > E_{01}$，功率因数变为滞后，定子电流 $\dot{I}_2$ 除有功分量 $\dot{I}_2\cos\varphi_2$ 不变外，还增加了一个滞后的无功分量 $\dot{I}_2\sin\varphi_2$，即在输出有功功率不变的同时还向系统输出感性无功功率。此状态下的励磁称"过励"。显然，"过励"较

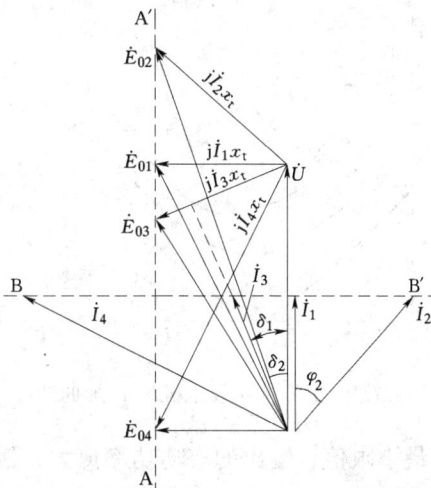

图 9-18 P = 常数、调节励磁时相量图

"正常励磁"时的功角减小了，这将提高发电机运行的静态稳定。当然，增加感性无功功率的输出，将受励磁电流和定子电流的限制，均不得超过额定值。

(3) 减少励磁电流，使 $I_{f3} < I_{f1}$，则 $E_{03} < E_{01}$，功率因数变为超前，定子电流 $\dot{I}_3$ 除有功分量 $\dot{I}_3\cos\varphi_3$ 不变外，还增加一个超前的无功分量 $\dot{I}_3\sin\varphi_3$，即发电机在输出有功功率不变的同时，还向系统发出容性的无功功率（即向系统吸收感性无功功率）。此状态下的励磁称"欠励"。显然，"欠励"较"正常励磁"时的功角增大了，使发电机的静态稳定性变差。

(4) 当励磁电流减小为 I_{f4}，使 $\dot{E}_0$ 与 $\dot{U}$ 之间的功角 $\delta = 90°$ 时，发电机处于静态稳定的极限，不仅要受到定子电流的限制，还要受到静态稳定的限制。

从相量图可知，对应给定的有功功率，$\cos\varphi = 1$ 时，定子电流为最小值，调节励磁电流，都将使定子电流增大。把定子电流 I 随励磁电流 I_f 变化的关系绘成曲线，这就是图 9-19 所示的 U 形曲线。对应于不同的有功功率，有不同的 U 形曲线。有功功率愈大，曲线愈往上移。各条曲线的最低点为 $\cos\varphi = 1$ 时的情况，连接各条 U 形曲线的最低点得一条略往右倾斜的曲线。曲线向右倾斜的原因是：当有功功率增大时，会引起无功功率的变化，要保持 $\cos\varphi = 1$，必须相应增加些励磁电流。在这条曲线的右方，发电机处于过励状态，功率因数是滞后的，发电机向系统发出感性的无功功率；曲线的左方，发电机处于欠励状态，功率因数是超前的，发电机向系统发出容性的无功功率（即从系统吸收感性的无功功率）。

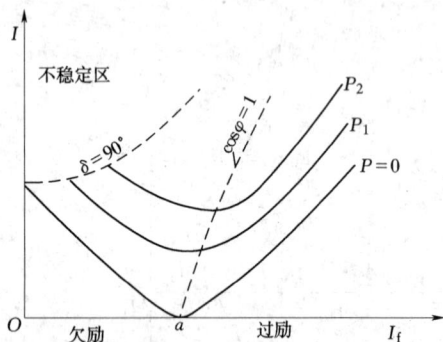

图 9-19 同步发电机的 U 形曲线

在 U 形曲线左上方还有一不稳定区，发电机在该区域内将不能保持静态稳定。这是因为对于一定的有功功率输出时，励磁电流有一最小的限值，此时发电机运行于 $\delta = 90°$，电磁功率 P_M 为功率极限值 $P_{Mmax} = m\dfrac{E_0 U}{X_t}$，如果再减小励磁电流，发电机的功率极限值将小于原动机输入的机械功率，发电机将因功率得不到平衡而被加速，导致失步。为了维持发电机的稳定运行，对应不同的有功功率输出，励磁电流就有不同的最小限值，输出的有功功率愈大，最小励磁电流的限值也愈大。现代的同步发电机额定运行时，励磁电流的额定值都是指过励状态，一般额定功率因数在 $0.8 \sim 0.85$（滞后），有的大容量发电机额定功率因数为 0.9（滞后）。

最后必须指出的是，"正常励磁"并不是指励磁电流的某一个固定值，而是指的一种励磁状况。"正常励磁"的特征就是发电机不发出任何无功功率或输出的定子电流与电压同相位。

【**例 9-2**】 一台汽轮发电机的铭牌数据如下：$P_N = 300000$ kW，$U_N = 18000$ V，$\cos\varphi_N = 0.85$（滞后），定子绕组 Y 接法。已知发电机的同步电抗 $x_t^* = 2.28$，用准同步法将发电机并列于系统。试求：

（1）并列后，增加转子励磁电流，使发电机带上 $50\% I_N$，问此电流是何性质的？输出的有功功率、无功功率各是多少？画出此时的相量图。

（2）保持（1）时的励磁电流不变，增大原动机输入的机械功率，使发电机带上 120000kW 的有功负载，求此时发电机输出的无功功率 Q、定子电流 I 及发电机此时运行的功率因数 $\cos\varphi$，并画出此时的相量图。

（3）发电机在额定状态运行时的励磁电动势 E_0、功角 δ_N 及过载能力 K_m。

解：（1）增大励磁电流，此时 E_0 上升，$E_0 > U$，此时的相量图如图 9-20 所示，发电机向系统输出感性的无功电流。此时 $\varphi = 90°$，$\delta = 0°$。

该发电机的额定电流：$I_N = \dfrac{P_N}{\sqrt{3}\,U_N\cos\varphi_N} = \dfrac{300000 \times 10^3}{\sqrt{3} \times 18000 \times \cos 31.89°} = 11321$（A）

此时输出有功功率：$P = \sqrt{3}\,UI\cos\varphi = \sqrt{3} \times 18000 \times 5661 \times \cos 90° = 0$

输出无功功率：$Q = \sqrt{3}\,UI\sin\varphi = \sqrt{3} \times 18000 \times 5661 \times \sin 90° = 176500$（kvar）

由相量图知：$E_0^* = U^* + I^* x_t^* = 1 + 0.5 \times 2.28 = 2.14$

（2）当励磁电流不变时，$\dot{E}_0$ 大小不变，增大 T_1 使发电机带上有功负载，于是 $\dot{E}_0$ 的相位往前移，超前 $\dot{U}$ 一个功角 δ，相量图如图 9-21 所示。

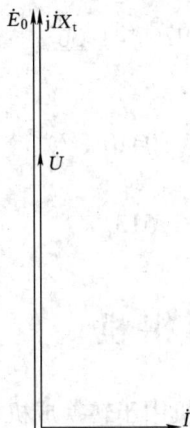

图 9-20 增大励磁电流
发电机输出感性的无功电流

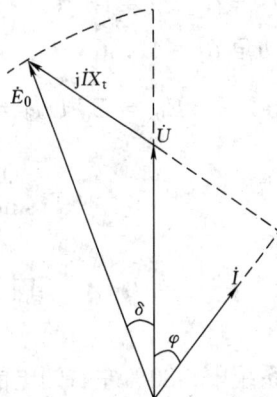

图 9-21 增大 T_1 发电机
带上有功负载

据题意，$\quad P_M = P_2 = 120000 \,(\text{kW})$

即：$\quad P_M^* = \dfrac{P_M}{S_N} = \dfrac{120000}{300000 / 0.85} = 0.34$

据 $\quad P_M^* = \dfrac{E_0^* \, U^*}{x_t^*} \sin\delta$

得 $\quad \delta = \sin^{-1} \dfrac{P_M^*}{\dfrac{E_0^* \, U^*}{x_t^*}} = \sin^{-1} \dfrac{0.34}{\dfrac{2.14 \times 1}{2.28}} = 21.24°$

$$Q^* = \dfrac{E_0^* \, U^*}{x_t^*} \cos\delta - \dfrac{U^{2\,*}}{x_t^*} = \dfrac{2.41 \times 1}{2.28} \cos 21.24° - \dfrac{1^2}{2.28} = 0.4362$$

则此时输出的无功功率为
$$Q = Q^* S_N = 0.4362 \times 300000 / 0.85 = 154000 \,(\text{kvar})$$
较原来的 176500（kvar）小。

定子电流标么值：
$$I^* = S^* = \sqrt{P_M^{*\,2} + Q^{*\,2}} = \sqrt{0.34^2 + 0.4362^2} = 0.5531$$

定子电流实际值：$I = I^* I_N = 0.5531 \times 11321 = 6262 \,(\text{A})$

此时的功率因数：$\cos\varphi = P^* / S^* = 0.34/0.5531 = 0.6147$

（3）当发电机额定运行时，$\cos\varphi_N = 0.85$，故 $\varphi_N = 31.79°$

以电压 $\dot{U}$ 作为参考相量，即 $\dot{U} = 1\underline{/0°}$，则 $\dot{I} = 1\underline{/-31.79°}$

$\dot{E}_0^* = \dot{U}^* + j\dot{I}^* x_t^* = 1 + j1\underline{/-31.79°} \times 2.28 = 2.926\underline{/41.36°}$

即额定功角 $\delta_N = 41.36°$

$$E_0 = E_0^* U_{N\phi} = 2.926 \times \frac{18000}{\sqrt{3}} = 30410 \text{ (V)}$$

过载能力

$$K_m = \frac{1}{\sin\delta_N} = \frac{1}{\sin 41.36°} = 1.513$$

9.4　调相运行与调相机

在电力系统中，80％左右的电能消耗于异步电动机用于转换成机械能来拖动生产机械、且系统中还要用到许多的变压器进行升压和降压，它们运行时都需要吸收感性的无功功率。如果仅靠同步发电机在向电力系统输送有功功率的同时再供给感性无功功率，往往不能满足电力系统对感性无功功率的需求。因此，系统中还必须有能提供无功功率的电源，如电容器、同步电动机、调相机等。

同步电机和其他电机一样具有可逆性，可作为发电机运行，也可作为电动机运行。作为发电机运行时，除向电力系统输送有功功率外，还可向系统输送或吸收感性的无功功率；作为电动机运行时，除向电力系统吸收有功功率外，也还可向系统输送或吸收感性的无功功率。下面以隐极同步电机介绍可逆原理。

9.4.1　同步电机的可逆原理

若同步发电机已并列于电力系统，向系统输出有功功率和感性的无功功率时，如前述已知，转子磁极轴线超前定子合成等效磁极轴线一个正值的功角 δ（$\dot{E}_0$ 超前 $\dot{U}$ 时 δ 为正），这时转子磁极拖着合成等效磁极同步速旋转。发电机产生的电磁功率和电磁转矩（制动性质）为正值，电磁转矩与原动机的驱动转矩相平衡。将原动机输入的机械功率转换为有功电功率输向电力系统。如图 9 - 22（a）所示。

若减少原动机输入的机械功率，功角和电磁功率均将减小，输出给系统的有功功率也随之减小。当原动机输入的机械功率减小到仅能抵偿发电机的空载损耗维持空载转动时，发电机的功角和相应的电磁功率等于零，如图 9 - 22（b）所示。此时，发电机不向系统输出有功功率而处于空载运行状态。

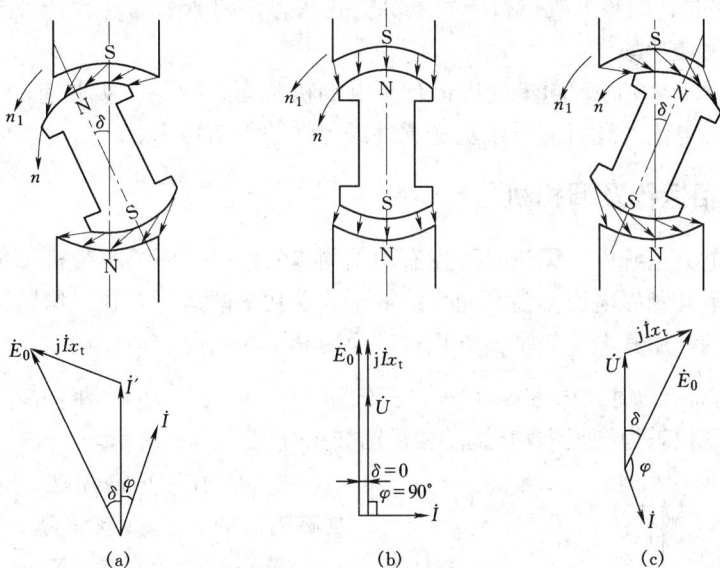

图 9-22 同步电机运行状态示意图
(a) 发电机状态 $\delta>0$；(b) 空载状态 $\delta=0$；(c) 电动机状态 $\delta<0$

若进一步减小原动机输入的机械功率，将原动机的汽门或水门关闭，转子磁极将落后定子合成等效磁极，功角变为负值（但很小），输出的电磁功率 $P_M=m\dfrac{E_0U}{X_t}$ $\sin\delta$ 或 $P_2=mUI\cos\varphi$ 变为负值（此时 $\varphi>90°$），说明电机开始从系统吸收少量有功功率来克服空载损耗，产生驱动的电磁转矩，驱动转子跟上同步。此时，电机已过渡为空载运行的电动机。如果在轴上加机械负载，则由机械负载产生的制动转矩使电机的转子磁极更为落后，功角的绝对值将增大，如图 9-22（c）所示，从系统吸收的有功功率和产生驱动的电磁转矩也增大，以平衡电动机输出的机械功率和机械负载的制动转矩，使转子跟上同步。此时，即为电动机的负载运行。

电动机无论是在空载运行状态、还是负载运行状态，改变转子的励磁电流，其从系统吸收的有功功率不变，但会改变其向系统输出的无功功率。过励时向系统输出感性的无功功率，欠励时向系统输出容性的无功功率（即吸收感性无功功率）。因此，同步电动机一般应运行在过励状态，使它向系统输出感性的无功功率，来满足系统感性无功功率的需求。

从以上分析可见，同步电机有下列几种运行状态：

当 $0°<\delta<90°$ 时，同步电机运行于发电机状态，可在向电力系统输送有功功率的同时，通过调节励磁电流向系统输送感性或容性的无功功率。

当 $\delta = 0°$ 时，同步电机运行于发电机空载状态，调节励磁电流，只向系统输送感性或容性的无功功率。

当 $-90° < \delta < 0°$ 时，同步电机运行于电动机状态，向系统吸收有功功率的同时，通过调节励磁电流，还可向系统输送感性或容性的无功功率。

9.4.2 调相运行及调相机

并列在电力系统中，无论是不发有功的同步发电机，还是不带机械负载的同步电动机，仅调节其励磁电流，使其向系统输出无功功率的运行方式，均属调相运行。仍以隐极机为例，用其电动势平衡方程式来说明其调相情况。

(1) 当 $\dot{E}_0 = \dot{U}$ 时，据 $\dot{E}_0 = \dot{U} + \mathrm{j}\dot{I}x_\mathrm{t}$ 知 $\dot{I} = 0$，$\delta = 0°$，电磁功率 $P_\mathrm{M} = 0$，此时同步电机的励磁状态为"正常励磁"。相量图如图9-23（a）所示。

(2) 当在"正常励磁"的基础上增大励磁电流时，空载电动势 $E_0 > U$，定子电流 $\dot{I}$ 滞后 $\dot{U}$ 90°相位，相量图如图9-23（b）所示。同步电机向电力系统输出感性的无功功率，此时的励磁状态为"过励"。

(3) 当在"正常励磁"的基础上减小励磁电流时，则 $E_0 < U$，定子电流 $\dot{I}$ 超前 $\dot{U}$ 90°相位，相量图如图9-23（c）所示。同步电机从电力系统吸收感性的无功功率，此时的励磁状态为"欠励"。

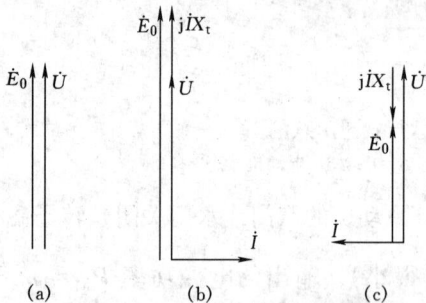

图9-23 调相运行时的相量图
(a) 正常励磁状态；(b) 过励状态；(c) 过欠状态

因电力系统对感性的无功功率的需求量较大，故同步电机作调相运行时，主要运行在过励状态。只有电力系统在轻负载下，由于高电压长距离输电线路分布电容的影响，电压偏高时，才能让调相机运行在欠励状态，以维持系统电压的稳定。

在丰水期，为了充分利用水资源，让水轮发电机多发有功功率，可让靠近负载中心的火力发电厂的部分汽轮发电机作调相运行；在枯水期，电力系统的有功功率主要由火力发电厂的汽轮发电机输送，可让水力发电厂的一些水轮发电机作调相运行。同步电机作调相运行时克服空载损耗所需的功率，可由原动机提供，也可由电力系统供给。由系统提供时其功角很小，但为负值。

无论是同步发电机还是同步电动机作调相运行，其实质均为空载运行的同步电动机。

设计专门用来作调相运行的同步电动机称作调相机，因不带机械负载，转轴较细；且没有过载能力的要求，气隙可小些，故同步电抗 x_t 较大，一般 $x_t^* = 2$ 以上，为节省材料，转速较高。由于同步电动机本身无起动转矩，故一般都得借助于辅助起动的电动机来起动，或在其转子上装阻尼绕组作异步起动用。

小　　结

1．同步发电机并列运行可提高供电可靠性，改善电能质量，并且能在很大区域进行电能的调剂，充分利用自然资源，从而使整个电力系统达到经济运行。

2．同步发电机投入并列的操作方法有两种：准同步法和自同步法。正常情况下采用准同步法；自同步法并列会产生冲击电流，只有在电力系统故障的情况才采用。

3．功角特性反映了同步发电机的有功功率与电机内各物理量之间的关系。功角 δ 有着双重的物理意义：一是电动势 $\dot{E}_0$ 与电压 $\dot{U}$ 相量之间的时间相位差，二是转子磁极轴线与定子合成等效磁极轴线之间的空间夹角。功角 δ 在 $0° \sim \delta_{max}$（极限功率 P_{Mmax} 对应的功角）之间时，同步发电机是静态稳定的。静态稳定性与励磁电流、发电机的同步电抗及所带有功功率的情况有关。

4．并列于无穷大容量的电力系统运行的同步发电机，若要调节它输出的有功功率，就应调节原动机输入的机械功率，从而改变功角，使它按功角特性关系输出有功功率。在调节有功功率的同时，无功功率的输出也会随之改变。

5．并列于无穷大容量的电力系统运行的同步发电机，调节励磁电流，就能调节输出的无功功率。正常励磁时，发电机不输出无功功率，只输出有功功率；过励时，输出感性的无功功率；欠励时，输出容性的无功功率。

U 形曲线是反映当保持同步发电机输出有功功率不变时，定子电流随励磁电流变化的关系曲线。

仅调节励磁电流时，同步发电机输出的有功功率不发生变化，但会影响其静态稳定性。

6．同步电机作为发电机运行时，向系统输出有功功率，$\delta > 0°$；作为电动机运行时，向系统吸取有功功率，$\delta < 0°$；作为调相运行时，只向系统输出感性或容性无功功率。

习　　题

9－1　用准同步法将同步发电机并列电力系统时，应满足哪些条件？条件不满足时会产生什么问题？

9-2 说明功角 δ 的双重物理含义。

9-3 什么是正常励磁、过励、欠励？同步发电机一般运行在什么励磁状态下？为什么？

9-4 试比较下列情况下同步发电机的稳定性：

(1) 正常励磁、过励、欠励；

(2) 轻载、满载。

9-5 什么是同步发电机的"自整步"作用？什么情况下同步发电机的"自整步"作用才能得以发挥？

9-6 并列在电力系统的同步电机从发电机状态向电动机状态过渡时，功角 δ、电流 I 和电磁转矩的大小和方向有何变化？

9-7 为改善功率因数而增设调相机，在用户较近和较远两种情况下，调相机应装设在何处比较合适？为什么？

9-8 有一台水轮发电机，$P_N = 72500$ kW，$U_N = 13800$V，$\cos\varphi_N = 0.85$（滞后），Y 接法，已知此发电机的 $x_q = 1.3\Omega$，$x_d = 2.0\Omega$，略去定子电阻不计，并列于无穷大容量的电力系统上。试求：

(1) 该发电机的同步电抗标么值；

(2) 发电机额定运行时的 ψ_N、δ_N 和空载电动势 E_0 的值；

(3) 发电机的最大电磁功率 P_{Mmax} 及过载能力 K_m。

9-9 有一汽轮发电机并列在无穷大容量的电力系统运行，额定负载时 $\delta_N = 20°$，因输电线路发生短路故障，系统电压降为 $60\% U_N$，若原动机输入功率不变。问：

(1) 此时 δ 等于多少度？

(2) 若要使 δ 保持在 25° 范围内，应加大励磁电流使 E_0 上升为原来的多少倍？

9-10 一台水轮发电机 $P_N = 3200$ kW，$U_N = 6300$V，$\cos\varphi_N = 0.8$（滞后），$n_N = 300$ r/min，$x_q = 6\Omega$，$x_d = 9\Omega$，此发电机与无穷大电力系统并列运行，忽略定子绕组电阻。

试求：

(1) 该机在额定运行时的 δ_N 和励磁电动势 E_0；

(2) 该机在额定运行时电磁功率的基本分量 P'_M 和附加分量 P''_M；

(3) 发电机的最大电磁功率 P_{Mmax} 及过载能力 K_m。

9-11 某电厂经 35kV 输电线路，长 30km，供给某工厂 20000kVA 功率（见题图 9-11），功率因数 $\cos\varphi = 0.707$（滞后），受电端变压器电压为 35/10kV，每公里线路电阻为 0.17Ω。

试求：

（1）没有调相机时输电线路的电流及功率损耗；

（2）若用户端装设一台调相机，使功率因数提高到 0.9（滞后），求此时调相机容量（不计调相机本身有功损耗），补偿后，线路的功率损耗为多少？

图 9 - 24　题 9 - 11 图

第 10 章

同步发电机的突然短路及异常运行

【**教学要求**】 掌握同步发电机发生突然短路时对电机的影响，理解次暂态电抗、暂态电抗的物理意义、突然短路时电流增大的原因，了解突然短路电流衰减的过程；掌握同步发电机异常运行产生的后果及处理方法，了解序阻抗的概念及异常运行的暂态过程。

同步发电机发生突然短路的过渡过程虽然很短，但它产生的短路电流的最大值可达额定电流的十几到二十倍，这样大的电流将会在电机内部引起很大的冲击力，严重时会使定子绕组的端部遭受到破坏。

同步发电机的异常运行是经常发生的，出现异常运行的原因也是多方面的，诸如发电机合闸、跳闸、突加负荷或甩负荷、负荷不对称、励磁断线等都会使发电机出现异常运行。正确处理异常运行，对于保障同步发电机及电力系统安全和稳定运行有着重要的意义。

10.1 同步发电机三相突然短路

同步发电机三相突然短路，系指发电机在原来正常稳定运行的情况下，发电机出线端发生三相突然短路。发电机将从原来的一种稳态状态过渡到稳定短路状态，一般需经历从次暂态（有阻尼绕组）到暂态、再从暂态进入稳态的过渡过程。

发电机在正常稳态运行时，电枢磁场是一个恒幅值、恒转速的旋转磁场，它与转子同速、同向旋转，与转子无相对运动，不会在励磁绕组和阻尼绕组中感应电动势和电流。但在突然短路时，定子电流及相应的电枢磁场都将发生突然变化，在转子的励磁绕组和阻尼绕组中感应电动势和电流，转子各绕组感应的电流将建立各自的磁场，反过来又影响电枢磁场。这种定、转子绕组之间的相互影响，致使短路的过程中，定子绕组的电抗减小，从而导致定子电流剧增。

10.1.1 突然短路时定子绕组的电抗的变化

1. 稳态电抗 x_d

三相突然短路电流有一个变化的过程，即由突然短路时的最大值逐渐衰减到稳态短路时的短路电流值。由隐极发电机的电动势方程式 $\dot{E}_0 = \dot{U} + j\dot{I}x_t$，短路时 $\dot{U} = 0$，则方程式为

$$\dot{E}_0 = j\dot{I}x_t \tag{10-1}$$

因而稳态短路电流为

$$\dot{I}_K = -j\frac{\dot{E}_0}{x_t} \tag{10-2}$$

稳态短路时的相量图如图 10-1 所示。这里为了清楚起见，将转子画成凸极式的，$x_d = x_t$。从相量图可知，稳态短路时的定子电流 $\dot{I}_K$ 滞后 $\dot{E}_0$ 90°相位，由第 8 章中电枢反应知，此时的电枢反应磁通 ϕ_{ad} 起去磁作用，它与转子励磁磁通 ϕ_0 方向相反，其磁通的分布如图 10-2 所示。由图可见，电枢反应 ϕ_{ad} 经转子铁芯闭合所遇到的磁阻较

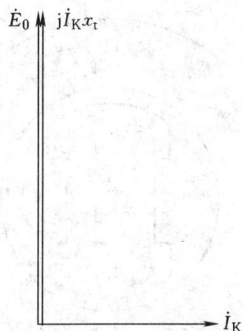

图 10-1 稳态短路时的相量图   图 10-2 稳态短路时磁通的情况

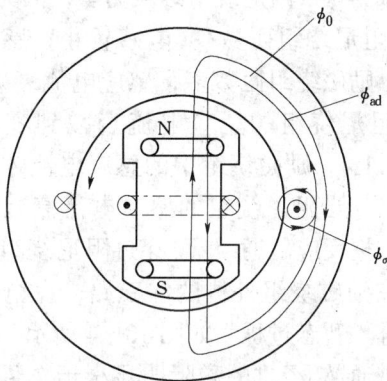

小，相应的电枢反应电抗 x_{ad} 较大，即 $x_d = x_{ad} + x_\sigma$ 较大，说明三相稳态短路电流受到较大的电枢反应电抗 x_{ad} 和定子漏电抗 x_σ 的限制，稳态短路电流并不大。

2. 次暂态电抗 x''_d

为了分析问题简单起见，假设在突然短路发生前，发电机是空载运行，励磁绕组和阻尼绕组仅交链励磁磁通 ϕ_0。突然短路发生后，电枢绕组会流过突变的短路电流，

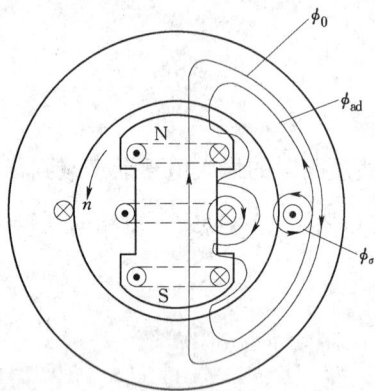

图 10-3 次暂态时的磁通情况

产生突变的直轴电枢反应磁通 ϕ_{ad}，ϕ_{ad} 欲穿过阻尼绕组和励磁绕组。由于电感线圈交链的磁通是不能突变的，而阻尼绕组和励磁绕组都是自行闭合的电感线圈。也就是说，突然出现 ϕ_{ad} 欲穿过阻尼绕组和励磁绕组时，会在它们中产生感应电动势和感应电流，而感应电流产生的磁通会抵制 ϕ_{ad} 穿过，以维持原来的磁链不变。于是 ϕ_{ad} 被排挤到从阻尼绕组和励磁绕组外侧的漏磁路径通过，如图 10-3 所示。由于此时 ϕ_{ad} 所经磁路的磁阻比稳态短路时 ϕ_{ad} 所经磁路的磁阻大得多。因此，相对应的电抗 x''_{ad} 比稳态短路时 x_{ad} 小得多，定子漏电抗 x_σ 虽没有变化，但此时的 $x''_d =$

$x''_{ad} + x_\sigma$ 比 x_d 小得多。所以此时的短路电流很大，其值可达额定电流的 $10\sim20$ 倍。同步发电机在突然短路后的次暂态过程时的这个电抗 x''_d，称为直轴次暂态电抗。

3. 暂态电抗 x'_d

由于同步发电机的各个绕组都有电阻，阻尼绕组和励磁绕组中的感应电流都要随时间衰减为零（阻尼绕组衰减为零，因无能量维持；励磁绕组衰减为 I_f，由励磁电源提供）。阻尼绕组匝数少，电感较小，感应电流衰减快；励磁绕组匝数多，感应电流衰减较慢。可认为阻尼绕组的感应电流衰减到零时（约 $0.03\sim0.1s$），励磁绕组中的感应电流才开始衰减。所以，当阻尼绕组的感应电流衰减到零的瞬间，电枢反应磁通 ϕ_{ad} 可穿过阻尼绕组，但仍被排挤在励磁绕组外侧的漏磁路，发电机的突然短路进入暂态过程。如图 10-4 所示。此时电枢反应磁通 ϕ_{ad} 经过的磁阻明显小于次暂态时的磁阻。因此，相对应的电抗 x'_{ad} 也较 x''_{ad} 大，此时的 $x'_d = x'_{ad} + x_\sigma$ 也较次暂态时的 x''_d 大些。同步发电机在突然短路后进入暂态过程时的这个

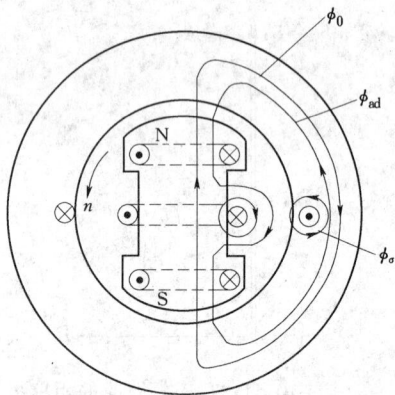

图 10-4 暂态时的磁通情况

电抗 x'_d 称为直轴暂态电抗。同步发电机在突然短路后的进入暂态过程时短路电流虽有所减小，但仍很大。

当励磁绕组的感应电流衰减为零（即衰减到 I_f）时。电枢反应磁通 ϕ_{ad} 可穿过励磁绕组的瞬间，发电机进入稳态短路状态，过渡过程结束。这时发电机的电抗就是稳

态运行的直轴同步电抗 $x_{\mathrm{d}} = x_{\mathrm{ad}} + x_{\sigma}$，突然短路电流也减小到稳态短路电流值。

综上所述，同步发电机在突然短路发生后，定子绕组的电抗有一个从小变到大的过程。因此，短路电流相应也有一个从大衰减到小的过程。次暂态电抗 x''_{d} 最小，暂态电抗 x'_{d} 稍大，但它们都比稳态运行时的直轴同步电抗 x_{d} 小得多。

同步发电机的次暂态电抗 x''_{d}、暂态电抗 x'_{d} 及直轴同步电抗 x_{d} 的标么值范围如表 10-1 所示。

表 10-1 同步发电机的次暂态电抗 x''_{d}、暂态电抗 x'_{d} 及直轴同步电抗 x_{d} 的标么值

电 抗	电 机 类 型		
	汽轮发电机	有阻尼绕组的水轮发电机	无阻尼绕组的水轮发电机
x''_{d}	0.10~0.15	0.14~0.26	0.23~0.41
x'_{d}	0.10~0.24	0.20~0.35	0.26~0.45
x_{d}	0.32~2.19	0.76~1.20	0.76~1.20

10.1.2 突然短路电流

三相突然短路初瞬，由于定子各相绕组交链励磁磁通的数值不同，各相绕组的突然短路的大小也不同。现以转子磁极的轴线与 A 相绕组轴线重合的瞬间，来讨论发电机发生三相突然短路的短路电流，如图 10-5 所示。

当 $t = 0$，$\alpha_0 = 0°$（α 为转子磁极的轴线超前 A 相绕组轴线的角度）时，发电机发生三相突然短路。此瞬间定子各相绕组交链磁通为

$$\left.\begin{array}{l} \phi_{\mathrm{A}} = \Phi_{\mathrm{m}}\cos(\omega t + \alpha_0) \\ \phi_{\mathrm{B}} = \Phi_{\mathrm{m}}\cos(\omega t + \alpha_0 - 120°) \\ \phi_{\mathrm{C}} = \Phi_{\mathrm{m}}\cos(\omega t + \alpha_0 + 120°) \end{array}\right\} \quad (10-3)$$

式中 Φ_{m} 为定子相绕组所交链磁通的最大值。显然此时 A 相绕组所交链磁通为 $\phi_{\mathrm{A}} = \Phi_{\mathrm{m}}$。随后，$t > 0$，转子继续旋转，由转子励磁磁动势产生的交链定子各相绕组的磁通将随转子位置改变而改变。各相磁通如图 10-6 所示。由此可知，短路发生后，由于转子继续旋转，企图改变定子各相绕组交链的初始磁通。因定子各相绕组都是具有电感的线圈，其交链的磁通是不能突变的。因此，定子三相绕组的短路电流中必定

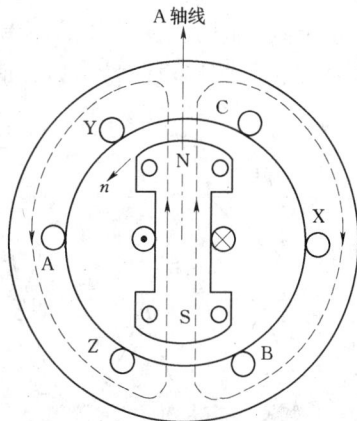

图 10-5 当 $\alpha = 0°$ 突然短路转子位置

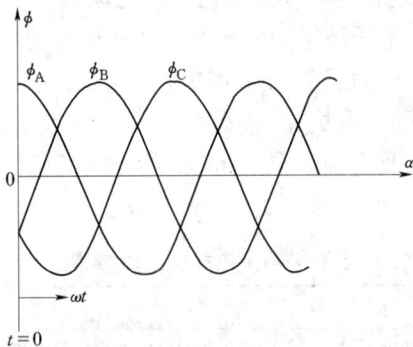

图 10-6　定子各相绕组磁通

有一交流分量，即 $i_{KA\sim}$、$i_{KB\sim}$、$i_{KC\sim}$，由它们产生定子旋转磁场，以抵消继续旋转的转子磁场；另外还有一直流分量，即 i_{KA-}、i_{KB-}、i_{KC-}，以维持短路初瞬各相交链的磁通不变，而它们流过定子绕组会产生一个定子恒定磁场。

因短路瞬间 A 相绕组的交链磁通达最大值，所以以 A 相为例来分析 A 相的短路电流表达式。图 10-7 中，短路发生后，随转子继续在旋转，企图使 A 相绕组的交链磁通按 ϕ_0 的规律变化，而定子三相交流分量电流产生的旋转电枢磁动势使 A 相绕组产生 $\phi_{A\sim}$ 去抵消这个变化，三相直流分量的电流产生的恒定电枢磁动势使 A 相绕组产生 ϕ_{A-} 来维持短路初瞬的磁通不变。因此，A 相的短路电流表达式为：

$$i_{KA} = i_{KA\sim} + i_{KA-}$$

$$= -\sqrt{2}\,\frac{E_0}{x''_d}(\omega t + \alpha_0) + \sqrt{2}\,\frac{E_0}{x''_d}\cos\alpha_0$$

$$= -\sqrt{2}\left[\left(\frac{E_0}{x''_d} - \frac{E_0}{x'_d}\right) + \left(\frac{E_0}{x'_d} - \frac{E_0}{x_d}\right) + \frac{E_0}{x_d}\right]$$

$$\times \cos(\omega t + \alpha_0) + \sqrt{2}\,\frac{E_0}{x''_d}\cos\alpha_0 \tag{10-4}$$

从上式和图 10-8 可见，不考虑电流的衰减，当 $\alpha_0 = 0°$ 发生短路后 $\omega t = \pi$ 时（即过了 0.01s），短路电流将达最大值。其值为

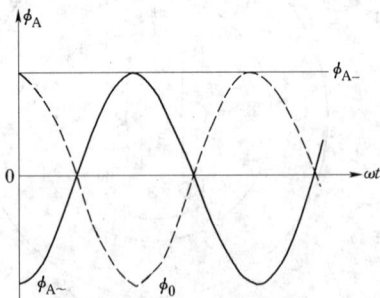

图 10-7　A 相绕组磁通的变化（$\alpha_0 = 0°$）

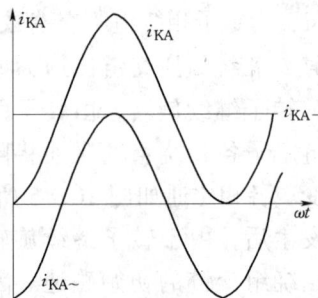

图 10-8　A 相绕组不考虑衰减的短路电流（$\alpha_0 = 0°$）

$$i_{Kamax} = 2\sqrt{2}\,\frac{E_0}{x_d''} \tag{10-5}$$

如果 $E_0^* = U_N^* = 1$，取 $x_d''^* = 0.127$，则短路电流的最大值（也称冲击值）为

$$i_{Kamax} = 2\sqrt{2}\,\frac{E_0^*}{x_d''^*} = 2\sqrt{2}\,\frac{1}{0.127} = 22.27$$

说明突然短路后的 0.01s，短路电流的冲击值可达额定电流的 22.27 倍。实际上由于衰减，通常只有额定电流的 20 倍左右。国家标准规定，同步发电机应能承受 105% 额定电压下三相突然短路电流的冲击。

由于各绕组电阻的存在，都会消耗能量。因此，短路电流的交直流分量是会逐渐衰减的。衰减的快慢，与绕组时间常数 $T = \dfrac{L}{r}$ 有关，此式中的电阻 r 是该绕组的电阻，电感 L 是该绕组与其他绕组有磁耦合情况下的等效电感。

从前面分析知道，定子绕组交流分量电流的衰减，在次暂态过程由 $\dfrac{E_0}{x_d''}$ 变到 $\dfrac{E_0}{x_d'}$，其衰减速度取决于阻尼绕组的时间常数 T_d''；在暂态过程由 $\dfrac{E_0}{x_d'}$ 变到 $\dfrac{E_0}{x_d}$，其衰减速度取决于励磁绕组的时间常数 T_d'。

定子绕组直流分量电流的衰减取决定子绕组的时间常数 T_a。

$\dfrac{E_0}{x_d}$ 是稳态短路电流，它是由励磁电流激励的主磁通感应出的 E_0 所产生的，是不会衰减的。图 10-9 示出了电流衰减的情况。近代同步发电机时间常数的大致范围列于表 10-2。

表 10-2   近代同步发电机时间常数的大致范围（s）

类　型 \ 时间常数	T_d''	T_d'	T_a
汽轮发电机	0.03~0.1	1.0~1.5	0.1~0.2
有阻尼绕组的水轮发电机	0.03~0.1	1.5~2.0	0.1~0.2
无阻尼绕组的水轮发电机		1.5~2.0	0.1~0.2

因此考虑衰减，从式（10-4）知，A 相短路电流的表达式为

$$i_{KA} = -\sqrt{2}\left[\left(\frac{E_0}{x_d''} - \frac{E_0}{x_d'}\right)e^{-\frac{t}{T_d''}} + \left(\frac{E_0}{x_d'} - \frac{E_0}{x_d}\right)e^{-\frac{t}{T_d'}} + \frac{E_0}{x_d}\right]$$

$$\times\cos(\omega t + \alpha_0) + \sqrt{2}\,\frac{E_0}{x_d''}\cos\alpha_0 e^{-\frac{t}{T_a}} \tag{10-6}$$

i_{KB}、i_{KC}在此就不予列出。

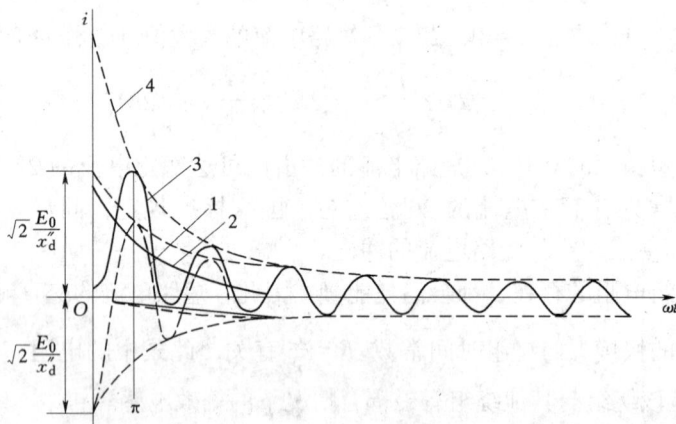

图 10 - 9 $\alpha_0 = 0°$，$\phi_A (0) = \Phi_m$，A 相短路电流

1—交流分量；2—直流分量；3—短路电流；4—包络线

10.1.3　突然短路对电机的影响

1．定子绕组端部承受巨大电磁力的冲击

突然短路发生时，总有一相交链的磁通接近最大值，所以，该相的冲击电流幅值最大可达 $20I_N$ 左右，将产生很大的冲击电磁力，对绕组的端部造成破坏。

定子绕组端部将受到以下几个电磁力的作用，如图 10 - 10 所示。

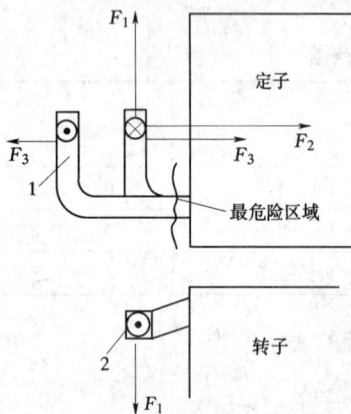

图 10 - 10　短路时定子、转子绕组端部受力分析

1—定子绕组端部；2—转子绕组端部

（1）定子绕组端部与转子绕组端部间的斥力 F_1。

（2）定子绕组端部与定子铁芯间的吸力 F_2。

（3）相邻定子绕组端部之间的作用力 F_3，相邻导体中电流方向相同为吸力，方向相反为斥力。

三种电磁力的作用趋向于使定子绕组端部向外张开，最危险区域在线棒伸出的槽口处。

2．转轴受到强大电磁转矩的冲击

电磁转矩按其形成的原因可分为两类：一类是短路后供定子绕组和转子各绕组中（感应电流）电阻有功损耗所产生的单向冲击力矩，对发电机来说，它是阻力矩；另一类是定子短路电流所建立的静止磁场与转子主极磁场相互作用引起的交变力矩，此力矩对转子时而制动、时而驱动，会引起电机的震动。

3. 绕组发热

突然短路时各绕组都出现较大的电流，铜耗按 I^2 的关系增大，从而使发电机温升增加，然而短路电流衰减很快，绕组温升增加并不多。

要减小或避免突然短路对发电机的影响，一是在电机的结构设计中要考虑相应的措施，二是要配置合适的继电保护装置。

10.2 同步发电机不对称运行

三相同步发电机是根据在对称负载下运行来设计制造的，因而在使用中应尽力做到让发电机在对称的情况下运行。但有时会遇到容量较大的单相负载的投入或切除；输电线路的单相或两相短路；断路器或隔离开关一相未合上；发电机、变压器、供电线路一相断线等，都将造成发电机的不对称运行，从而带来不良影响。因此，有必要对不对称运行有所了解。

10.2.1 不对称运行的分析

发电机在不对称运行时，其定子电流和电压均变得不对称。应用对称分量法将其不对称的三相系统，分解为三组对称的正序、负序、零序分量，各分量都是对称的独立系统。然后分别根据三个相序电动势、电流和阻抗列出各序电动势方程式，最后根据叠加原理求得不对称系统的各物理量。为此，首先要搞清各相序电动势、相序电抗（因电阻较小可忽略）的物理概念。

10.2.1.1 相序电动势

转子励磁磁场按规定的方向旋转，在定子绕组中感应的三相电动势定为正序，故正序电动势就是正常运行时的励磁电动势 E_0。由于发电机不存在反转的转子励磁磁场，所以不会有负序电动势，也不会有零序电动势。

10.2.1.2 相序电抗

相序电抗有正序电抗、负序电抗、零序电抗之分。

1. 正序电抗 x_+

正序电流流过定子绕组时遇到的电抗即为正序电抗。由于正序电流流过定子绕组时产生的旋转磁场与转子同速同向旋转，在空间与转子相对静止，不会在转子绕组中感应电动势，所以正序电抗就是发电机正常运行时的同步电抗，即 $x_+ = x_t$。

2. 负序电抗 x_-

负序电流流过定子绕组时遇到的电抗即为负序电抗。三相负序电流流过定子绕组时，除产生负序漏磁场外，还产生反向旋转的负序电枢磁场。

负序漏磁场与正序电流流过定子绕组时产生的漏磁场完全一样，因而漏电抗也完全一样，即 $x_{\sigma-} = x_{\sigma+} = x_\sigma$。

负序电枢磁场的转速也为同步速，但其转向与转子的转向相反，以两倍同步速切割转子上的励磁绕组和阻尼绕组，而感应出两倍频率的电动势和电流，励磁绕组和阻尼绕组的感应电流会建立反磁动势，将负序磁通排斥到励磁绕组和阻尼绕组的漏磁路的路径上。这与突然短路时转子方面对电枢反应磁通的作用相类似，因而负序磁场所遇到的磁阻增大。在凸极发电机中，交轴磁阻和直轴磁阻的不同，负序磁场与交轴重合时为交轴负序电抗 $x_{q-} = x_\sigma + x_{aq-}$；负序磁场与直轴重合时为直轴负序电抗 $x_{d-} = x_\sigma + x_{ad-}$，因而负序电抗值是变化的，一般取它们的平均值作为负序电抗值，即

$$x_- = \frac{x_{q-} + x_{d-}}{2}$$

3. 零序电抗 x_0

零序电流流过定子绕组时所遇到的电抗，即为零序电抗。由于各相零序电流大小相等，相位相同，流过三相绕组产生的各相磁动势在空间互差 120°电角度，故三相合成基波磁动势为零，不形成旋转磁场。所以，零序电流只产生定子漏磁通，故零序电抗实质上为一漏电抗。零序电抗的数值与绕组节距有关。对于单层和双层整距绕组，任一瞬间每槽内线圈边中电流方向总是相同的，如图 10-11（a）所示，故零序电抗等于正序漏电抗。对于双层短距绕组，有一些槽的上、下层线圈边属于不同相，它们流过的电流大小相等、方向相反，这些槽的零序漏磁通互相抵消，如图 10-11（b）所示，所以零序漏电抗小于正序漏电抗，即 $x_0 < x_\sigma$。

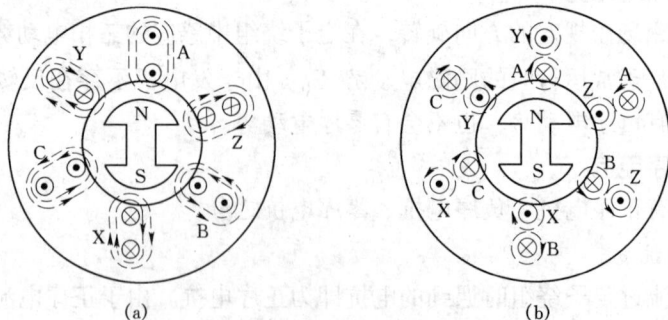

图 10-11　零序电流的槽漏磁通分布示意图
(a) 整距绕组；(b) 短距绕组

同步发电机的负序电抗和零序电抗的标么值列于表 10-3。

表 10-3 同步发电机的负序电抗和零序电抗的标么值范围

电 机 型 式	x_-^*	x_0^*
二极汽轮发电机	0.134~0.18	0.015~0.08
有阻尼绕组的水轮发电机	0.13~0.35	0.02~0.20
无阻尼绕组的水轮发电机	0.30~0.70	0.04~0.25

10.2.1.3 相序电动势方程式和等效电路

对任意一相，各序电动势方程式为

$$\left.\begin{array}{l} \dot{E}_0 = \dot{U}_+ + j\dot{I}_+ x_+ \\ 0 = \dot{U}_- + j\dot{I}_- x_- \\ 0 = \dot{U}_0 + j\dot{I}_0 x_0 \end{array}\right\} \tag{10-7}$$

上式中，已忽略定子绕组的电阻。根据式（10-7），可得各序等效电路，如图 10-12 所示。

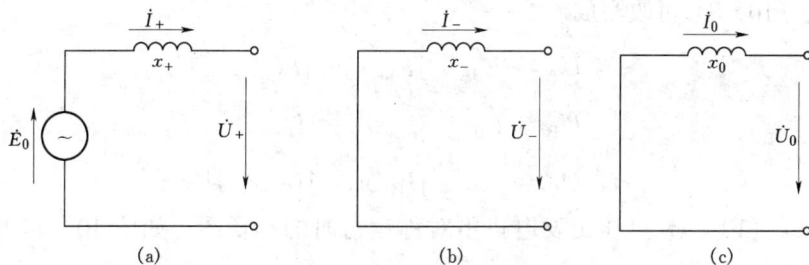

图 10-12 同步发电机各序等效电路
（a）正序等效电路；（b）负序等效电路；（c）零序等效电路

10.2.2 不对称运行对发电机的影响

不对称运行对发电机的影响主要有：引起发电机端电压不对称、引起发电机振动和转子表面发热。

1. 引起发电机端电压不对称

现以星形连接且中性点不接地的隐极发电机为例，分析如下：

从对称分量法知，各相电压 $\dot{U} = \dot{U}_+ + \dot{U}_- + \dot{U}_0$，从式（10-7）可得三相电压为

$$\left.\begin{array}{l}\dot{U}_{A} = \dot{E}_{0A} - j\dot{I}_{A+}x_{+} - j\dot{I}_{A-}x_{-} - j\dot{I}_{A0}x_{0} \\ \dot{U}_{B} = \dot{E}_{0B} - j\dot{I}_{B+}x_{+} - j\dot{I}_{B-}x_{-} - j\dot{I}_{B0}x_{0} \\ \dot{U}_{C} = \dot{E}_{0C} - j\dot{I}_{C+}x_{+} - j\dot{I}_{C-}x_{-} - j\dot{I}_{C0}x_{0}\end{array}\right\} \qquad (10-8)$$

由于中性点不接地，电流中不存在零序分量，各相电流如图 10 - 13 所示。

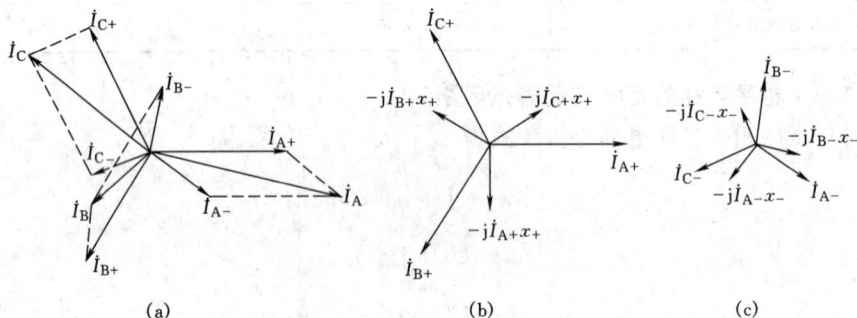

图 10 - 13　不对称电流的对称分量及产生的电动势
(a) 三相不对称电流及其分量；(b) 正序电流及电动势；(c) 零序电流及电动势

故式（10 - 8）可改写成

$$\left.\begin{array}{l}\dot{U}_{A} = \dot{E}_{0A} - j\dot{I}_{A+}x_{+} - j\dot{I}_{A-}x_{-} \\ \dot{U}_{B} = \dot{E}_{0B} - j\dot{I}_{B+}x_{+} - j\dot{I}_{B-}x_{-} \\ \dot{U}_{C} = \dot{E}_{0C} - j\dot{I}_{C+}x_{+} - j\dot{I}_{C-}x_{-}\end{array}\right\} \qquad (10-9)$$

根据式（10 - 9）可作出发电机不对称运行时的相量图，如图 10 - 14 所示。此外，同时作出不对称运行时的相电压 $\dot{U}_{A}$、$\dot{U}_{B}$、$\dot{U}_{C}$ 和线电压 $\dot{U}_{AB}$、$\dot{U}_{BC}$、$\dot{U}_{CA}$ 的相量图，如图 10 - 15 所示。从图中可见，三相的相电压和线电压都出现不对称的情况。显然，造成电压不对称的原因是负序电流的存在，致使发电机存在负序电抗压降 $j\dot{I}_{-}x_{-}$。

电压的不对称度，以负序电压占额定电压的百分值表示，或者三相电流之差占额定电流的百分值表示，如果这个值太大，作为负载的异步电动机、照明等电气设备将不能正常工作，甚至被破坏。

2. 引起转子表面发热

发电机不对称运行时，负序电流产生的负序旋转磁场以两倍的同步速扫过转子，在转子铁芯中感应出两倍工频的电流。因频率较高，趋肤效应较强，在转子的表面形

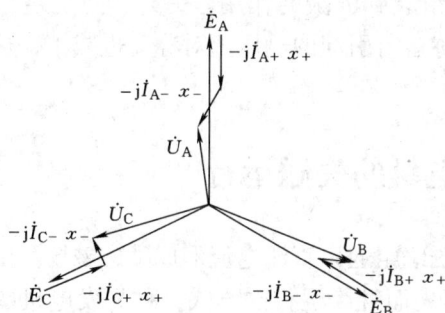

图 10-14 同步发电机不对称
运行时的相量图

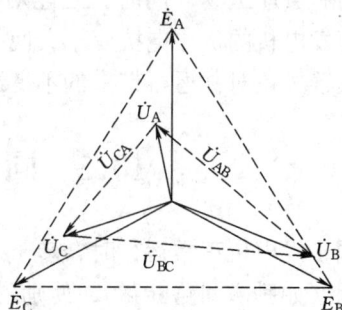

图 10-15 电动势、电压相量图

成环流，如图 10-16 所示。环流流经齿、护环与转子本体搭接的区域，这些地方接触电阻较大，将产生局部过热。另负序磁场在励磁绕组和阻尼绕组中也要感应倍频的电流，使附加铜耗增加。这都造成转子温升的提高，这在汽轮发电机中较为突出。温

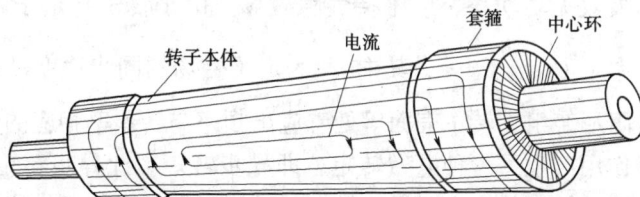

图 10-16 负序磁场引起的转子表面环流

升的上升影响同步发电机的出力。

3. 引起发电机振动

不对称运行时的负序磁场相对转子以两倍同步速旋转，与转子的正序主极磁场相互作用，在转子上产生 100Hz 的交变附加电磁转矩，引起机组的振动并产生噪音。凸极发电机由于直轴和交轴磁阻的不同，交变的附加电磁转矩作用于使机组振动更为严重。

综上所述，对于汽轮发电机不对称度的允许值由发热条件决定，水轮发电机不对称度的允许值则由振动的条件决定。按国家标准规定，若每相电流均不超过额定值，汽轮发电机不对称度≤8%，水轮发电机不对称度≤12%，发电机应能长期工作。

同步发电机要减少不对称运行的不良影响，就必须尽量削弱负序磁场的作用。为此在发电机转子极面上装设阻尼绕组，该绕组电阻小、漏抗小，又装置在极靴表面，负序磁场将在该绕组中感应很强的电流，其形成的磁场对负序磁场起去磁作用，能有

效地削弱负序磁场,同时,还能对励磁绕组起到屏蔽的作用。另外,阻尼绕组的存在,使发电机的负序电抗变小,使得不对称运行引起的电压不对称度也减小,从而进一步改善了不对称运行带来的不良影响。

10.3 同步发电机的失磁运行

同步发电机正常运行时,转子上的励磁绕组通以直流电流形成励磁磁场。由于某种原因(如励磁回路断路),使励磁磁场消失而继续运行的方式,称为发电机的失磁运行。

10.3.1 失磁的物理过程

同步发电机在正常运行时,原动机输入的驱动转矩和电磁转矩相平衡,发电机以同步速稳定运行。失磁时,转子磁场逐渐衰减,电磁转矩逐渐减小。而当电磁转矩小于驱动转矩时,出现过剩转矩。该过剩转矩使电机转速升高,脱出同步。在此同时,电枢绕组从电网吸收无功功率,以维持气隙磁场。由于转子与定子磁场有了相对速度,即有了转差率 s($s = \dfrac{n_1 - n}{n_1}$,其中 n_1 为定子磁场的同步速度,n 为转子转速),就在励磁绕组、阻尼绕组、转子表面等处感应出频率与转差率相应的交变电流。这个电流和定子磁场作用产生另一种电磁转矩,即异步转矩。此异步转矩是制动性质的。在这种情况下,原动转矩就在克服异步转矩的过程中做功,使机械能转变为电能,因而发电机得以继续向电网送出有功。因为异步转矩随转差率的增大而增大(在一定范围内),而原动机又因转速升高调速器动作而减少输送给发电机的机械功率,所以,当驱动转矩和异步转矩相等时,达到新的平衡。此时,电机处于异步发电机运行状态,它从电网中吸取感性无功功率以建立气隙磁场,同时向电网输送一定的有功功率。

在无励磁运行状态下,发电机能送出多少有功功率,这和它的异步转矩特性(转矩和转差的关系),以及原动机调速特性有关。如果在很小的转差下就能产生较大的异步转矩,这样发电机就能送较大的有功功率。反之,若在很大的转差下才能产生不大的异步转矩,此时要想得到较大异步转矩则很可能转子转速升得过高,影响发电机安全,发电机便不能再带更多有功负载。

据我国一些单位的试验可知,一般转子外冷的汽轮发电机,无励磁运行时可带50%~60%额定功率;水内冷转子的发电机可带 40%~50%额定功率。调相机在无励磁运行时,因有反应转矩和剩磁产生的同步转矩作用,甚至可能保持同步运行。至于水轮发电机，由于凸极式结构所产生的异步力矩小，故一般不允许失磁运行。对于大型汽轮发电机可否在无励磁情况下带负载运行，一般综合电机的参数及电力系统的情况进行具体分析后，经试验后确定。

异步运行情况，与励磁回路电阻大小也有关系。大致说来，在带相同的有功负载前提下，励磁回路闭合于低阻（如励磁绕组经励磁机电枢绕组闭路）时的转差率，比闭合于高阻（如励磁绕组经灭磁电阻闭路或完全开路）时的转差率为小。这是因为低阻时有较大的电流和相应的转矩缘故。转差率小，转子损耗也小些。

10.3.2 无励磁运行时发电机的表计现象

发电机控制盘上有用以监视电机运行的各种表计。发电机失磁后，表计指示的变化，反映电机内部电磁关系的变化。无励磁时的表计指示情况如下。

1. 转子电流表的指示等于零或接近于零

转子电流（励磁电流）表有无指示，和励磁回路情况及失磁原因有关。若励磁回路断开，转子电流表指示为零；若励磁绕组经灭磁电阻或励磁机电枢绕组闭路，电流表就可能有指示。但由于该电流为交流，直流电流表只指示很小的数值（接近于零）。

2. 定子电流表的指示升高并摆动

定子电流升高的原因是由于既送有功功率又吸收很大的无功功率造成的。电流的摆动是因为转矩的变化引起的。发电机在异步运行时，转子上感应出交流电流。该电流产生脉动磁场。脉动磁场又可以分解为两个向相反方向旋转的磁场。其中一个负向旋转磁场以相对于转子 sn_1 的转速，逆转子转向旋转，与定子磁场相对静止。它与定子磁场作用，对转子产生制动作用的异步力矩。另一个正向旋转磁场，以相对于转子 sn_1 的转速顺转子转向旋转，与定子磁场的相对速度为 $2sn_1$。它与定子磁场作用，产生交变的异步转矩。由于电流与转矩成正比，所以转矩的变化引起定子电流的脉动。其脉动频率为 $2sf$。摆动的幅度与励磁回路电阻的大小及转子构造等因素有关。

3. 有功功率表的指示降低并摆动

有功功率和转矩直接有关。发电机失磁时，转速升高，调速器自动将汽门或导水翼开度关小。这样，原动机输入的转矩减小，输出有功功率减小，故有功功率表指示降低。其摆动原因与定子电流的摆动原因一样。

4. 发电机的母线电压表的指示降低并摆动

因发电机失磁后，需向系统吸收感性的无功电流来建立定子磁场，电流大，线路的压降增大，导致母线电压降低。电压表指示摆动的原因是电流摆动引起的。

5. 功率因数表指示进相（超前），无功表指示为负值

同步发电机在正常运行时，一般都运行于（滞后）情况，即向系统输出有功功率

和感性的无功功率来满足系统的需要。失磁后，发电机需向系统吸收感性的无功功率用于励磁的缘故。

10.3.3　失磁运行的不良影响

1. 对发电机的影响

发电机失磁后变为异步运行，定子磁场在转子表面及阻尼绕组和励磁绕组（若为短接）中产生的差频电流，将引起附加温升，另定子电流增大，使定子绕组损耗增大，这都使发电机的温度升高。

2. 对系统的影响

对系统的影响主要是使系统的电压下降，因发电机失磁后，不但不向系统输出感性无功功率，反而向系统吸取感性无功功率，势必造成系统的感性无功功率不足，尤其是大容量的发电机，引起系统电压降低较多。还可能引起其他发电机过电流，降低其他发电机的输送功率的极限，容易导致系统失去稳定。

10.3.4　发电机失磁后的处理方法

对不允许失磁运行的发电机应立即从系统解列。对允许失磁运行的发电机应立即降低有功功率的输出，且注意定子电流不超过额定值，发电机的温升不超出允许值。在规定无励磁运行的允许时间内消除故障、恢复励磁，将发电机拉入同步，当无法恢复励磁时，应将发电机从系统解列。

10.4　同步发电机常见故障类型

同步发电机的故障原因是多方面的，但主要的原因多是由于制造上的缺陷、安装和检修质量不良、绝缘老化、运行人员的误操作、大气过电压和操作过电压以及外部短路所造成。较常见的故障有转子绕组故障、定子绕组故障、定子铁芯故障，以及冷却系统故障等。现将产生的原因和处理方法列于表 10 - 4。

表 10 - 4　　　　同步发电机常见故障、原因和处理方法

故障现象	故　障　原　因	处　理　方　法
转子绕组绝缘电阻降低或绕组接地	①长期停用受潮 ②灰尘积淀在绕组上 ③滑环下有碳粉和油污堆积 ④滑环、引线绝缘损坏 ⑤转子绝缘损坏	①进行干燥处理 ②进行检修清扫 ③清理油污并擦拭干净 ④修补或重包绝缘 ⑤修补或更换绝缘

续表

故障现象	故 障 原 因	处 理 方 法
转子绕组匝间短路	①匝间绝缘因振动或膨缩被磨损、脱落或位移 ②匝间绝缘因膨胀系数与导线不同，破裂或损坏 ③垫块配置不当，使绕组产生变形 ④通风不良，绕组过热，绝缘老化损坏	①进行修补 ②进行修补 ③重新配垫块和对绕组进行修复 ④修补绝缘、疏通通风
发电机失去励磁	①接触不良或断线 ②磁场线圈断线、自动励磁调整装置故障	①迅速减少负荷，使电流在额定值范围，检查灭磁开关有无跳闸，如已跳闸应迅速合上 ②查明自动励磁调整装置是否失灵，并改用手动加大励磁 对不允许失磁运行的发电机应解列停机检查处理；对允许失磁运行的发电机，应在允许的时间内恢复励磁，否则也应解列停机检查处理
定子槽楔和绑线松弛	①槽楔干缩 ②运行中的振动或经短路电流的冲击力的作用 ③制造工艺和制造质量的缺陷	①更换槽楔 ②在槽内加垫条打紧 ③重新绑扎
定子绕组过热	①冷却系统不良，冷却及通风管道堵塞 ②绕组端头焊接不良 ③铁芯短路	①检修冷却系统，疏通管道 ②重新焊接好 ③清除铁芯故障
定子绕组绝缘击穿	①雷电过电压或操作过电压 ②绕组匝间短路、绕组接地引起的局部过热 ③绝缘受潮或老化 ④绝缘受机械损伤 ⑤制造工艺不良	①更换被击穿的线棒 ②消除引起绝缘击穿的原因 ③修复被击穿的绝缘和被击穿时电弧灼伤的其他部分
定子绝缘老化	①自然老化 ②油浸蚀，绝缘膨胀 ③冷却介质温度变化频繁，端部表面漆层脱落 ④绕组温升太快，绕组变形使绝缘裂缝	①恢复性大修，更换全部绕组 ②除油污、修补绝缘、表面涂漆 ③表面涂漆 ④局部修补绝缘或更换故障线圈，表面涂漆
电腐蚀	①定子线棒与槽壁嵌合不紧存在气隙（外腐蚀） ②线棒主绝缘与防晕层粘合不良存在气隙（内腐蚀）	①槽内加半导体垫条 ②采用粘合性能好的半导体漆

续表

故障现象	故障原因	处理方法
铁芯硅钢片松动	①铁芯压得不紧和不均匀 ②片间绝缘层破坏或脱落 ③长期振动	在铁芯缝中塞进绝缘垫或注入绝缘漆、消除振动的原因
定子铁芯短路	硅钢片间绝缘因老化、振动磨损或局部过热而被破坏	清除片间杂质和氧化物，在缝中塞进绝缘垫或注入绝缘漆、更换损坏的硅钢片
氢冷发电机漏氢	①制造中的缺陷 ②检修质量不良 ③绝缘垫老化 ④冷却器泄漏	查漏、堵漏、更换绝缘垫
水冷发电机漏水	①接头松动 ②绝缘引水管老化破裂 ③转子绕组引水管弯脚处折裂 ④焊口开裂 ⑤空心导线质量不良 ⑥冷却器泄漏	①拧紧接头、更换铜垫圈 ②更换引水管 ③更换引水弯脚 ④焊补裂口 ⑤更换线棒 ⑥检查堵漏
空气冷却器漏水	水管腐蚀损坏	少量水管漏水时将该管两头堵死，大量水管漏水时更换空气冷却器

小　　结

1. 分析同步发电机的突然短路的理论基础是电感线圈环链的磁通不能突变。突然短路时，阻尼绕组和励磁绕组中将感生电流，抵制电枢反应磁通对其的穿越，迫使电枢反应磁通经阻尼绕组和励磁绕组的漏磁路通过，磁路的磁阻增大很多，故次暂态电抗 x''_d 和暂态电抗 x'_d 较稳态 x_d 小得多。从而使突然短路电流很大，可达额定电流的 20 倍左右。突然短路电流的最大值发生在短路瞬间交链转子励磁磁通为最大那一相绕组，突然短路电流的最大值出现在短路后的半个周期。

2. 一般情况下，定子绕组中的短路电流含有交流分量和直流分量。直流分量以定子绕组的时间常数 T_a 衰减，最终至零；而交流分量由三部分组成，次暂态分量 $\sqrt{2}\left(\dfrac{E_0}{x''_d} - \dfrac{E_0}{x'_d}\right)$ 以阻尼绕组的时间常数 T''_d 衰减，暂态分量 $\sqrt{2}\left(\dfrac{E_0}{x'_d} - \dfrac{E_0}{x_d}\right)$ 以励磁绕组的时间常数 T'_d 衰减，稳态分量 $\sqrt{2}\left(\dfrac{E_0}{x_d}\right)$ 不随时间衰减。

3. 对发电机的危害主要是突然短路电流产生巨大的电磁力，可能对绕组的端部造成破坏。

4. 同步发电机不对称运行的分析是采用对称分量法。同步发电机的正序电抗就是对称运行时的同步电抗；由于负序电流产生的负序磁场与转子转向相反，将在阻尼绕组和励磁绕组中感应出电流，将对负序磁场起削弱作用，因而负序电抗小于正序电抗。三相零序电流建立的气隙合成磁场为零，故零电抗属于漏电抗性质，而且一般小于漏电抗。

不对称运行会使三相电压不对称，使用电设备受到损害，对凸极发电机的影响主要是使机组震动，对隐极发电机的主要影响是使转子发热。

5. 同步发电机失磁时，电机转速高于同步速，发电机处于异步运行状态，将引起发电机转子和定子发热的加剧，同时系统无功功率的不足导致电压降低。对于不允许失磁运行的发电机应立即从系统解列，对于允许失磁运行的发电机，也必须在规定的时间内恢复励磁，否则也应将发电机从系统解列。

6. 同步发电机比较常见的故障有来自转子绕组、定子绕组、定子铁芯和冷却系统等方面的原因，主要是由于制造上的缺陷、安装和检修质量不良、绝缘老化、运行人员的误操作、大气过电压和操作过电压，以及外部短路所造成。

习　题

10-1　一台二极的汽轮发电机，其参数为 $x_d^* = 1.62$，$x_d'^* = 0.208$，$x_d''^* = 0.126$，$T_d'' = 0.093\text{s}$，$T_d' = 0.74\text{s}$，$T_a = 0.132\text{s}$，该发电机在空载电压为额定电压下发生三相突然短路，试求：

(1) 在最不利情况下（设 A 相），短路电流表示式；

(2) 最大冲击电流值；

(3) 短路后经过 0.5s 和 3s 时的短路电流瞬时值。

10-2　同步发电机转子装设阻尼绕组与不装设阻尼绕组时，负序电抗有何不同？

10-3　为什么变压器的 $x_+ = x_-$，而同步发电机的 $x_+ \neq x_-$？

10-4　同步发电机的不对称运行造成哪些不良影响？

10-5　三相突然短路时，定子各相电流的直流分量起始值与转子在短路发生瞬间的位置是否有关？与其对应的励磁绕组中的交流分量幅值是否与该位置有关？为什么？

10-6　同步发电机三相突然短路时，定、转子绕组中的电流各有哪些分量？哪些分量的电流是会衰减的？衰减时哪几个分量是主动的？哪几个分量是随动的？

异步电机篇

● 异步电机是交流旋转电机的一种类型，主要作为电动机使用。本篇着重介绍异步电动机的工作原理、机械特性、起动和运行的特点等内容。

第 11 章

三相异步电动机的工作原理和基本结构

【教学要求】 掌握三相异步电动机的工作原理、转差率的定义，掌握异步电动机的铭牌中额定值的计算。了解三相异步电动机的基本结构及异步电机的三种运行状态。

交流电机除了同步电机外，还有另一类重要的电机——异步电机。异步电机与同步电机不同的是，异步电机的转速与所接电源频率之间不存在严格不变的关系。异步电机可以作发电机使用，也可以作电动机使用，但主要用作电动机。

由于异步电动机具有结构简单、制造方便、造价低廉、坚固耐用、运行可靠、检修维护方便，且具有较高的运行效率和较好的工作特性等优点，所以在工农业生产和日常生活中得到广泛的应用。据不完全统计，异步电动机的容量占总动力负载的85%以上。

异步电动机的缺点是起动和调速性能较差，且需从电网吸收无功功率来建立磁场，使系统功率因数降低。因此，对一些对调速性能要求较高的机械负载，如电车、电气机车等，常常使用调速性能较好的直流电动机来拖动。对于单机容量较大、恒转速运转的机械负载，如空气压缩机、水泵等，常采用能改善系统功率因数的同步电动机来拖动。

11.1 三相异步电动机的工作原理

11.1.1 工作原理

在三相异步电动机的定子铁芯里，对称地嵌放着三相对称绕组，可分别用三个集中线圈 AX、BY、CZ 表示，如图 11-1 所示。以鼠笼式异步电动机为例，其转子绕组是一个自成回路的多相绕组，用小圆圈表示转子绕组导条。

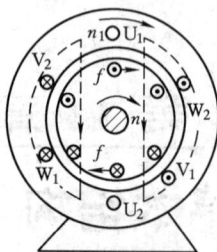

图 11-1　异步电动机的
工作原理图

当三相异步电动机的定子三相对称绕组通入三相对称电流时，将产生一个单方向的定子旋转磁场，现假设该磁场以同步转速 $n_1 = \dfrac{60f_1}{p}$ 沿顺时针方向旋转。在接通电源的瞬间，转子还未及起动旋转，即转速 $n=0$ 时，定子旋转磁场与转子导条之间存在相对切割运动，从而在转子导条上产生感应电动势，方向可由右手定则判断，如图 11-1 所示。因为转子绕组自成封闭回路，所以在转子导条中会形成感应电流。假设转子电流与转子感应电动势同相位（一般电流滞后于电动势，这里可认为是电流中与电动势同相位的有功电流分量）。转子载流导体在定子磁场中受到电磁力 f 的作用，其方向可由左手定则判断。电磁力对转子形成与定子旋转磁场同方向的电磁转矩，驱动转子及与其连接的生产机械旋转，从而将输入的电能转变为机械能输出。

从上述三相异步电动机的工作原理可以看出：

（1）三相异步电动机的旋转方向始终与定子旋转磁场的方向一致，而定子旋转磁场的方向又取决于定子电流的相序，所以要改变三相异步电动机转向，只需要改变定子电流的相序，即任意对调三相异步电动机的两根电源线的接线顺序即可。

（2）如果转子绕组没有自成封闭回路，由原理可知，转子绕组中就不会有感应电流出现，转子将不会受到电磁力的作用，也就不会产生电磁转矩来拖动转子旋转。

（3）三相异步电动机在运行的过程中，当 $n=n_1$ 时，转子绕组上将无感应电动势及感应电流产生，电磁转矩为零。所以，在三相异步电动机中，其转子旋转速度 n 始终不可能与定子旋转磁场的转速 n_1 相等，即电机转速 n 与旋转磁场 n_1 的转速不同步，故称为异步电动机。同时，只有当 $n < n_1$，转子绕组才能产生驱动性质的转矩，使电动机旋转。由此可见，$n < n_1$ 是异步电动机工作的必要条件。

（4）由于异步电动机的转子电流是通过电磁感应作用产生的，所以异步电动机又称为感应电动机。

11.1.2　转差率

为了表征转子转速与定子旋转磁场转速之间的差异，现引入转差率的概念。所谓转差率（又称为滑差），就是同步转速 n_1 与转子转速 n 之差对同步转速 n_1 的比值，常用字母 s 表示，即

$$s = \frac{n_1 - n}{n_1} \tag{11-1}$$

当异步电动机在额定状态运行时，其转差率 s_N 很小，一般在 $0.01 \sim 0.06$ 之间。当 s 发生变化时，转子感应电动势、电流、频率、电抗、功率因数及电磁转矩等都会随之变化。同时，根据 s 的大小及正负还可以判断异步电机的运行状态。因此，转差率是异步电机一个很重要的参数。

11.1.3 异步电机的三种运行状态

根据电磁转矩的性质和能量转换关系，异步电机有三种运行状态。

1. 电动机运行状态

当异步电机的转速与定子旋转磁场同方向，且 $0 < n < n_1$ 时，旋转磁场将以 $\Delta n = (n_1 - n) > 0$ 的速度切割转子导条，在转子导条上产生感应电动势和电流，并同时产生电磁力和形成电磁转矩，如图 11-2（b）所示。电磁转矩的方向与电机旋转的方向相同，为驱动性质。当电机带上负载时，电磁转矩会克服负载制动转矩而作功，从而把从定子上输入的电能转变为机械能从转轴上输出，异步电机处于电动机运行状态。

当定子绕组接通电源，转子将起动但还未及旋转的时候，$n = 0$，$s = 1$；当电动机处于空载运行状态时，转速 n 接近于同步转速 n_1，s 接近于 0。所以异步电机作电动机运行时，转差率的变化范围为 $0 < s < 1$。

2. 发电机运行状态

若外力拖着异步电机转子顺着定子旋转磁场的方向运行，且转子转速大于同步转速，即 $n > n_1$，则 $s < 0$。此时定子旋转磁场切割转子导条的方向与电动机运行状态时相反，故转子的感应电动势、电流和电磁转矩刚好与异步电动机运行状态时相反，如图 11-2（c）所示。电磁转矩的方向与转子的旋转方向相反，将阻碍转子的

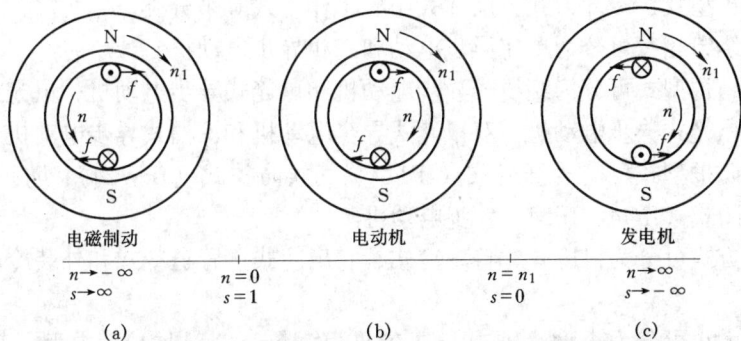

图 11-2 异步电机的三种运行状态

（a）电磁制动；（b）电动机；（c）发电机

旋转，是制动性质的转矩。由于转子电流改变了方向，定子电流也将随之改变方向，这意味着电机由原来从电网吸收电功率，变成了向电网输出电功率，电机处于发电机运行状态。

当异步电机处于发电机运行状态时，$n_1 < n < \infty$，相应的转差率在 $-\infty < s < 0$ 范围内变化。

3．电磁制动运行状态

当外力使转子逆着定子旋转磁场的方向转动时，这时定子旋转磁场将以 $\Delta n = n_1 - (-n) = n_1 + n$ 的速度切割转子导条。旋转磁场与转子导条的相对切割方向与电动机运行状态相同。因此，转子电动势、电流和电磁转矩的方向与电动机运行状态时相同，如图 11-2（a）所示。由于外力使转子反向旋转，电磁转矩与电机旋转的方向相反，属制动性质，故称为电磁制动状态。在这种状态下，因电流方向不变，所以电机仍然通过定子从电网吸收电功率，同时，外力要克服制动力矩而作功，要向电机输入机械功率，这两部分功率最终在电机内部以损耗的形式转化为热能消耗了。

在电磁制动运行状态下，$-\infty < n < 0$，则 $1 < s < \infty$。

综上所述，异步电机既可以作电动机运行，也可以运行于发电机和电磁制动状态。但异步电机主要作为电动机使用，只在风力发电站和某些农村小型水电站中，把异步电机作为发电机使用；而电磁制动是异步电机在完成某一生产过程中出现的短时运行状态，例如，起重机械下放重物时。

11.2　三相异步电动机的基本结构

异步电动机的类型很多，有多种分类方法。可按其定子绕组相数、转子结构型式、外壳防护型式、冷却方式、尺寸大小、工作方式等来分类。

按定子绕组相数可分为单相异步电动和三相异步电动机。

按转子结构型式可分为绕线式异步电动机和鼠笼式异步电动机，鼠笼式异步电动机又分为单鼠笼式异步电动机、双鼠笼式异步电动机和深槽式异步电动机。

按外壳防护型式可分为开启式（IP11）、气候防护式（IPW24）、防护式（IP22、IP23）和封闭式（IP44、IP54）异步电动机。

按冷却方式可分为自冷式、自扇冷式、它扇冷式、管道冷式和外装冷却器式异步电动机。

按尺寸大小可分为小型（轴中心高在 80～315mm 范围内）、中型（轴中心高在 355～630mm 范围内）和大型（轴中心高 > 630mm）异步电动机。

按工作方式可分为连续工作方式、短时工作方式、断续周期工作方式异步电动机。

由于电力系统采用的是三相制。因此，现代动力用的异步电动机绝大多数都是三相异步电动机。在没有三相电源和所需功率较小时，才采用单相异步电动机。在日常生活中，单相异步电动机应用非常广泛，如洗衣机、风扇、冰箱、空调等家用电器大多由单相异步电动机来拖动。

异步电动机主要由固定不动的定子和旋转的转子两大部分组成，定子与转子之间有气隙，图 11-3 为鼠笼式异步电动机拆开后的结构。

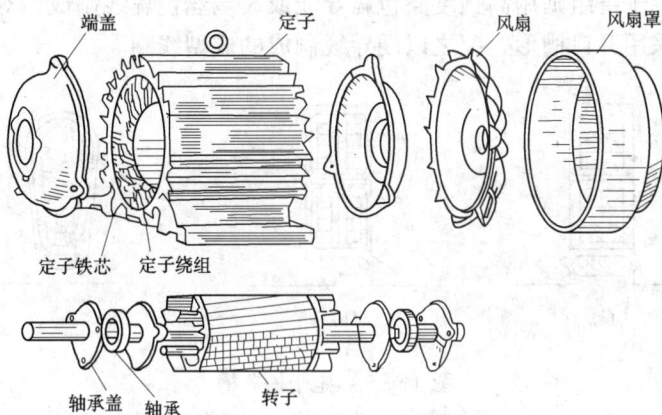

图 11-3 鼠笼式异步电动机的基本结构

11.2.1 定子

定子主要由定子铁芯、定子绕组和机座三部分组成。

1. 机座

机座是电动机的外壳，支撑电机各个部件，承受和传递扭矩，还能形成电动机冷却风路的一部分或作为电动机的散热面。如图 11-4（a）所示。

按安装结构型式可分为卧式和立式两种。中、小型异步电动机多采用铸铁机座，而大型异步电动机则采用钢板焊接成机座。小型封闭式异步电动机为加强散热，在机座外面还铸有筋片。

2. 定子铁芯

定子铁芯的作用是形成磁路的一部分，并起固定定子绕组的作用。

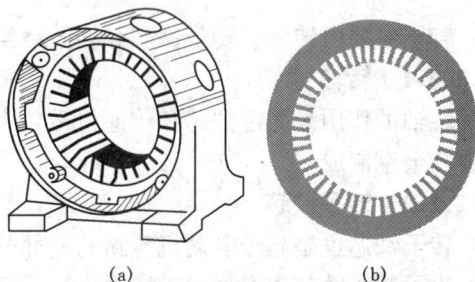

图 11-4 定子机座和定子铁芯冲片
（a）定子机座；（b）定子铁芯冲片

　　为增强导磁能力和减少铁芯损耗，定子铁芯常用 0.5mm 或 0.35mm 厚的硅钢片冲制叠压而成，片间涂上绝缘漆，或经氧化处理使硅钢片表面形成氧化膜。当铁芯直径小于 1m 时，采用整圆硅钢冲片；直径大于 1m 时，用扇形硅钢冲片拼成整圆。冲片内圆上冲有许多形状相同的槽，用来嵌放定子绕组，如图 11-4（b）所示。

　　定子铁芯槽形如图 11-5 所示。100kW 以下的小型异步电动机通常采用半闭口槽，绕组则用高强度漆包圆导线制成；电压在 500V 以下的中型异步电动机通常采用半开口槽，其定子绕组则用高强度漆包扁导线或玻璃丝包扁线制成，对高压大中型异步电动机，都采用开口槽形，配之以硬导线制成的成型线圈。

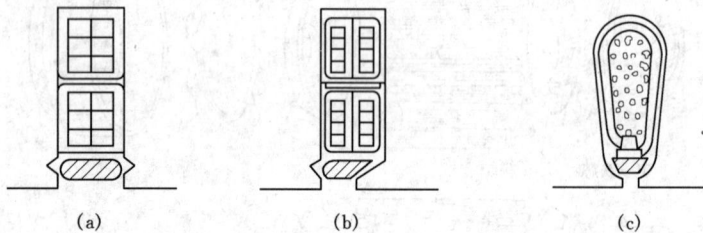

図 11-5　定子铁芯槽
(a) 开口槽；(b) 半开口槽；(c) 半闭口槽

3. 定子绕组

　　定子绕组是异步电动机的电路部分，由多个线圈按一定规律连接而成。为保证其机械强度和导电性能，其材料主要采用紫铜。

　　一般情况下，三相异步电动机三相绕组的六个出线端子均接在机座侧面的接线板上，可以根据需要将三相绕组接成 Y 形或 △ 形接法。

11.2.2　转子

　　转子主要由转轴、转子铁芯和转子绕组三部分组成。

11.2.2.1　转轴

　　转轴的作用是固定铁芯和传递机械功率。为保证其强度和刚度，转轴一般由低碳钢或合金钢制成。

11.2.2.2　转子铁芯

　　转子铁芯也是异步电动机磁路的一部分，并用来固定转子绕组。

　　为了减小铁耗和增强导磁能力，转子铁芯也由 0.5mm 或 0.35mm 厚的硅钢片冲制叠压成，故通常用冲制定子铁芯冲片后剩余下来的内圆部分制作。转子铁芯固定在转轴上（或转子支架上），其外圆上开有槽，用来嵌放转子绕组，如图 11-6 所示。

11.2.2.3 转子绕组

转子绕组的作用是感应电动势和电流并产生电磁转矩。根据转子绕组结构的不同,可分为鼠笼式和绕线式两种。

1. 鼠笼式转子绕组

在转子铁芯的每一个槽中,插有一根裸铜导条,并在转子铁芯两端槽口外用两个端环将全部导条短接,形成一个自身闭合的多相绕组。如果将转子铁芯去掉,整个转子绕组的外形像一个松鼠笼子,故称鼠笼式转子。如图 11-7 (a) 所示。

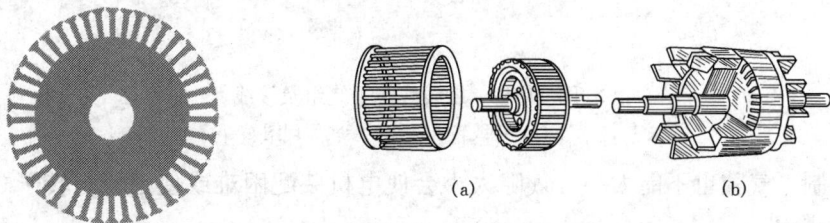

图 11-6 转子铁芯冲片

图 11-7 鼠笼式转子

鼠笼型转子除了可采用铜条作为导条外,为了节约用铜和提高生产率,中、小型异步电动机还常采用铸铝型转子,即在制造时,将转子铁芯叠好后放在模子内,用熔化了的铝液将导条、端环和风扇叶片一次浇铸而成,如图 11-7 (b) 所示。

2. 绕线式转子绕组

绕线式转子绕组与定子绕组结构非常相似。在转子铁芯槽中,嵌放着三相对称绕组(多为双层短距波绕组),采用星形接法,即三相绕组的末端连在一起、三个首端分别接到转子轴上三个彼此绝缘的集电环上。转子绕组通过集电环和电刷(固定在防护罩或定子的其他部位上)与外电路相连,以便改善电机的起动性能或调节电动机的转速,如图 11-8 所示。

为了减小电刷与集电环间的摩擦损耗和电刷的磨损、提高电机运行的可靠性,有的绕线式异步电动机还装有提刷装置。以便电动机起动结束且不需要调速时,移动该装置手柄,使电刷与集电环表面脱离接触,并且在切除与外电路相串联元件(如可变电阻)的同时,使三个集电环彼此短接,以保证转子三相绕组自成封闭回路。

异步电动机除定子和转子外,还有轴承装置、端盖、接线盒、吊环、风扇和防护罩等零部件。

转子靠轴承和端盖支撑,为保证转子的正常旋转,异步电动机的定、转子之间存在着气隙。异步电动机的气隙一般在 0.2~2mm 之间。气隙不能太大,否则,磁路的磁阻增大,产生相同磁通所需的励磁电流增大,功率因数降低。受机械加工精

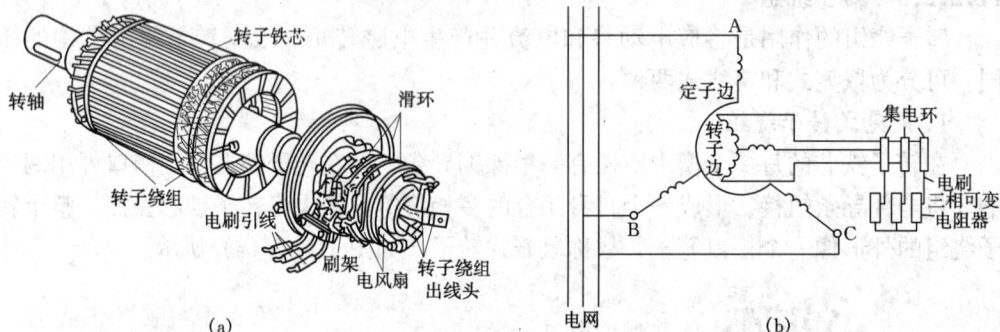

图 11-8 绕线式转子绕组及接线

(a) 绕线转子；(b) 接线原理图

度的限制，气隙也不能太小，气隙太小会使电机装配困难或使定子与转子之间发生摩擦和碰撞。

11.3 三相异步电动机的铭牌

每台三相异步电动机的机座上都有铭牌，上面标明了电动机的型号、额定参数及其他有关技术参数，如表 11-1 所示。正确理解铭牌上各项内容的含义，对正确选用、安装、维护、修理电动机是十分必要的。

表 11-1　　　　　　　　　　三相异步电动机的铭牌

三 相 异 步 电 动 机							
型号	$Y132S_2-2$	电压	380V	接法	△
容量	7.5kW	电流	15A	工作方式	连续
转速	2900r/min	功率因数	0.88	温升	80℃
频率	50Hz	绝缘等级	B	重量	××
×××电机厂		产品编号×××		年	月

11.3.1 额定参数的意义

1. 额定功率（容量）P_N

电动机在额定状态运行时，转轴上输出的机械功率，同时也是电动机长期运行所不允许超过的最大功率，单位为 W 或 kW。

2．额定电压 U_N

电动机额定状态运行时，定子绕组应施加的线电压，单位为 V 或 kV。

3．额定电流 I_N

电动机额定状态运行时，定子绕组流过的线电流，同时也是电动机长期运行所不允许超过的最大电流，单位为 A。

4．额定频率 f_N

电动机额定状态运行时，定子绕组应施加的交流电源的频率。因为我国国内使用的电网频率规定为 50Hz，所以除出口产品外，国内使用的交流异步电动机的额定频率都是 50Hz。

5．额定转速 n_N

在额定电压、额定频率下，轴端有额定功率输出的状态运行时的电动机转速，单位为 r/min（转/分）。

6．额定功率因数 $\cos\varphi_N$

电动机额定状态运行时，定子侧的功率因数。

在三相异步电动机中，存在以下关系

$$P_N = \sqrt{3}\,U_N I_N \cos\varphi_N \eta_N \tag{11-2}$$

式中　η_N——电动机的额定效率。

11.3.2　型号

异步电动机的型号由汉语拼音字母的大写字母与阿拉伯数字组成。其中汉语拼音字母是根据电机全名称选择有代表意义的汉字，用该汉字的第一字母组成，例如 Y 代表异步电动机，YR 代表异步绕线式电动机。下面以一具体型号说明其意义：

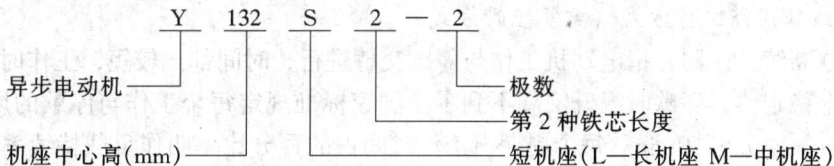

Y　132　S　2—2

异步电动机——机座中心高(mm)——短机座(L—长机座 M—中机座)——第2种铁芯长度——极数

11.3.3　防护等级

防护等级是指电动机外壳防止异物和水进入电机内部的等级。外壳防护等级是以字母"IP"和其后的两位数字表示的。"IP"为国际防护的缩写字母，IP 后面第一位数字表示产品外壳按防止固体异物进入内部、防止人体触及内部的带电部分或运动部件的防护等级，共分为五级。IP 后面第二位数字表示电机对水侵害（滴水、淋水、溅水、喷水、浸水及潜水等）的防护等级，共分七级。数字越大，防护能力越强。如 IP23 表示防护大于 12mm 的固体和防止与垂直方向成 60°角范围内的淋水不直接进入电机内。

11.3.4　绝缘等级

绝缘等级表示电机所用绝缘材料的耐热等级，它决定了电机的允许温升。如 B 级绝缘电机的允许温升为 80℃，即允许的实际温度为 120℃。

11.3.5　工作方式

电动机的工作方式又称为工作制或工作定额。它是电动机承受负载情况的说明，包括起动、电气制动、空载、断电停转以及这些阶段的持续时间和先后顺序。工作方式是设计和选择电动机的基础。通常在使用中把工作方式分为三种。

1．连续工作方式

电动机工作时间较长，温升可以达到稳定值，也称为长期工作方式，如通风机、水泵、机床主轴、造纸机、纺织机等连续工作的生产机械都应使用连续工作方式的电动机。

2．短时工作方式

电动机工作时间较短，停歇时间较长。工作时温升达不到一个稳定值，而停歇后温升降为零，即电机温度等于环境温度。如短时工作的水闸闸门启闭机的电动机应使用短时工作方式的电动机。我国规定的短时工作方式的标准工作时间有 15min、30min、60min、90min 等几种。

3．断续周期工作方式（重复短时方式）

简称断续工作制，指电动机工作与停歇交替进行，时间都比较短，工作时温升达不到一个稳定值，停歇时温升又降不到零。国家标准规定每个工作与停歇的周期 $t_周$ = （$t_{工作}$ + $t_停$）≤10min。每个周期内工作时间占的百分比率叫作负载持续率（或暂载率），我国规定的标准负载持续率有 15%、25%、40%、60% 四种。用于断续工作制的电动机会频繁起、制动，要求其过载能力强，转动惯量小，机械强度高。如起重机械、电梯等机械应使用此种工作方式的电动机。

由工作方式的定义可以看出，当有两台额定功率相同而工作方式不同的电机时，连续工作方式的一台可作为断续周期工作方式使用，断续周期工作方式的可作为短时工作方式使用，反过来则不行，否则电机会超过允许温升，缩短其使用寿命。

11.3.6 接法

接法指三相异步电动机的定子绕组的连接方式，有 Y（星形）接线和 Δ（三角形）接线两种，使用时应按铭牌规定连接。国产 Y 系列的异步电动机，额定功率 4kW 及以上的均采用三角形接线，以便于采用 Y—Δ 起动法起动。异步电动机三相绕组共六个首尾端都引入到电动机机座的接线盒中，首端用 U_1、V_1、W_1 标志，尾端用 U_2、V_2、W_2 标志。星形、三角形接线图如图 11-9 所示。

电动机的铭牌上还标有温升、重量等数据。对绕线式电动机，还常标明转子电压（定子加额定电压时转子的开路电压）和转子额定电流等数据。

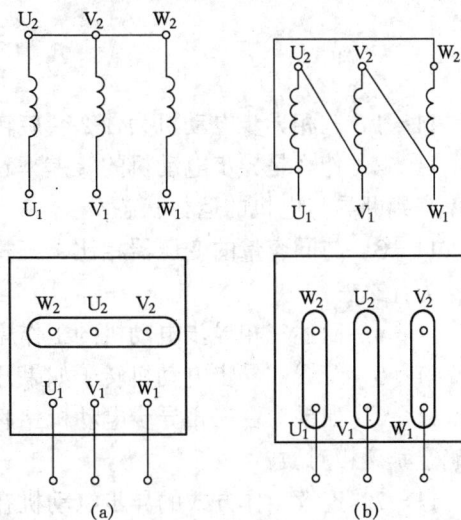

图 11-9 三相异步电动机接线图
(a) 星形接线；(b) 三角形接线

小　　结

1. 三相异步电动机的基本工作原理是，定子三相对称绕组通入三相对称电流产生旋转磁场（电生磁），转子闭合导体切割旋转磁场产生感应电动势和电流（动磁生电），转子载流导体在旋转磁场作用下产生电磁力并形成电磁转矩，驱动转子旋转。

2. 转子转速恒小于同步转速，即存在转差率是异步电动机工作的必要条件。

3. 异步电动机的转向取决于定子电流的相序，所以通过改变定子电流的相序可以改变电动机的转向。

4. 为了反映转子转速与定子旋转磁场的相对速度，引入了转差率的概念：$s = \dfrac{n_1 - n}{n_1}$。

5. 根据转差率的不同，异步电机分为三种运行状态：电动机运行状态（$0 < s < 1$），发电机运行状态（$-\infty < s < 0$），电磁制动运行状态（$1 < s < \infty$）。

6. 异步电动机的基本结构包括定子、转子两部分，按转子结构的不同，可分为鼠笼式和绕线式两大类，它们的定子结构相同。

习　　题

11-1　三相异步电动机为什么会旋转？如何改变其转向？

11-2　什么是异步电动机的转差率？异步电动机为什么存在转差？如何根据转差率来判断异步电机的运行状态？

11-3　与同容量的变压器相比，三相异步电动机与变压器哪一个的空载电流更大？为什么？

11-4　简述三相异步电动机的工作原理。

11-5　绕线式异步电动机转子如果开路该电机通电后是否能旋转？为什么？

11-6　如果一台三相异步电动机铭牌上看不出磁极对数，如何根据其额定转速来确定其磁极对数？

11-7　连续工作方式的异步电动机在保持额定功率不变的情况下，可否作短时工作方式使用？为什么？

11-8　怎样由异步电动机的转速来判断负载轻重？

11-9　一台三相异步电动机 $P_N = 75kW$，$U_N = 3000V$，$n_N = 970r/min$，$I_N = 18.5A$，$f_N = 50Hz$，$c\cos\varphi_N = 0.85$，试求：

（1）异步电动机的极数；

（2）额定负载时的转差率 s_N；

（3）额定负载时电动机的效率 η_N。

11-10　有一台异步电动机，$n_N = 1450r/min$，$f_N = 50Hz$。试求：

（1）异步电动机的磁极对数 p；

（2）额定转差率 s_N；

（3）如果电动机转速为 1420r/min，转差率又是多少？

11-11　有一台异步电动机，磁极对数 $p = 2$，$s_N = 0.04$，$f_N = 50Hz$。试求：

（1）电动机的同步转速 n_1；

（2）异步电动机的额定转速 n_N。

第 12 章

三相异步电动机的运行原理

【教学要求】 了解三相异步电动机运行时内部的电磁关系、功率和转矩平衡关系、工作特性，理解等效电路和电磁转矩的物理表达式，掌握三相异步电动机的机械特性。

同变压器一样，异步电动机的定子与转子之间只有磁的直接联系，而没有电的直接联系，它们都是通过电磁感应实现能量的传递。当把异步电动机的定子绕组看成变压器的一次侧绕组，把其转子绕组看成变压器的二次侧绕组时，则三相异步电动机与变压器内部的电磁关系基本上一致。故分析变压器电磁关系的基本方法（基本方程式、等效电路和相量图）也可用于异步电动机。但是由于异步电动机是旋转电机，变压器是静止电机，变压器铁芯中是一个脉振磁场，而异步电动机的气隙中却是一旋转磁场。随着转速变化，转子电路中的感应电动势及电流的频率会发生相应的变化，而与定子电路中频率不相等，这些又与变压器有较大的区别，使异步电动机的分析比变压器更为复杂。

12.1 三相异步电动机运行时的物理状况

12.1.1 负载运行时的物理状况

异步电动机的定子绕组接上三相对称电压，转子带上机械负载时的运行，称为负载运行。

当异步电动机拖动机械负载时，由于负载阻转矩的存在，电动机的转速将比空载时下降，从而定子旋转磁场与转子的相对切割速度 $\Delta n = n_1 - n$ 增大，转差率 s 增大，使转子电动势、电流增大，相应的电磁转矩将增大，以平衡负载转矩。同时，从电源输入到定子的电流和电功率也会增加。

1. 电动势平衡方程式

类似于变压器的分析，可得到三相异步电动机定、转子的电动势平衡方程式，即：

（1）定子电动势平衡方程式。

$$\dot{U}_1 = -\dot{E}_1 + \dot{I}_1 z_1 \tag{12-1}$$

式中 $\dot{E}_1$——主磁通在定子绕组中产生的感应电动势；

z_1——定子绕组的漏阻抗。

与变压器类似，由于异步电动机负载运行时定子绕组的阻抗压降较小，为简单起见，在定性分析时，可忽略不计，此时有关系式

$$U_1 \approx E_1 = 4.44 f_1 N_1 k_{w1} \Phi_1 \tag{12-2}$$

对异步电动机来讲，K_{w1} 和 N_1 都是定值，如果 f_1 不变，则主磁通与电源电压成正比。当电源电压不变时，主磁通 Φ_1 也基本不变，这是分析异步电动机电磁关系的一个重要理论依据。

（2）转子电动势平衡方程式。

$$\dot{E}_{2s} = \dot{I}_{2s}(r_2 + jx_{2s}) \tag{12-3}$$

式中 E_{2s}——转子旋转时，主磁通在转子绕组中产生的感应电动势，

$$E_{2s} = 4.44 f_2 N_2 k_{w2} \Phi_1$$

x_{2s}——转子旋转时，转子绕组漏阻抗，$x_{2s} = 2\pi f_2 L_2$。

为此，可得到转子电流和转子功率因数的表达式

$$\dot{I}_{2s} = \frac{\dot{E}_{2s}}{r_2 + jx_{2s}} \tag{12-4}$$

$$\cos\varphi_2 = \frac{r_2}{\sqrt{r_2^2 + x_{2s}^2}} \tag{12-5}$$

2. 转子绕组感应电动势的频率

$$f_2 = \frac{p\Delta n}{60} = \frac{p(n_1 - n)}{60} = \frac{pn_1}{60}\frac{n_1 - n}{n_1} = sf_1 \tag{12-6}$$

可见，作为旋转电机，其转子感应电动势的频率与定子电源频率并不总是相等。当电动机在额定转速下运行时，$f_2 = sf_1 = (0.01 \sim 0.06) \times 50 = (0.5 \sim 3)$ Hz。

3. 负载时的磁动势平衡方程式

空载运行时，可认为异步电动机中只有空载电流 $\dot{I}_0$，所以电机中只有该电流产生的空载磁动势 $\overline{F}_0$ 来建立气隙磁场。

负载运行时，异步电动机存在两个电流，即定子电流和转子电流，它们分别在电

机中产生定子磁动势 $\overline{F}_1$ 和转子磁动势 $\overline{F}_2$。可以证明，在异步电动机中，这两个磁动势都是旋转磁动势，且方向和速度相同，即在空间上相对静止，他们共同建立气隙主磁通 $\dot{\Phi}_m$。故它们可以看成是一个合成磁动势，表示为 $(\overline{F}_1+\overline{F}_2)$。

类似变压器，空载时只有 $\dot{I}_0$ 建立气隙磁场，而当转子接上负载后，$\dot{I}_2$ 将增大，该电流产生的磁动势对 $\dot{I}_0$ 建立的气隙磁场有去磁作用。由于电源电压 $\dot{U}_1$ 不变，Φ_1 的大小基本不变。为维持主磁通量 Φ_1 不变，定子电流必须增大到 I_1，增大部分的电流用来抵消转子电流的去磁作用。因为 Φ_1 基本不变，所以负载时的合成磁动势 $(\overline{F}_1+\overline{F}_2)$ 与空载时磁动势 $\overline{F}_0$ 相等，即有负载时的磁动势平衡方程式为

$$\overline{F}_1 + \overline{F}_2 = \overline{F}_0 \tag{12-7}$$

从而可推导出

$$\dot{I}_1 + \frac{\dot{I}_2}{k_i} = \dot{I}_0 \tag{12-8}$$

式中　k_i——电流比，$k_i = \dfrac{m_1 k_{w1} N_1}{m_2 k_{w2} N_2}$。

12.1.2　异步电动机空载时的物理状况

在实际运行过程中，会出现三相异步电动机空载或转子不转的情况，这都可以看成是异步电动机负载运行时的两种特殊状态，先讨论空载运行时的物理状况。

当三相异步电动机定子绕组接在三相对称电源上，转子正常旋转，且轴上不带机械负载时的运行状态，称之为空载运行状态。

在空载运行时，转子转速非常接近同步转速，即 $n \approx n_1$，此时定子旋转磁场与转子的相对切割速度 $\Delta n = (n_1-n) \approx 0$，$s \approx 0$，$f_2 \approx 0$。则有 $E_{2s} \approx 0$，$I_{2s} \approx 0$，这时的异步电动机相当于变压器副边开路。此时异步电动机只有定子绕组上出现了一个电流，我们称之为空载电流，用 $\dot{I}_0$ 表示。

同变压器一样，空载电流的作用是用来产生磁场的，所以空载电流又称为空载励磁电流，基本上为无功性质电流，所以异步电动机空载时的功率因数很低。由于异步电动机中主磁通的磁路要两次经过气隙，磁阻大，所以异步电动机的空载电流占额定电流的百分比的值比变压器大得多，可达到额定电流的 20%～50%，其中小容量电机的比例比大容量电机高。

12.1.3　异步电动机转子不转时的物理状况

在两种状态下，会发生异步电动机转子不转的情况。一是刚接通电动机电源，但

电动机还未及转动的瞬间；二是运行过程中因负载过重、电压过低或被异物卡住等原因，而使电动机停止转动，习惯称此现象为堵转。

此时，由于转子转速 $n=0$，所以异步电机的转差率为

$$s = \frac{n_1 - n}{n_1} = 1 \qquad (12-9)$$

转子绕组感应电动势的频率为

$$f_2 = sf_1 = f_1 \qquad (12-10)$$

转子绕组的电流为

$$\dot{I}_2 = \frac{\dot{E}_2}{r_2 + jx_2} \qquad (12-11)$$

$$E_2 = 4.44 f_1 N_2 k_{w2} \Phi_1$$
$$x_2 = 2\pi f_2 L_2 = 2\pi f_1 L_2$$

在式（12-11）中，转子电流的大小主要取决于转子电动势的变化，由于 f_1 远大于 f_2，所以 E_2 远大于 E_{2s}，此时的转子电流将很大，同时定子电流也将上升，达到额定电流的 4～7 倍，这相当于变压器副边绕组短路时的情况。同时，由于 x_2 远大于转子旋转时的漏电抗 x_{2s}，所以此时的转子功率因数很低。

在正常运行时，绝不允许转子被长时间堵转，否则会因为过流而烧坏定子绕组和绕线型异步电动机的转子绕组。

12.1.4 折算

异步电动机的定、转子间只有磁的联系，而无电路上的联系。为了便于分析和简化计算，需要用一个等效电路来代替这两个独立的电路。要达到这一目的，就必须要象变压器一样对异步电动机进行折算。

作为旋转电机，异步电动机的折算分成两步：首先进行频率折算，把旋转的转子变成静止的转子，使定、转子电路的频率相等；然后进行绕组折算，使定、转子绕组的相数、匝数、绕组系数相等。

1. 频率的折算

所谓频率折算，实质上就是用一个等效的静止的转子来代替实际旋转的转子。为了保持折算前后电动机的电磁关系不变，折算的原则是：折算前后转子磁动势 $\overline{F}_2$ 的大小和空间位置不变，转子上各种功率不变。

2. 绕组的折算

类似变压器的折算，绕组的折算就是用一个与定子绕组具有相同的相数 m_1、匝

数 N_1 和绕组系数 k_{w1} 的等值绕组去代替相数为 m_2、匝数为 N_2 和绕组系数为 k_{w2} 的实际转子绕组。折算的原则与频率折算相同。折算后的感应电动势与定子绕组所产生的感应电动势相等，即 $\dot{E}_2' = \dot{E}_1$。通过折算后，异步电动机的基本方程式变为

$$\dot{U}_1 = -\dot{E}_1 + \dot{I}_1(r_1 + jx_1) \tag{12-12}$$

$$\dot{E}_2' = \dot{I}_2'\left(\frac{r_2'}{s} + jx_2'\right) = \dot{I}_2'\left(r_2' + jx_2' + \frac{1-s}{s}r_2'\right) \tag{12-13}$$

$$\dot{E}_2' = \dot{E}_1 = -\dot{I}_0 z_m \tag{12-14}$$

$$\dot{I}_0 = \dot{I}_1 + \dot{I}_2' \tag{12-15}$$

将转子侧各量折算到定子侧时，转子电动势或电压乘以电动势变比 $k_e = \dfrac{k_{w1}N_1}{k_{w2}N_2}$；转子电流除以电流比 k_i；转子电阻和电抗乘以 $k_e k_i$。在进行折算的过程中，在转子回路中出现了一个串联的可变电阻 $\dfrac{1-s}{s}r_2'$，它是一个等效电阻，在 $\dfrac{1-s}{s}r_2'$ 上消耗的电功率等效于电动机所产生的总机械功率。

12.1.5 等效电路

1. T 型等效电路

由基本方程式，利用与变压器类似的分析方法，可画出三相异步电动机一相的 T 型等效电路，如图 12-1 所示。

通过比较，异步电动机的 T 型等效电路与变压器带纯电阻负载时的等效电路相似。同时可以看出：

(1) 当异步电动机空载运行时，$n \to n_1$，$s \to 0$，则有 $\dfrac{1-s}{s}r_2' \to \infty$，相当于变压器开路时的情况，$I_2' \approx 0$，$I_1 = I_0$，电动机功率因数很低，产生的总机械功率也很小。

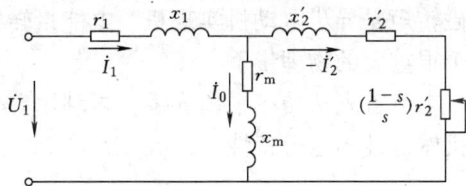

图 12-1 异步电动机的 T 型等效电路

(2) 当异步电动机带额定负载运行时，转差率为 $s_N = $（0.01～0.06），此时转子电路的电阻 $\dfrac{r_2'}{s}$ 远大于 x_2'，转子功率因数较高，定子功率因数 $\cos\varphi_N$ 也较高，一般在 0.8～0.85。

(3) 当转子不动（堵转）时，$n = 0$，$s = 1$，则对应的附加电阻 $\dfrac{1-s}{s}r_2' = 0$，相应

的总机械功率也为零，此时的异步电动机相当于变压器副边短路时的情况，定、转子回路的电流均很大。

2．简化等效电路（Γ型等效电路）

为了简化计算，与变压器一样，可将 T 型等效电路中的励磁支路从中间移到电源端，将混联电路简化为并联电路，这个并联电路我们称之为简化等效电路，也叫 Γ 型等效电路，如图 12 - 2 所示。

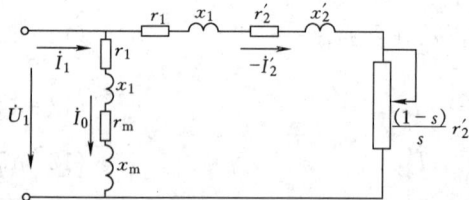

图 12 - 2 异步电动机的 Γ 型等效电路

但在异步电动机中，z_m^* 较小，I_0^* 和 z_1^* 均较大，为了减小误差，在励磁支路从中间移到电源端的同时，励磁支路应引入定子漏阻抗 z_1，以校正电源电压增大对励磁电路的影响。简化等效电路基本上能够满足工程上对准确度的要求。

从等效电路上看，异步电动机对电网来说相当于一个阻感性负载，需从电网吸收感性无功。

12.2 电磁转矩与机械特性

异步电动机将电能转变成机械能是通过在转子上产生电磁转矩来实现的。因此，电磁转矩是异步电动机实现机、电能量转换的关键，是分析异步电动机的运行性能的一个很重要的物理量。

本节首先从功率平衡入手，再利用等效电路导出电磁转矩表达式，并进一步讨论其机械特性和运行特性。

12.2.1 功率平衡方程式

异步电动机运行时，定子从电网吸收电功率，通过转子向拖动的负载输出机械功率。电机在实现机、电能量转换的过程中，必然会产生各种损耗。根据能量守恒定律可得到相应的功率平衡表达式，即电动机的输出机械功率应等于输入功率减去总损耗。

1．异步电动机的功率传递

由等效电路可得出异步电动机的功率传递图，如图 12 - 3 所示。

图 12 - 3 中传递的功率用大写的 P 表示，而损耗用小写的 p 表示。

图中　P_1——输入功率，是由电网向定子输入的有功功率（$m_1 U_1 I_1 \cos\varphi_1$）；

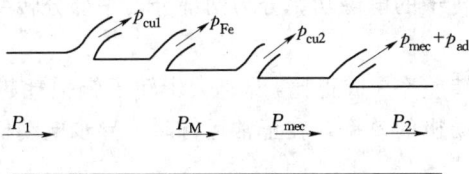

图 12-3　异步电动机的功率传递图

P_M——电磁功率，通过电磁感应作用，由定子传递到转子的功率 $\left(m_1 I_2'^2 \dfrac{r_2'}{s} \right)$；

P_{mec}——总机械功率 $\left(m_1 I_2'^2 \dfrac{1-s}{s} r_2' \right)$；

P_2——输出功率，是异步电动机轴上输出的机械功率。当额定运行时，该功率即是电机铭牌上的额定功率；

p_{cu1}——定子铜损耗；

p_{Fe}——定子铁芯损耗；（异步电动机正常运行时，转子频率很低，一般为 1～3Hz，转子铁芯损耗很小，可忽略不计。）

p_{cu2}——转子铜损耗 $(m_1 I_2'^2 r_2')$；

p_{mec}——机械摩擦损耗；

p_{ad}——附加损耗，由于电机铁芯中有齿和槽的存在，定、转子磁动势中含有高次谐波磁动势等原因，所引起的损耗。

2. 功率平衡方程式

根据异步电动机的功率传递图，由能量守恒定律，很容易得到以下的功率平衡方程式

$$P_2 = P_1 - \sum p \tag{12-16}$$

$$\sum p = p_{cu1} + p_{Fe} + p_{cu2} + p_{mec} + p_{ad}$$

$$P_2 = P_{mec} - p_{mec} - p_{ad} = P_{mec} - p_0$$

或

$$P_{mec} = P_2 + p_0 \tag{12-17}$$

$$p_0 = p_{mec} + p_{ad}$$

式中　$\sum p$——异步电动机的总损耗。

由各个功率的表达式可以推出

$$p_{cu2} = sP_M \tag{12-18}$$

$$P_{mec} = (1-s)P_M \tag{12-19}$$

式（12-18）和式（12-19）表明：

（1）从气隙传递到转子的电磁功率分为两部分，一部分转变为转子铜损耗，一部分转变为总机械功率。

（2）转子铜损耗与转差率 s 成正比，s 越大，转子铜损耗越大，异步电动机效率越低。为了提高异步电动机的效率，在正常运行时，异步电动机的转差率都很小，一般在 0.01～0.06 之间。

（3）改变转子电阻，就改变了转子铜损耗，也就改变了转差率 s，也就是说，改变转子回路电阻可以调节异步电动机的转速。

12.2.2　转矩平衡方程式

从动力学知，旋转体的机械功率等于作用在旋转体上的转矩与机械角速度的乘积，即：$P = T\Omega$。当我们将式（12-17）两边同时除以机械角速度 Ω，就可以得到稳态时异步电动机的转矩平衡方程式

$$\frac{P_{\text{mec}}}{\Omega} = \frac{P_2}{\Omega} + \frac{P_0}{\Omega} \tag{12-20}$$

即

$$T = T_2 + T_0 \tag{12-21}$$

式中　T——电磁转矩，为驱动性质的转矩；

　　　　T_2——负载转矩，它是机械负载反作用于异步电动机轴上的转矩，是一种制动性质的转矩；

　　　　T_0——空载转矩，它是由异步电动机的机械损耗和附加损耗所产生的转矩，也是一种制动性质的转矩。

转矩平衡方程式对电动机的运行分析非常重要，当 $T > T_2 + T_0$ 时，电动机会加速，否则电动机会减速，只有当 $T = T_2 + T_0$，电动机才能匀速运行。

12.2.3　电磁转矩 T 的物理表达式

电磁转矩 T 是由转子载流导条与主磁场相互作用而产生的。因此，其大小相应地可以用转子电流和气隙主磁通来表示，经推导可得

$$T = C_T \Phi_1 I_2' \cos\varphi_2 \tag{12-22}$$

式中　C_T——电磁转矩常数，与电动机结构有关的参数。

式（12-22）称为电磁转矩的物理表达式。该式表明，电磁转矩是转子电流的有功分量与气隙主磁通相互作用产生的；正常运行时，电源电压 U_1 为额定电压，气隙主磁通基本不变，所以电磁转矩与转子电流的有功分量成正比。

12.2.4　参数表达式

式（12-22）物理概念清晰，对定性分析不同运行情况下电磁转矩的变化规律比

较方便。但由于表达式中主磁通 Φ_1 和鼠笼式异步电动机的转子电流很难确定，故很难进行定量计算，更不能得到电磁转矩与转速之间的直接关系。为了便于计算及能反映在不同转差率时电磁转矩的变化规律，还需要导出电磁转矩和转差率（或转速）之间的参数表达式。

由相关公式，可推导出电磁转矩的参数表达式

$$T = \frac{m_1 p U_1^2 \dfrac{r_2'}{s}}{2\pi f_1 \left[\left(r_1 + \dfrac{r_2'}{s} \right)^2 + (x_1 + x_2')^2 \right]} \qquad (12-23)$$

式中　m_1——定子绕组相数；

　　　p——极对数；

　　　f_1——电源频率；

　　　U_1——加在定子绕组上的相电压，V。

电阻、电抗单位为 Ω；转矩单位为 Nm。

式（12-23）反映了电磁转矩 T 与转差率 s（或转速 n）、电源电压、频率及电动机参数之间的关系。当电源及电动机参数不变时，电磁转矩 T 仅与转差率 s（或转速 n）有关。

12.2.5　机械特性

12.2.5.1　机械特性的定义

当电源及电动机参数不变时，电磁转矩 T 仅与转差率 s（或转速 n）有关。将电磁转矩 T 与转差率 s 的关系 $T = f(s)$ 称为转矩特性。因为转速 n 与转差率 s 有对应关系式 $s = \dfrac{n_1 - n}{n_1}$，所以可将 T 与 s 的关系转化为 T 与 n 的关系。而把电磁转矩 T 与电动机转速 n 之间的函数关系 $T = f(n)$，称为机械特性。当用曲线表示三相异步电动机的机械特性时，习惯上仍把转速 n（或转差 s）画在纵坐标上，横坐标为电磁转矩 T，简称 T—s 曲线，如图 12-4 所示。

机械特性曲线的形状，可由式（12-23）得到解释：

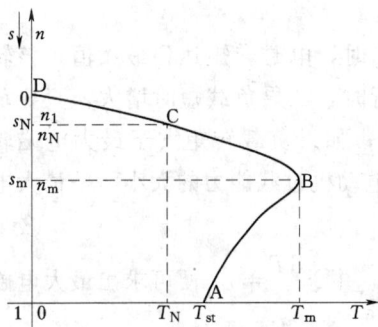

图 12-4　异步电动机的机械特性

(1) 当异步电动机转子转速 $n = n_1$ 时，转差率 $s = 0$，$\dfrac{r_2'}{s} \to \infty$，$I_2' = 0$，$T = 0$。

(2) 当转速 n 逐渐下降时，s 开始从零增大，由于刚开始时 s 很小，所以 $\dfrac{r_2'}{s}$ 很大，此时 $\dfrac{r_2'}{s}$ 远大于 r_1 和 $(x_1 + x_2')$，于是 r_1 和 $(x_1 + x_2')$ 可忽略不计，此时电磁转矩 T 随 n 的减小而增加（近似成正比）。

(3) 当 n 降低到一定值时，由于 s 较大，$\dfrac{r_2'}{s}$ 相对变小了，$(x_1 + x_2')$ 开始成为分母中的主要部分，此时随着 n 的减小，电磁转矩 T 的增大并不是很大。

(4) 当 n 降低到临界值 n_m（s_m）时，T 达到最大值 T_{max}（简写为 T_m）。如果 n 继续降低，s 将进一步增大，$\dfrac{r_2'}{s}$ 将更小，使得 $\dfrac{r_2'}{s}$ 远小于 $(x_1 + x_2')$，此时 $\dfrac{r_2'}{s}$ 可略去不计，则电磁转矩 T 随 n 的降低而减小。

(5) 当 $n = 0$，$s = 1$ 时，所对应的转矩为起动转矩 T_{st}。当 T_{st} 大于负载转矩时，电动机便开始转动。

12.2.5.2 额定转矩

异步电动机带额定负载时的输出转矩称为额定转矩，用字母 T_N 表示，其计算式为

$$T_N = \frac{P_N \times 10^3}{\Omega_N} = \frac{P_N \times 10^3}{2\pi n_N / 60} = 9550 \frac{P_N}{n_N} (\text{N} \cdot \text{m}) \qquad (12-24)$$

式中　P_N——异步电动机的额定功率，kW；

　　　n_N——异步电动机的额定转速，r/min。

12.2.5.3 最大电磁转矩 T_m 和过载能力 K_m

1. 最大电磁转矩 T_m

从图 12-4 所示的机械特性曲线可见，当 $s = s_m$ 时，电磁转矩达到最大值，该转矩称为最大电磁转矩，用 T_m 表示。电动机正常运行时，如果负载短时增大，只要负载转矩不超过最大电磁转矩，电动机仍能稳定运行；如果负载转矩大于最大电磁转矩，电动机就要停转。因此，最大电磁转矩能反映电动机过载能力的大小——最大电磁转矩越大，过载能力越强。

为了求最大转矩，将式（12-24）对 s 求导 $\dfrac{\mathrm{d}T}{\mathrm{d}s}$，并令 $\dfrac{\mathrm{d}T}{\mathrm{d}s} = 0$，便可求出最大电磁转矩的转差率 s_m，其值为

$$s_m = \frac{r_2'}{\sqrt{r_1^2 + (x_1 + x_2')^2}} \qquad (12-25)$$

s_m 称为临界转差率，一般在 0.2 左右。将 s_m 代入式（12-23）中，便可求得最

大电磁转矩

$$T_m = \frac{m_1 p U_1^2}{4\pi f_1 \left[r_1 + \sqrt{r_1^2 + (x_1 + x_2')^2} \right]} \qquad (12-26)$$

由于 r_1 很小，若不计 r_1 时，有

$$s_m = \frac{r_2'}{x_1 + x_2'} \qquad (12-27)$$

分析以上各式可知，最大电磁转矩具有以下特点：

(1) 当电源频率和电机参数不变时，最大电磁转矩与电源电压的平方成正比，即 $T_m \propto U_1^2$，但临界转差 s_m 与电源电压无关。

(2) 最大电磁转矩 T_m 的大小与转子回路电阻 r_2' 的大小无关，但临界转差率 s_m 与 r_2' 成正比。因此，在转子回路中串入电阻后可以改变转矩特性曲线。绕线式异步电动机正是利用这一点来达到改善异步电动机的起动、调速和制动性能。

(3) 如果忽略电阻 r_1，当电源电压 U_1 和频率 f_1 为常数时，最大电磁转矩 T_m 与电机参数 $(x_1 + x_2')$ 成反比。

(4) 当电源电压和电机参数一定时，最大电磁转矩 T_m 随频率 f_1 的增大而减小。

2. 过负荷系数 k_m

电动机的最大转矩 T_m 与额定转矩 T_N 之比称为过负荷系数，用 k_m 表示，则有

$$k_m = \frac{T_m}{T_N} \qquad (12-28)$$

过负荷系数反映了异步电动机短时过负荷的能力，k_m 越大，短时过负荷能力越强。对此国家标准有明确规定：普通异步电动机的 $k_m = 1.8 \sim 2.5$；Y 系列异步电动机的 $k_m = 2 \sim 2.2$；起重和冶金用的异步电动机 $k_m = 2.2 \sim 2.8$；特殊电动机的 k_m 可达 3.7。

12.2.5.4 起动转矩

当电动机刚接通电源瞬间时的电磁转矩，称为起动转矩（或最初起动转矩）。在刚通电瞬间，转子由于机械惯性，还来不及旋转，此时 $n = 0$，$s = 1$。如果把 $s = 1$ 代入式（12-23），就可得到起动转矩的表达式

$$T_{st} = \frac{m_1 p U_1^2 r_2'}{2\pi f_1 \left[(r_1 + r_2')^2 + (x_1 + x_2')^2 \right]} \qquad (12-29)$$

由上式可以看出：

(1) 当频率和电机参数一定时，起动转矩与电源电压的平方成正比，即 $T_{st} \propto U_1^2$。

(2) 当电源电压和频率一定时，漏抗 $(x_1 + x_2')$ 越大，起动转矩越小。

(3) 当电源电压、频率和漏抗一定时，增大转子回路电阻，起动转矩会相应增

大。当使 $s_m = 1$，增大转子回路电阻与电抗相等（$r_2' + r_{st}' = x_1 + x_2$）时，起动转矩将等于最大转矩。

起动转矩与额定转矩的比值，称为起动转矩倍数。用 k_{st} 来表示。起动转矩倍数也是异步电动机的重要性能指标之一，它反映了电机起动能力的大小，国家标准规定，一般异步电动机 $k_{st} = 1.0 \sim 2.0$，对起重、冶金等要求起动转矩大的场合，要求 $k_{st} = 2.8 \sim 4.0$。

上述各转矩在机械特性曲线中的大致位置，见图12-4。

12.2.6 人为机械特性

12.2.6.1 固有机械特性

当异步电动机的定子外接额定电压 U_N 和额定频率 f_N 的电源，定子绕组按规定的接线方式连接，定子和转子回路不外接附加电阻（电抗、电容）时的机械特性称为固有机械特性，如图12-4所示。

12.2.6.2 人为机械特性

为了适应负载对电动机起动、调速及制动方面的不同要求，常常通过改变电源电压、电源频率、转子回路电阻、极对数等方法来改变异步电动机的机械特性，这时候得到的机械特性称为人为机械特性。

1. 改变电源电压 U_1 的人为机械特性

由于几种电磁转矩均与电源电压的平方成正比。因此，增大或减小电源电压都可能改变电动机的机械特性。但是由于异步电动机在额定电压下运行时，磁路已饱和。因此，不能利用升高电压的方法来改变机械特性，故这里只讨论降低电源电压时的人为机械特性。

由于 $T_{st} \propto U_1^2$，$T_m \propto U_1^2$，所以最大转矩和起转转矩都随 U_1 的降低成平方倍地减小。但最大转矩所对应的临界转差率 s_m 与电源电压 U_1 无关，故改变电源电压时，s_m 不变。又由于异步电动机的同步转速 n_1 与 U_1 无关。因此，降低电源电压得到的各条人为机械特性曲线都通过 n_1 点，见图12-5所示的改变电源电压的人为机械特性曲线。

降低异步电动机电源电压后，电动机的起动

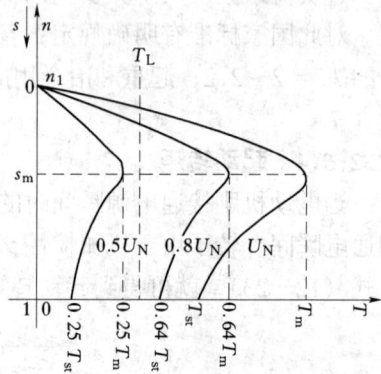

图12-5 改变电源电压的
人为机械特性曲线

转矩倍数和过载能力均会显著下降。如果电源电压下降太多，甚至有可能出现最大转矩小于负载转矩，而使电动机停转。

当负载转矩不变时，电源下降后会导致转速减小，从而引起定、转子电流增大。长期欠压运行，电动机会因过热而缩短使用寿命。

2. 转子回路串电阻时的人为机械特性曲线。

绕线式异步电动机可以利用在转子回路串入对称三相电阻的方法来人为地改变机械特性。由于临界转差率 s_m 与转子回路电阻成正比，而最大电磁转矩与转子回路电阻无关，所以改变转子回路电阻，最大电磁转矩 T_m 不变，但临界转差率 s_m 随转子回路电阻的增大而增大，故转子回路电阻越大，曲线越向下倾斜，机械特性变得越软。如图 12-6 所示。

转子回路串入对称电阻适用于绕线式异步电动机的起动、调速和制动。

3. 定子回路串接对称电抗或电阻时的人为机械特性

在笼型异步电动机的定子回路中串入三相对称电抗时，由前面的分析可知，定子回路电抗的增加并不影响同步转速 n_1 的大小，但会导致 T_m、T_{st} 和 s_m 的减小，于是可得到相应的人为机械特性。如图 12-7 所示，定子回路串对称电抗一般用于笼型异步电动机的降压起动，以限制电动机的起动电流。

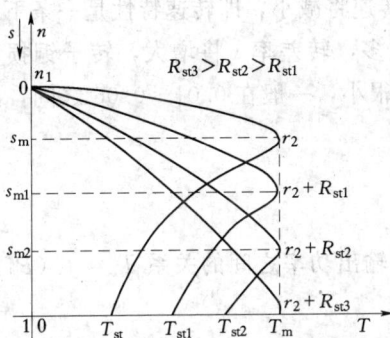

图 12-6 转子回路串电阻的
人为机械特性曲线

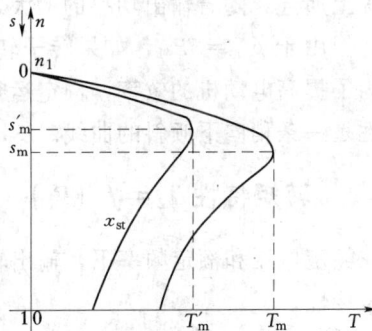

图 12-7 定子回路串接电抗的
人为机械特性曲线

定子回路串入三相对称电阻时的人为机械特性与串电抗时类似。但串入的电阻由于要消耗电能，所以较少采用。

另外，改变电源电压频率和电动机的磁极对数也可以改变电动机的机械特性。

12.3　异步电动机的工作特性

异步电动机的工作特性是指电动机在额定电压和额定频率下，其转速 n、输出转矩 T_2、定子电流 I_1、功率因数 $\cos\varphi_N$、效率 η 等与输出功率 P_2 之间的关系。异步电动机的工作特性是合理使用异步电动机的重要依据，常用曲线来描述工作特性。

异步电动机的工作特性可以通过加负载做实验的方式获得，也可以通过等效电路计算得到。

12.3.1　转速特性 $n=f\ (P_2)$

在额定电压和额定频率下，电机转速 n 与输出功率 P_2 之间的关系 $n=f\ (P_2)$ 称为转速特性。

异步电动机空载运行时，$P_2=0$，转子转速 $n\approx n_1$。

而当异步电动机带上负载瞬间，由于负载转矩的增大，则 $T<T_2+T_0$，电动机开始减速，定子磁场与转子之间的切割速度 $\Delta n=n_1-n$ 增大，转子感应电动势和电流增加，只有当电磁转矩 T 与 (T_2+T_0) 再次达到平衡时，电动机才停止减速。

综上所述，随着输出功率的增大，电动机转速将减小，即转速特性是一条下降的曲线。但由于 $p_{cu2}=sP_M$，如果转子转速下降过多，转差率 s 将增大，转子铜损会增大，为了提高电动机的效率，额定运行时的 s_N 很小，一般在 $0.01\sim0.06$ 之间，故转速特性是一条稍向下倾斜的曲线。

12.3.2　转矩特性 $T_2=f\ (P_2)$

在额定电压和额定频率下，输出转矩 T_2 与输出功率之间的关系 $T_2=f\ (P_2)$ 称为转矩特性。

由异步电动机的输出转矩 $T_2=\dfrac{P_2}{\Omega}=\dfrac{P_2}{\dfrac{2\pi n}{60}}$ 可知：空载时，$P_2=0$，$T_2=0$；随着输出功率 P_2 的增大，在额定工作范围内，转速 n 变化不大略有下降，所以 T_2 的上升幅度略大于 P_2 的上升幅度，故转矩特性 $T_2=f\ (P_2)$ 近似为一条略为上翘的直线。

12.3.3　定子电流特性 $I_1=f\ (P_2)$

在额定电压和额定频率下，异步电动机的定子电流 I_1 与输出功率 P_2 之间的关系曲线 $I_1=f\ (P_2)$ 称为定子电流特性。

由电流平衡方程式 $\dot{I}_0 = \dot{I}_1 + \dot{I}_2'$，当异步电动机空载运行时，$I_2' \approx 0$，$I_1 = I_0$。当负载增加时，转子转速下降，转子电流增大，为了补偿转子电流的去磁作用，定子电流要相应增大。

12.3.4　定子功率因数特性 $\cos\varphi_1 = f（P_2）$

在额定电压和额定频率下，异步电动机的定子功率因数特性 $\cos\varphi_1$ 与输出功率 P_2 之间的关系 $\cos\varphi_1 = f（P_2）$ 称为定子功率因数特性。

从等效电路来看，异步电动机相当于一个感性负载，需要从电网吸收感性无功电流来建立磁场，所以异步电动机的功率因数总是滞后的。

空载时，定子电流基本为无功励磁电流，用来建立磁场，所以功率因数很低，一般 $\cos\varphi_0 < 0.2$；随着输出有功功率的增加，输入的有功功率也增大，功率因数相应增大。在额定负载附近，功率因数达到最高。但若继续增大输出功率，转子电抗 $x_{2s} = sx_2$ 会由于转差率 s 的增大而增大，造成转子功率因数减小，从而使定子侧的功率因数 $\cos\varphi_1$ 下降。

12.3.5　效率特性 $\eta = f（P_2）$

在额定电压和额定频率下，异步电动机的效率 η 与输出功率 P_2 之间的关系 $\eta = f（P_2）$ 称为效率特性。

根据效率的计算表达式

$$\eta = \frac{P_2}{P_1} = 1 - \frac{\sum p}{P_1} \tag{12-30}$$

$$\sum p = p_{cu1} + p_{Fe} + p_{cu2} + p_{mec} + p_{ad}$$

式中　P_2——异步电动机的输出功率；

　　　P_1——异步电动机的输入功率；

　　　$\sum p$——异步电动机的总损耗。

由于异步电动机在额定工作范围内的主磁通变化很小。因此，铁损 p_{Fe} 和机械损耗 p_{mec} 基本不变，称为不变损耗；而定、转子铜损耗及附加损耗要随负载变化，故称为可变损耗。

当异步电动机空载时，$P_2 = 0$，$\eta = 0$。

当异步电动机的输出功率从零开始增大时，效率逐渐增加，在负载增大的过程中，当不变损耗等于可变损耗时，效率达到最大，此时，如继续增大负载，则与电流

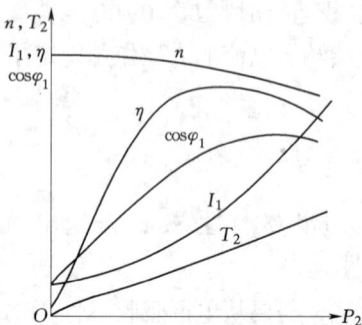

图 12-8 异步电动机的
工作特性曲线

的平方成正比的定、转子铜损会增加很快，效率反而会下降。一般在负载为 $0.75P_N$ 左右时，效率达到最高。上述各特性曲线见图 12-8。

由于异步电动机的功率因数和效率都是在额定负载附近达到最大值。因此，选用异步电动机时，应使电动机的容量与负载大小相匹配。如果电动机容量选得过大，不仅造价高，而且由于长期欠载运行，其效率和功率因数都很低，很不经济；如果容量选得过小，异步电动机的会因过载而发热，影响寿命，严重时，还会烧坏电机。

小　　结

本章主要讨论了异步电动机运行时内部的基本电磁关系、分析异步电动机的基本方法、电磁转矩及工作特性。其中关于电磁转矩的分析，既是难点，又是重点，是深入分析异步电动机起动、调速、制动性能的基础。

1. 从电磁感应的本质看，异步电动机与变压器有很多相似之处，所以从平衡方程式到等值电路，采用了与变压器类似的分析方法，甚至直接沿用了变压器的相关结论。

2. 异步电动机与变压器之间存在的一些差别：

（1）异步电动机由于定、转子之间存在气隙，所以空载电流的标么值比变压器大得多，这不仅影响异步电动机的功率因数，而且还会影响简化等效电路的结构。

（2）异步电动机与变压绕组结构的差异，使它们产生的磁场性质完全不同，变压器铁芯中是一个脉振磁场，而异步电动机的气隙中却是一旋转磁场。

（3）由于异步电动机是旋转电机，所以其定、转子绕组上感应电动势的频率不一样，$f_2 = sf_1$；而作为静止电机的变压器，其原、副边的频率始终相等。

（4）作为旋转电机，异步电动机能实现机电能量的转换，而变压器只能实现电能的传递。

3. 异步电动机的空载运行、负载运行和转子堵转分别对应于变压器的空载运行、副边接纯电阻负载运行和副边短路时的情况。

4. 折算的目的是为了把定、转子之间只有磁的联系转变为电的直接联系，以得到异步电动机的简化等效电路。异步电动机在折算时，不仅要进行绕组折算（即匝数、相数和绕组系数的折算），而且还要进行频率折算。

5. 异步电动机的简化等效电路与变压器接纯电阻时的等效电路相似，该电路中的电阻 $\dfrac{1-s}{s}r_2'$ 是一个等效电阻，在 $\dfrac{1-s}{s}r_2'$ 上消耗的电功率等效于电动机所产生的总机械功率。

6. 电磁转矩是转子有功电流与电机气隙磁场相互作用而产生的，是电动机实现机电能量转换的关键物理量。转矩平衡表达式是分析异步电动机运行时各物理量变化的重要依据。

电磁转矩的表达式有几种形式：

物理表达式 $T=C_T\Phi_1 I_2'\cos\varphi_2$，通常用来配合转矩平衡表达式进行定性分析。

参数表达式 $T=\dfrac{m_1 p U_1^2 \dfrac{r_2'}{s}}{2\pi f_1\left[\left(r_1+\dfrac{r_2'}{s}\right)^2+(x_1+x_2')^2\right]}$，通常用来定性计算，由转矩

的参数表达式，可绘出异步电动机的转矩特性和机械特性曲线。在机械特性曲线上，须注意异步电动机的三个特殊转矩：

(1) 额定转矩 $T_N=9550\dfrac{P_N}{n_N}$

(2) 最大转矩 $T_m=\dfrac{m_1 p U_1^2}{4\pi f_1\left[r_1+\sqrt{r_1^2+(x_1+x_2')^2}\right]}$

临界转差率 $s_m=\dfrac{r_2'}{\sqrt{r_1^2+(x_{1\sigma}+x_{2\sigma}')^2}}\approx\dfrac{r_2'}{x_1+x_2'}$

过载系数 $k_m=\dfrac{T_m}{T_N}$

(3) 起动转矩 $T_{st}=\dfrac{m_1 p U_1^2 r_2'}{2\pi f_1\left[(r_1+r_2')^2+(x_1+x_2')^2\right]}$

最大转矩和起动转矩均与电源相电压的平方成正比。最大转矩与转子回路电阻无关，起动转矩与转子回路电阻近似成正比，所以在一定范围内，增大转子电阻可以增加起动转矩，当使得 $s_m=1$ 时，起动转矩将等于最大转矩。

7. 异步电动机对机械负载的输出主要表现为电磁转矩和转速。电磁转矩与转速之间的关系 $T=f(n)$ 称为机械特性，它是异步电动机最重要的特性之一。通过改变电源电压、电源频率、转子回路电阻、极对数等方法可得到相应的人为机械特性，以适应不同负载对电动机的起动、调速和制动的要求。

8. 异步电动机的工作特性是合理使用异步电动机的重要依据，异步电动机的效率和功率因数都是在额定负载附近达到最大值。因此，选用电动机时，一定要使电动

机容量与负载匹配。异步电动机轻载运行时，效率和功率因数都很低，所以不允许异步电动机长期轻载运行。

习　题

12-1　试分析异步电动机轴上的机械负载增大时，电动机从电源吸收的电功率也将增大的物理过程。

12-2　试比较变压器和异步电动机的 T 型等效电路的差别。异步电动机等效电路中，$\frac{1-s}{s}r_2'$ 的物理意义是什么？可否用一个电感或电容来表示，为什么？空载运行、起动瞬间和额定运行这三种情况下该附加电阻所消耗的功率大小有何不同？

12-3　当三相异步电动机在额定电压下运行时，如果转子突然被卡住，会产生什么后果？为什么？

12-4　为什么普通鼠笼式异步电动机的额定转差率设计在 0.01~0.06 之间？可否设计为百分之几十？

12-5　如果一个异步电动机转子电阻 r_2 很大，该电机在运行中有何缺点？

12-6　三相异步电动机带额定负载运行时，如果负载转矩不变，当电源电压降低时，电动机的转矩、电流及转速如何变化？为什么？

12-7　如果异步电动机的机械负载增大，电动机的转速、定子电流和转子电流如何变化？为什么？

12-8　绕线式异步电动机；如果①转子电阻增大；②转子漏抗增大；③定子电源频率增大时，对最大电磁转矩和起动转矩分别有哪些影响？原因何在？

12-9　一台异步电动机额定运行时，通过气隙传递的电磁功率中约有 3% 转化为转子铜损耗，试问这时异步电动机的转差率是多少？有多少转化为机械功率？

12-10　增大异步电动机气隙时，对空载电流、漏抗、最大转矩和起动转矩有何影响？

12-11　何谓三相异步电动机的固有机械特性和人为机械特性？

12-12　一台额定功率为 7.5kW 的异步电动机，其额定转速 $n_N=945\text{r/min}$，△ 连接，额定电压为 380V，额定电流为 20.9A，$s_m=0.3$，$k_m=2.8$，求 T_N、s_N、T_m。

12-13　有一台过载能力 $k_m=2$ 的异步电动机，当带额定负载运行时，由于电网突然故障，使得电网电压下降到额定电压的 80%，问此时电动机是否会停止转动？能否继续长时间运行？为什么？

12-14 有一台四极异步电动机，$P_N = 10kW$，$U_N = 380V$，$f_N = 50Hz$，转子铜损耗 $p_{cu2} = 350W$，附加损耗 $p_{ad} = 120W$，机械损耗 $p_{mec} = 150W$，试求该电机的额定转速 n_N 及额定电磁转矩 T_N。

第 13 章

异步电动机的起动与运行

【教学要求】 掌握异步电动机的起动方法及各种起动方法的优缺点；理解异步电动机直接起动时的特点，理解异常运行对异步电动机的影响；了解三相异步电动机的调速和制动方法；了解三相异步电动机运行中常见的故障现象。

异步电动机因为其结构简单、价格低廉、运行可靠等特点在电力拖动系统中得到广泛应用。本章主要介绍三相异步电动机的起动、调速和制动方法及其异常运行的分析，并讲述单相异步电动机的工作原理及其起动方法。

13.1 三相异步电动机的起动

异步电动机的起动是指异步电动机接通电源后，其转速从零上升到稳定转速的过程。正常情况下，电动机的起动过程很短，一般在几秒到几十秒之间。

13.1.1 异步电动机起动性能指标

异步电动机起动性能指标有以下几个：

(1) 起动转矩倍数 $k_{st} = \dfrac{T_{st}}{T_N}$。

(2) 起动电流倍数 $\dfrac{I_{st}}{I_N}$。

(3) 起动时间。

(4) 起动设备。

希望异步电动机起动转矩足够大，起动电流倍数较小，起动设备尽量简单、可靠、操作方便，起动时间短。

13.1.2 直接起动时的起动电流和起动转矩

利用刀闸开关或交流接触器，把异步电动机的定子绕组直接接到额定电压的电源上，称为直接起动（或全压起动）。

1. 直接起动时的起动电流及其影响

直接起动的瞬间，相当于转子堵转不动时的运行状况。此时，$n=0$，$s=1$，气隙旋转磁场与转子相对速度达最大，转子绕组中的感应电动势和电流也达最大值。由磁动势平衡关系知，定子电流也会很大，达到额定电流的 $4\sim7$ 倍。这么大的电流将主要带来以下两点不利影响：

（1）使电动机绕组发热，特别是在频繁起动时，可能会引起电动机过热，从而影响其绝缘和使用寿命。

（2）当供电变压器的容量不是足够大时，会在变压器和线路上产生较大的电压降，导致电源电压波动，进而影响到自身的起动和接在同一母线上的其他设备的起动及正常工作。

2. 起动转矩

虽然异步电动机的起动电流很大，但由于起动时转子的漏抗值达最大，使转子回路功率因数很低；同时，大的起动电流引起的电源电压的降低，会使电机主磁通相应减小。由电磁转矩的物理表达式 $T=C_T\Phi_1 I_2' \cos\varphi_2$ 可知，尽管异步电动机起动电流很大，但其起动转矩并不大。

综上所述，异步电动机直接起动的主要问题是起动电流大，而起动转矩却不大。所以异步电动机在起动时，要求在满足起动转矩的情况下，尽可能减小其起动电流。减小起动电流的方法主要有两类，一是降低电源电压，二是增加异步电动机定子或转子回路的阻抗。

13.1.3 鼠笼式异步电动机的起动

普通鼠笼式异步电动机由于转子的结构已经固定，不能再改变转子的相应参数，只能通过定子侧来改善其起动性能。其常用的起动方法主要有直接起动和降压起动。

13.1.3.1 直接起动

直接起动的优点是起动方法最简单，不需要专门的起动设备，操作方便，具有较大的起动转矩，能带一定的负载起动。

直接起动的缺点是起动电流大，对电网会产生相应冲击，引起电网电压波动；同时对电动机自身也会带来不利的影响。

异步电动机在设计和制造时已经考虑了直接起动的要求，所以从电机本身来说都是允许直接起动的。异步电动机能否使用直接起动的方法，主要取决于两点：一是起动转矩 T_{st} 是否能满足负载要求，使机组正常转动起来；二是起动电流引起的电源压降是否在允许范围内。对允许直接起动的电动机的容量可按以下原则确定：

（1）如果有专用动力变压器，若电动机是频繁起动，则电动机的容量不能超过变压器容量的 20%；若是非频繁起动，则电动机的容量不能超过变压器容量的 30%。

（2）如果没有专用动力变压器，即照明与电动机共用一台变压器，若电动机是频繁起动，则起动电流所引起的电网压降不能超过电网额定电压的 10%；若是非频繁起动，则起动电流所引起的电网压降不能超过电网额定电压的 15%。

在上述条件中，当起动转矩不满足要求时，应选用其他类型或规格的电动机；当起动电流不符合要求时，就必须采用降压起动。

在发电厂中，由于供电变压器的容量足够大，所以厂用异步电动机大多采用直接起动。

13.1.3.2 降压起动

在异步电动机中，减小起动电流的方法是，要么降低电压，要么增大回路阻抗。

在三相鼠笼式异步电动机中主要采用降低电压起动，常用的降压起动方法有：

1. 定子回路串电抗器起动

定子回路串电抗器降压起动，就是起动时在鼠笼型异步电动机的定子三相绕组上串接对称电抗，其接线原理如图 13-1 所示。

起动时 K_1 合上，K_2 断开，电抗器串入回路中，起到分压，限流的作用。当起动结束时，K_2 合上，使电动机在全压下运行。

全压直接起动时的起动电流和起动转矩分别用 I_{stN}、T_{stN} 表示，设定子回路串电抗器后直接加在定子绕组上的电压为 U，且令

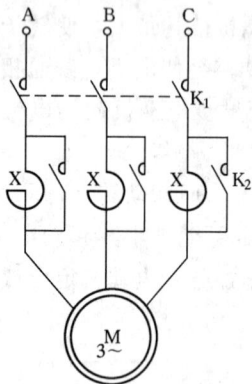

图 13-1 定子回路串电抗器起动原理接线图

$$K = \frac{U_N}{U}(K > 1) \qquad (13-1)$$

则降压后的起动电流和起动转矩分别为

$$I_{st} = \frac{I_{stN}}{K} \qquad (13-2)$$

$$T_{st} = \frac{T_{stN}}{K^2} \qquad (13-3)$$

由此可见，起动电流虽然减小了，但起动转矩的下降更多，所以这种起动方法仅适用于轻载或空载起动。

2．Y—△起动

额定运行时规定采用△接法的异步电动机，可以采用Y—△降压起动，其接线原理如图13-2所示。

起动前，先将开关K_2投向"起动"侧位置，然后K_1再合上，则定子绕组Y接降压起动，待转速上升到一定值时，将K_2迅速倒向"运行"侧位置，定子绕组△接，使电动机在全压下运行。

设电动机额定电压为U_N，每一相的阻抗为z，当采用△接法直接起动时，每一相绕组所施加的电压为U_N，将此时对应的起动线电流记为$I_{st\triangle}$，则有

$$I_{st\triangle} = \frac{\sqrt{3}\,U_N}{z} \qquad (13-4)$$

当定子绕组采用Y接线起动时，每一相绕组所施加的实际电压只有$\frac{U_N}{\sqrt{3}}$，显然相电压降低了，将此时的起动线电流记为I_{stY}，则有

图 13-2　Y—△起动原理接线图

$$I_{stY} = \frac{U_N}{\sqrt{3}\,z} \qquad (13-5)$$

由此可见

$$\frac{I_{stY}}{I_{st\triangle}} = \frac{1}{3} \qquad (13-6)$$

另一方面，$T_{st} \propto U^2$，则相应有

$$\frac{T_{stY}}{T_{st\triangle}} = \frac{1}{3} \qquad (13-7)$$

综上所述，采用Y—△起动时，起动电流和起动转矩都降为△直接起动时的$\frac{1}{3}$。

Y—△降压起动时，起动设备简单，操作方便，得到较为广泛的应用。目前国产Y系列三相异步电动机容量在4kW以上时，均为△接法，以便用户选用Y—△起动。但是，由于起动转矩降为直接起动时的$\frac{1}{3}$，所以这种起动方法多用于空载或轻载起动。

3．自耦变压器（起动补偿器）起动

自耦变压器降压起动是指通过自耦变压器，把降低后的电压加到异步电动机的定

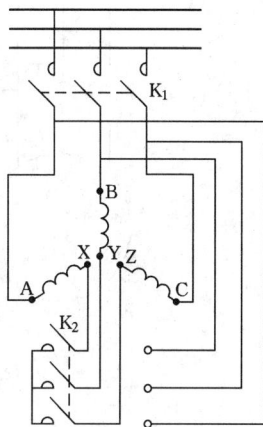

子绕组上，以达到减小起动电流的目的，其接线原理如图 13-3 (a) 所示。

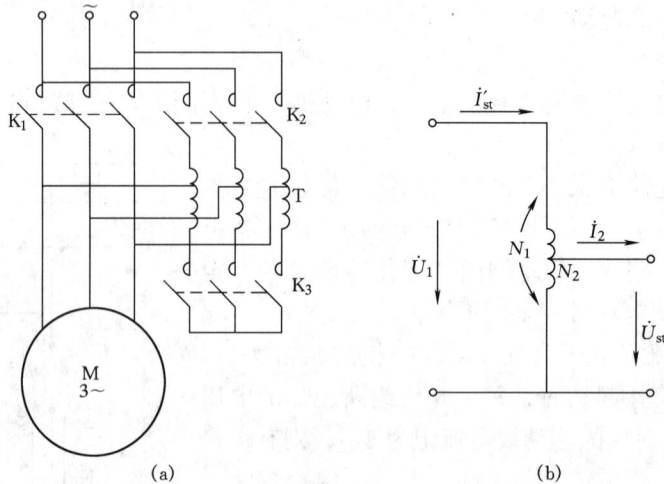

图 13-3　自耦变压器起动原理接线图
(a) 三相接线图；(b) 一相原理图

先将开关 K_2、K_3 合上，降压起动。待转速上升到一定值时，K_2、K_3 断开，K_1 合上，自耦变压器被切除，电动机全压运行。

从图 13-3 (b) 一相原理可分析其数量关系。设电源电压为 U_N，异步电动机直接起动时的起动电流和起动转矩分别为 I_{stN}、T_{stN}，自耦变压器降压后加在异步电动机定子绕组上的电压为 U_{st}（即变压器的 U_2），则此时的变比 $K_Z = \dfrac{U_N}{U_{st}}$。

令降压后电机的起动电流和起动转矩分别为 I_{st}（即变压器的 I_2）、T_{st}，则相应有

$$I_{st} = \frac{I_{stN}}{K_Z} \tag{13-8}$$

$$T_{st} = \frac{T_{stN}}{K_Z^2} \tag{13-9}$$

此时自耦变压器原边的起动电流，即电网提供的起动电流 I'_{st}（即变压器的 I_1）为

$$I'_{st} = \frac{I_{st}}{K_Z} = \frac{I_{stN}}{K_Z^2} \tag{13-10}$$

综上所述，采用自耦变压器（起动补偿器）降压起动时，起动电流和起动转矩都

降为直接起动时的 $\dfrac{1}{K_Z^2}$。

异步电动机起动时的专用自耦变压器有 QJ2 和 QJ3 两个系列。它们的低压侧各有三个抽头，QJ2 型的三个抽头电压分别为（额定电压的）55%、64% 和 73%；QJ3 型为 40%、60% 和 80%。抽头百分比的倒数就是变比 K_Z。

自耦变压器降压起动可根据起动时的具体情况选用不同的抽头，较定子回路串电抗器起动和 Y—△ 起动更为灵活，故在 10kW 以上的异步电动机中得到较广泛的应用。但该起动方法的投资较大，而且体积也较大，不宜装设在控制柜中。

13.1.4　三相绕线式异步电动机的起动

在普通鼠笼式异步电动机的降压起动中，虽然它们都能减小起动电流，从而减轻对电网的冲击，但同时起动转矩也随起动电压成平方倍地下降，故只适用于轻载和空载起动的机械负载。对于需重载起动的机械负载（如起重机、电梯等），如果既要限制起动电流又要有足够大的起动转矩，就必须采用其他的电动机。

与鼠笼式异步电动机不同的是，绕线式异步电动机的转子可以外接阻抗元件以改变其相应参数。利用这个特点，绕线式异步电动机常用的起动方法是在转子回路串入分级起动电阻或频敏变阻器起动。转子回路串入起动电阻，既可以降低起动电流，又可以提高转子回路的功率因数、增大转子电流的有功分量，从而增大了起动转矩。

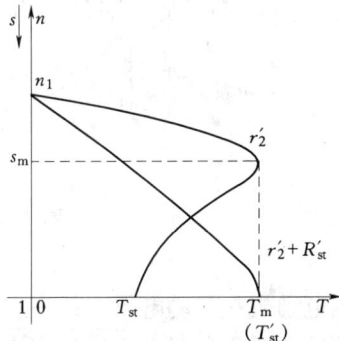

图 13-4　转子回路串电阻 $s_m = 1$ 时的机械特性

由人为机械特性可知，转子电阻取适当的值，使 $s_m = 1$ 时，$T_{st} = T_{max}$ 如图 13-4 所示。

此时有

$$\frac{r_2' + r_{st}'}{x_1 + x_2'} = 1 \tag{13-11}$$

转子串入电阻的折算值 r_{st}' 为

$$r_{st}' = (x_1 + x_2') - r_2' \tag{13-12}$$

串入电阻的实际值为

$$r_{st} = \frac{r_{st}'}{k_i k_e} \tag{13-13}$$

13.1.4.1 转子回路串电阻分级起动

为增大在整个起动过程中的转矩，缩短起动过程，绕线型异步电动机起动时，常采用转子回路串电阻分级起动的方法，其接线原理接线如图 13-5 (a) 所示。

根据转子回路串入电阻的不同，可得到一组机械特性，见图 13-5 (b)。

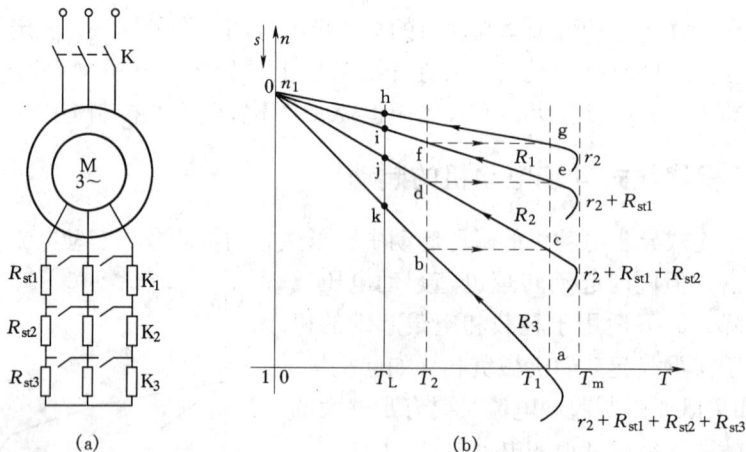

图 13-5 转子回路串电阻分级起动
(a) 接线图；(b) 机械特性

电动机在起动电阻全部串入情况下起动，转速从起点 a 开始上升，电磁转矩沿机械特性曲线逐渐减小，加速度也随之逐渐减小。当转矩减小到 T_2（b 点）时，合上开关 K_3 断开切除 R_{st3}。在切除瞬间，由于惯性，转子转速不变，而转子电流突然增大，使电磁转矩由 T_2 突增至 T_1（c 点），使电动机迅速加速，如图所示。同理，随着转速的升高，逐级切除电阻，直到所有电阻被切除，起动结束。

如果电动机上有举刷装置，为防止电刷磨损和减小摩擦损耗，此时应将三相集电环短接，然后举起电刷。

绕线型异步电动机转子回路串电阻分级起动时，需切换开关等设备，投资大，维修不便。且在切除电阻时，由于转速和电磁转矩的突然增大，将产生较大的机械冲击。为克服这些缺点，且在不需要调速的场合，常采用转子回路串频敏变阻器起动。

13.1.4.2 转子回路串频敏变阻器起动

1. 频敏变阻器的结构

频敏变阻器的结构类似于只有一次侧线圈的三相心式变压器，主要由铁芯和绕组两部分组成。三个铁芯柱上各有一个线圈，一般接成 Y 形。铁芯由几片或十几片 30～50mm 厚的钢板或铁板组成，且片间气隙可调。当有交变磁通通过时，铁芯将产生很大的涡流损耗，所以频敏变阻器就是一个铁耗很大的三相电抗器。

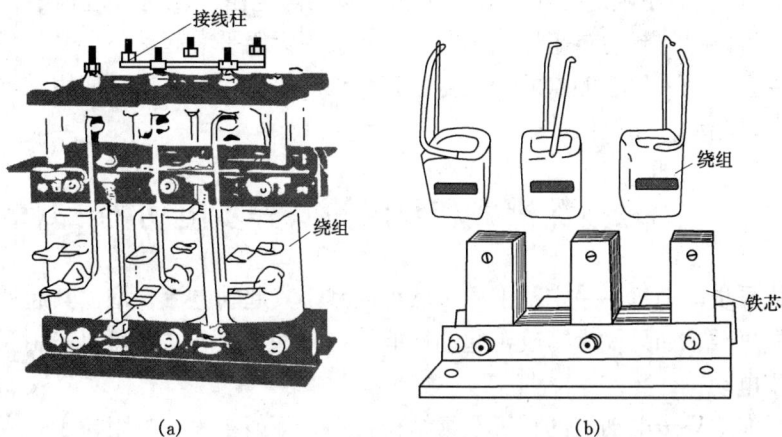

图 13-6 频敏变阻器的结构

由于铁芯损耗与频率的平方成正比，当频率变化时，铁损会发生变化，相应地，r_m 也将随之发生变化，故称为频敏变阻器。

2. 起动原理

转子回路串频敏变阻器起动的原理接线图及机械特性如图 13-7 (a)、(c) 所示，频敏变阻器的等效电路如图 13-7 (b) 所示。

当电动机刚起动时，转子电流的频率很高（$f_2 = f_1 = 50\text{Hz}$），铁芯损耗及其等效电阻 r_m 亦很大，相当于转子回路串联了一个较大的起动电阻。起动后，随着异步电

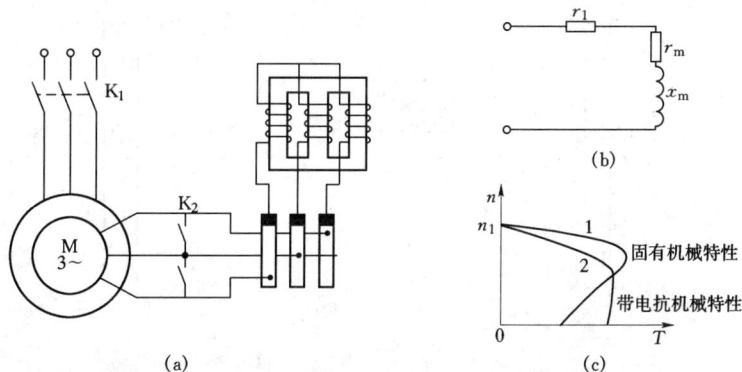

图 13-7 转子回路串入频敏变阻器起动

(a) 线路图；(b) 频敏变阻器一相等效电路；(c) 机械特性

动机转速的上升，转子电流的频率逐渐减小，频敏变阻器的铁损逐渐减小，反映铁芯损耗的等效电阻 r_m 也随之减小，相当于在逐步切除电阻。在这个过程中，如果参数选择合适，可以保持起动转矩近似不变，从而实现无级平滑起动。

频敏变阻器是一种无触点的变阻器，其结构简单、运行可靠、使用维护方便，能实现无级平滑起动，无机械冲击。

13.2　深槽式和双鼠笼式异步电动机

绕线式异步电动机在一定范围内虽然可以减小其起动电流，增大其起动转矩，但其结构比较复杂。如果仅为了改善起动性能，在某些情况下，还可以采用深槽式和双鼠笼式异步电动机。

由于鼠笼式异步电动机的转子绕组结构特点，不能再串入电阻，于是人们通过改变转子槽形结构，利用集肤（或趋表）效应，制成深槽式和双鼠笼式异步电动机，来改善异步电动机的起动性能。

13.2.1　深槽式异步电动机

1．结构特点

深槽式异步电动机也是一种单鼠笼电机，转子槽形窄而深，槽深与槽宽之比为 (10~12) 及更大，其他结构基本上同于普通鼠笼式异步电动机。

2．工作原理

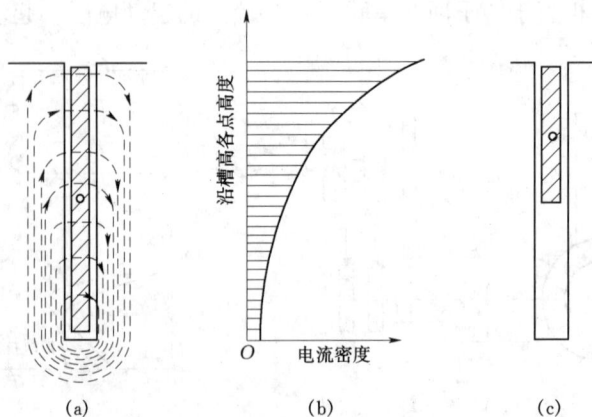

图 13-8　深槽转子导条的电流分布

(a) 槽漏磁分布；(b) 导条内电流密度分布；(c) 导条的有效截面

作为深槽式异步电动机，导条漏磁场分布如图13-8（a）所示，转子导条从上到下交链的漏磁通逐渐增多，故导条的漏抗从上到下也会逐渐增大。当 $s=1$ 时，转子电流频率 $f_2=f_1$，此时漏抗为导条阻抗的主要部分，即导条中各部分的电流大小主要由导条的电抗决定，所以从上到下，电流逐渐减小，如图13-8（b）所示。从导体截面上看，电流主要集中在外表面，这种现象我们称之为集肤（或趋表）效应，如图13-8（c）所示。

由于集肤（或趋表）效应的存在，结果使导条的有效使用面积减小，相当于起动时转子回路的电阻增大，从而在减小起动电流的同时，增大了起动转矩。

起动后，随着转速的升高，s 会减小，转子频率逐渐降低，转子漏抗逐渐减小，转子导条电流的分布主要取决于电阻，逐渐趋于均匀。到正常运行时，f_2 只有 $1\sim 3Hz$，"集肤效应"基本消失，这时转子电阻、电抗均恢复到正常值，从而保证在正常运行时损耗小，效率高的要求。

13.2.2 双鼠笼式异步电动机

1.结构特点

双鼠笼式异步电动机的定子与单鼠笼式电动机相同，所不同的是转子有两个鼠笼，即上笼和下笼，两笼之间有狭长的缝隙隔开。如图13-9所示，上鼠笼导体截面小，且采用电阻率较大的黄铜或铝青铜材料制成，故电阻较大；而下鼠笼导体截面大，采用的材料则是电阻率较小的紫铜，故电阻相对较小。同时，由于下鼠笼处于转子槽下层，交链的漏磁通比上鼠笼多，故下鼠笼的漏电抗远大于上鼠笼。双鼠笼型异步电动机也有采用铸铝转子的。

2.起动原理

刚起动时，$s=1$，$f_2=f_1$，转子频率很大，转子电流的大小主要由其电抗决定，由于集肤（或趋表）效应的存在，这时上鼠笼的电流较大；同时，由于上鼠笼的电阻较大，而电抗相对较小，故功率因数 $\cos\varphi_2$ 大，从而产生较大的起动转矩，这时电机的起动主要依靠上鼠笼，故上鼠笼又称为起动笼。

随着起动的进行，转子转速逐渐增大，f_2 逐渐减小，转子漏电抗也随之下降，当起动结束时，f_2 频率很小，上、下鼠笼的电抗远小于相应的电阻，这时转子电流的大小主要由其电阻决定，此时下鼠笼的电流将远大于上鼠笼，从而下鼠笼产生的转矩远大于上鼠笼，也即正常运行时，电机的推动主要依靠下鼠笼，故下鼠笼又叫运行

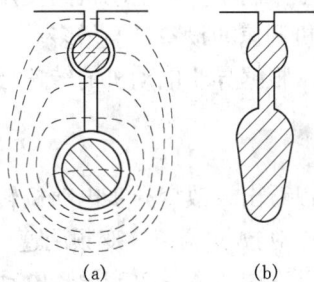

图 13-9 双鼠笼式转子槽形
（a）插铜条；（b）铸铝

笼（或工作笼）。

综上所述，深槽型和双鼠笼式异步电动机都具有较好的起动性能，一般均能带额定负载起动。由于槽较深，它们的漏抗比普通鼠笼式电机要大，所以其功率因数和过载能力都比普通鼠笼式电机要低。

双鼠笼式异步电动机的起动性能比深槽型异步电动机要好些，但深槽式异步电动机相对结构更简单、耗铜量少，制造成本较低，故深槽式异步电动机使用得更为广泛些。

13.3　三相异步电动机的调速

13.3.1　概述

人为地改变电动机的转速，称为调速。

电动机作为拖动生产机械的原动机，应满足生产机械提出的调速要求。异步电动机的调速性能不如直流电动机，主要表现在调速范围窄，调速的平滑性差，在一定程度上限制了异步电动机的使用范围。近年来，随着电子技术的进步，使用交流异步电动机调速的设备日益增多。

根据异步电动机的转速公式

$$n = (1 - s)n_1 = (1 - s)\frac{60f_1}{p} \tag{13-14}$$

可以看出，改变异步电动机转速的方法有：变极调速——改变异步电动机定子绕组的磁极对数 p 调速；变频调速——改变异步电动机定子所加电源的频率 f_1 调速；改变转差率调速——改变异步电动机的转差率 s 进行调速。

13.3.2　变极调速

正常运行时，异步电动机的转差率很小（在 $0.01 \sim 0.06$ 之间），所以 $n \approx n_1 = \frac{60f_1}{p}$，当频率不变时，电动机的转速近似与磁极对数成反比，若磁极对数增加一倍，同步转速将下降一半，电动机的转速也随之下降近一半，此即变极调速。由于磁极对数总是呈整数变化，所以同步转速 n_1 的变化总是一级一级地进行，即不能实现平滑调速。

变极调速只适用于鼠笼式异步电动机。因为鼠笼式转子的磁极对数能自动地随着定子磁极对数的变化而变化，从而保证定、转子磁极对数相等，以便转子产生恒定的电磁转矩。。

　　在异步电动机中，变极调速常用的方法是单绕组变极调速，即在定子铁芯中装一套绕组，通过改变定子绕组的连接方式，使部分绕组中电流的方向改变，来实现电动机的磁极对数和转速的改变。

　　其原理如图 13‐10 所示。设异步电动机每相有两个相同的线圈组，当这两个线圈组"首—尾"正向串联后，则此时气隙中形成四个磁极，如图 13‐10（a）所示。当采用图 13‐10（b）所示的反向串联或图 13‐10（c）所示的反向并联时，此时气隙中形成两个磁极，即磁极对数减少了一半。由此可见，只要让定子每相的一半绕组中电流的方向改变，就可以改变磁极对数。

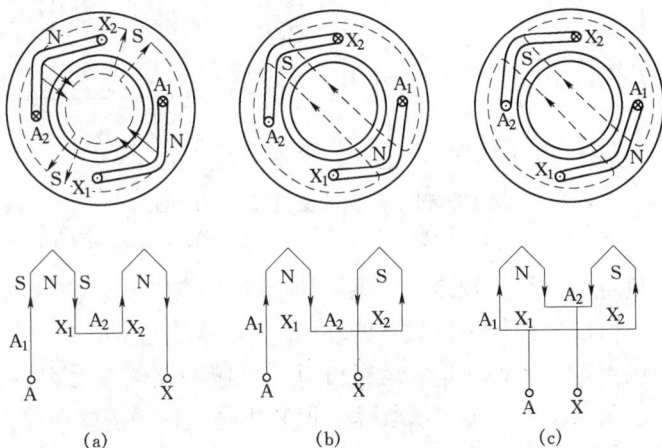

图 13‐10　变极原理
（a）正向串联；（b）反向串联；（c）反向并联

　　电机定子绕组的线圈组作不同的组合连接，就可得到不同的极数。在一套定子绕组中得到两种转速的电动机称为单绕组双速电动机。双速电机中又有倍极比（如 4/2 极，8/4 极等）双速电机，也有非倍极比（如 4/6 极，6/8 极等）双速电机。近年来甚至出现三速（如 4/6/8 极）电机。

　　在倍极比双速电机中，为保证变极前后电机的转向不变，应改变施加到电机上的电源的相序。原因是极数不同，空间电角度的大小也不一样。

　　少极数时，U、V、W 三相绕组在空间分布的电角度依次为 $0°$、$120°$和 $240°$电角度。倍极数时，U、V、W 三相绕组在空间分布的电角度依次为 $0°$、$120°×2$ 和 $240°×2$（相当于 $120°$）电角度。从而改变了原来的相序，电动机将反转。

　　典型的变极线路：上面虽然只从一相绕组来说明了其变极原理，但同样适用于三相绕组。在异步电动机中，三相绕组的变极接线主要有两种方法：Y—YY 和 △—YY，如图 13-11 所示。一般地，Y—YY 接法适用于恒转矩调速，而 △—YY 接法适用于恒功率调速。

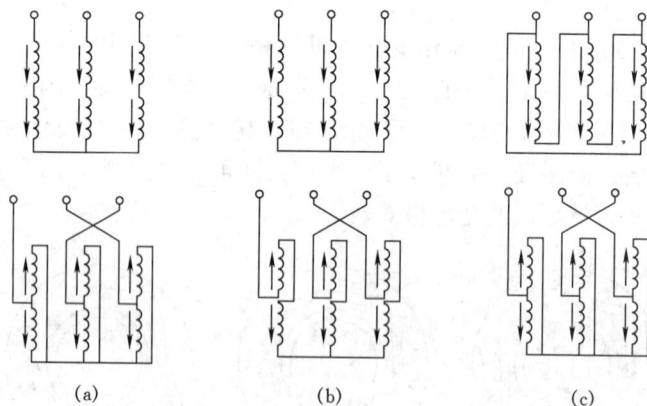

图 13-11　典型的变极接线原理图

(a) Y—YY $(2p-p)$；(b) 顺串 Y—反串 Y $(2p-p)$；(c) △—YY $(2p-p)$

变极调速电机绕组出线头较多，多采用转换开关来改变接线，由于要同时兼顾两种极数时的性能，所以使得任一极数下的性能均不是最佳。

变极调速的优点是，设备简单、运行可靠，机械特性硬，无额外损耗、效率高。缺点是，绕组出线头较多，调速平滑性差。但它仍是一种经济的调速方法，在不需要平滑调速的场合，如通风机、水泵、起重机和金属切削机床中得到较广泛的应用。

13.3.3　变频调速

变频调速是通过改变异步电动机电源的频率 f_1，来改变异步电动机的同步转速，从而实现其转子转速改变的方法。

进行变频调速时，为使电机得到满意的性能，通常应保持气隙磁通 Φ_m 不变。由式 $U_1 = E_1 = 4.44 k_{w1} N_1 f_1 \Phi_m$ 可知，若电源电压 U_1 不变，当 f_1 减小时，Φ_m 将增大，引起电机磁路饱和，励磁电流明显增大，使电动机带负载的能力下降，功率因数降低，铁耗增加，电机过热。反之，当 f_1 增大时，Φ_m 将减小，导致电动机允许输出转矩下降（$T = C_T \Phi_m I_2' \cos\varphi_2$），使电机利用率降低，在一定负载下，还有过电流的危险。

为保持磁通 Φ_m 不变，在调速过程中，调压调频应同时进行，且保持两者的比值不变，即

$$\frac{U_1}{f_1} = 4.44 k_{w1} N_1 \Phi_m = 常数 \qquad (13-15)$$

变频调速的主要优点是，调速范围宽，可以实现平滑的调速，机械特性硬，效率高，技术性能优越。但它需要一套符合调速性能要求的变频电源，设备投资大，技术复杂，从而限制了其使用。近年来，由于电子技术的迅速发展，促进了变频电源的发展，使变频调速的应用发展很快，是现代交流电动机调速发展的主要方向。

13.3.4　改变转差率 s 调速

改变外加电源电压或者改变转子回路电阻，都可以改变转差率 s，前者用于鼠笼式异步电动机，后者仅适用于绕线型异步电动机的调速。

绕线型异步电动机带恒转矩负载时，改变转子回路串入电阻的大小，就可以改变电动机的机械特性，如图 13-5 所示。转子回路串入的电阻越大，产生的临界转差率越大，曲线越向下倾斜，转速越低。在负载转矩不变的情况下，增大转子电阻，电动机运行点将沿着 h、i、j、k 四点向下移动，转速随之下降。

这种调速方法的优点是，设备简单，操作方便，初投资小，可在一定范围内平滑调速。其缺点是，低速运行时的机械特性软，转速稳定性差，损耗大，效率低。转子串入电阻这种调速方法在中、小容量的电动机中用得比较多，特别适合于对调速性能要求不高的生产机械如桥式起重机，也可用于通风机的调速。

调压调速，较适合于通风机类机械的调速，使用范围不大。

13.4　三相异步电动机的制动

所谓制动就是在电动机的轴上施加一个与旋转方向相反的力矩，以加快电动机停车的速度或阻止电动机转速增大。制动对于提高劳动生产率和保证人身及设备安全，有着非常重要的意义。

制动的方法有机械制动和电气制动两大类。利用机械装置使电动机断开电源后迅速停止的方法叫机械制动，如电磁抱闸制动器制动和电磁离合器制动。所谓电气制动，就是在电动机的轴上施加一个与旋转方向相反的电磁转矩。由于电气制动容易实现自动控制，所以在电力拖动系统中，广泛采用电气制动的方法。异步电动机常用的电气制动方法有三种，即能耗制动、反接制动和反馈制动（再生发电制动）。

13.4.1　能耗制动

能耗制动接线如图 13-12（a）所示。

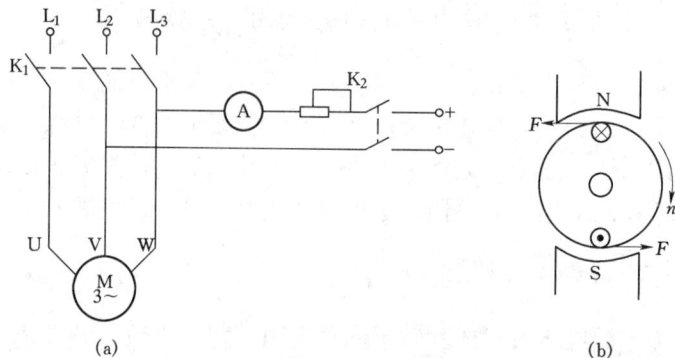

图 13－12　能耗制动原理接线图

(a) 接线图；(b) 制动原理

制动时，先断开开关 K_1，此时电动机的交流电源被切断；随即合上开关 K_2，电动机 V、W 两相定子绕组通入直流电。

于是在异步电动机的气隙中便产生一个空间固定的恒定磁场，由于机械惯性，电机将继续旋转（设为顺时针方向），其转子导条将切割气隙磁场，产生感应电动势，并形成转子感应电流，其方向由右手定则确定，如图 13－12 (b) 所示。通电的转子导条电流与气隙磁场相互作用产生电磁力，形成与转子转向相反的电磁转矩。使电动机迅速停转。由于这时电动机储存的动能全部变成了电能消耗在转子回路的电阻上，所以称为能耗制动。

能耗制动中，制动转矩的大小与直流电流的大小有关，在鼠笼式异步电动机中，可通过调节直流电流的大小来控制制动转矩的大小；而在绕线型异步电动机中，则可通过调节转子电阻来控制制动转矩的大小。

这种制动方法能量消耗小，制动平稳，但需要直流电源，低速时制动转矩小。因此，能耗制动常用于要求制动准确、平稳的场合，如磨床砂轮、立式铣床主轴的制动。

13.4.2　反接制动

反接制动通过改变定子绕组上所加电源的相序来实现的，如图 13－13 所示。

制动前，K_1 闭合，K_2 断开，电机正常运行；当需要制动时，K_1 断开，K_2 闭合，此时，定子电流的相序与正向时相反，定子产生的气隙磁场反向旋转，使得电磁转矩的方向与电动机的旋转方向相反，从而起到制动的作用。

在这种制动方法中，当转速接近 0 时，要立即切断电源，否则，电动机将反向继续旋转。由于在反接制动时，旋转磁场与转子的相对速度很大（$\Delta n = n_1 + n$），因而转子感应电动势很大，故转子电流和定子电流也将很大。为限制电流，常常在定子回路中串入限流电阻 R。反接制动，方法简单，制动迅速，效果较好；但制动过程冲击强烈，能量消耗较大。一般用于要求制动迅速，不需经常起动和停止场合，如铣床、镗床、中型车床等主轴的制动。

图 13-13 反接制动原理接线图

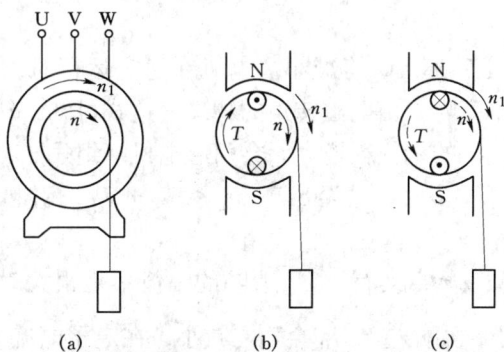

13.4.3 反馈制动（再生发电制动）

如果由于外来因素的影响，使电动机的转速加速到大于同步转速（$n > n_1$，且同方向），电动机进入到发电机运行状态，电磁转矩起制动作用，电机将机械能转变为电能反馈回电网。反馈制动主要发生在电车下坡、起重机下放重物或鼠笼式异步电动机变极调速由高速降为低速的时候。

以起重机下放重物为例。刚开始时，电动机的转速小于同步转速，即 $n < n_1$，此电机处于电动机状态，电磁转矩与电动机旋转方向相同，如图 13-14 所示。这时电动机在电磁转矩和重力所产生的转矩的双重作用下，重物以越来越快的速度下降。当电动机的转速大于定子磁场的转速时，即 $n > n_1$ 时，旋转磁场切割转子导条的方向与电动机运行状态时相反，于是转子感应电动势、感应电流和电磁转矩的方向刚好与电动机运行时的方向相反，此时，电磁转矩为制动性质，电动机进入发电制动状态。在制动转矩的作用下，电动机的加速度开始减小，直到电动机的制动转矩与重力

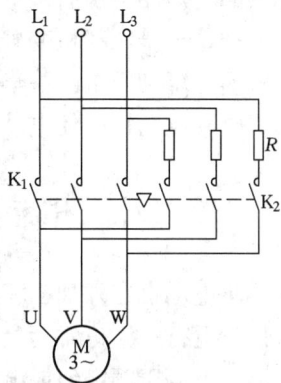

图 13-14 反馈制动原理图
(a) 示意图；(b) 电动机运行状态；(c) 反馈制动状态

所形成的转矩相平衡时，电机的加速度为零，然后重物以恒定的转速平稳的下放。

同样，异步电动机变极调速时，当电动机由少数极变换到多数极的瞬间，旋转磁场的转速下降到原来的一半，使得转子转速大于同步转速，电动机进入发电制动运行状态，电磁制动转矩使电动机减速到稳定运行。

13.5 三相异步电动机的异常运行及常见故障类型

异步电动机在外加三相对称额定电压，频率为额定频率，电机三相绕组阻抗相等的条件下运行，为正常运行。但在实际运行中，电源三相电压不对称或不等于额定值，频率不等于额定值或电动机三相绕组阻抗不相等的可能性是存在的。如电源接有大的单相负载或发生两相短路，定子三相绕组中一相断线、一相接地或发生匝间短路，绕线式转子绕组一相断线或鼠笼转子断条及其他机械故障等，都会使电动机处于异常运行状态。

13.5.1 异步电动机在非额定电压下的运行

电动机在实际运行过程中允许电压有一定的波动，但一般不能超出额定电压的 $\pm 5\%$，否则，会引起异步电动机过热。下面分 $U > U_N$ 和 $U < U_N$ 两种情况讨论。

1. $U_1 > U_N$ 时

如果 $U_1 > U_N$，则电机中的主磁通 Φ_m 增大，磁路饱和程度增加，励磁电流将大大增加。从而导致电动机的功率因数减小，定子电流增大，铁芯损耗和定子铜损增加，效率下降，温度升高。为保证电动机的安全运行，此时应适当减小负载。过高的电压，甚至会击穿电机的绝缘。

2. $U_1 < U_N$ 时

当 $U_1 < U_N$ 时，主磁通 Φ_m 将减小。电机在稳定运行时，电磁转矩等于负载转矩，所以若负载转矩不变时，由电磁转矩的物理表达式可知，转子电流会增大，相应的定子电流也增大，电机的铜损耗增大，会引起电机绕组发热，效率下降，电机转速也将下降。当电压下降过多时，甚至出现 $T_m < T_2 + T_0$，引起转子停转而带来严重后果。

但当电动机是空载或轻载运行，U_1 下降的幅值不是很大时，反而会有利。这是因为主磁通 Φ_m 的减小，励磁电流 $\dot{I}_0$ 会随之减小，在定子电流 $\dot{I}_1 = \dot{I}_0 + (-\dot{I}_2')$ 中，$\dot{I}_0$ 起主要作用，此时，$\dot{I}_1$ 会随着 $\dot{I}_0$ 的减小而减小，铁损耗和铜损耗减小，效率因此提高了。

13.5.2 异步电动机在非额定频率下的运行

当电网容量足够大时,频率可保证为额定值。若频率变化范围不超过±1%时,对电动机的运行也不会有明显的影响。但当电网装机容量不足或电网发生故障,就可能使频率出现大的偏差,对电动机的运行将带来大的影响。

1. 电网电压频率小于电动机额定频率($f_1 < f_N$)

在电网负荷过大或发生故障时,会出现 $f_1 < f_N$ 的情况。在三相异步电动机中,当忽略定子绕组阻抗压降时,则有 $U_1 \approx E_1 \propto f_1 \Phi_m$。当 $f_1 < f_N$ 时,Φ_m 相应增大,铁芯饱和程度增高,励磁电流显著增大,从而使定子电流增大,电机功率因数 $\cos\varphi_1$ 降低。由于 Φ_m 和 I_1 增大,电机的铁耗及定子铜耗亦增大,电机温升升高。同时,定子旋转磁场的转速 $n_1 = \dfrac{60f_1}{p}$ 也会随 f_1 的下降而减小,使得电动机的转速下降,使通风冷却条件变坏。在电机损耗增大,而通风条件变坏的情况下满载运行,会加速电机绝缘材料的老化,甚至烧坏绕组。

若频率降低值小于5%,对电机不会带来严重影响,尚可继续运行。如果大于5%,则应减小负载,使电动机在轻载下运行,防止电机过热。

2. 电网电压频率大于电动机时额定频率,即 $f_1 > f_N$

类似地,当 $f_1 > f_N$,电机铁芯内主磁通 Φ_m 会减小,励磁电流也会相应减小,定子电流亦减小,转子转速 n 会随定子旋转磁场的转速 n_1 升高而升高,对电机功率因数、效率和通风冷却条件均有改善。实际工作中,一般不会出现电网电压频率长时间高于额定值的情况。

13.5.3 异步电动机的缺相运行

电源的高压或低压开关一相的熔丝熔断、开关的一相接触不良、一相断线、定子绕组一相绕组接头松动、脱焊和断线,都会引起电动机缺相运行。

以一相断线为例,分析其发生的后果。三相异步电动机的定子绕组接线有 Y 和 △ 两种接法。一相断线可分成图13-15中(a)、(b)、(c)、(d)四种情况。其中图(a)、(b)、(c)为单相运行,图(d)为两相运行。当异步电动机在断线前为额定负载运行,缺相后,如果这时电动机的最大转矩仍大于负载转矩,则电动机还能继续运行,由于电动机的负载不变,定子电流会超过额定值,转速会下降,噪音会增大,长时间运行会烧坏电机。如果电动机的最大转矩小于负载转矩,这时电动机的转子会停转,由于这时电源电压仍加在电机上,定、转子电流将很大,如果不及时切断电源,将有可能烧毁运行相的定子绕组。

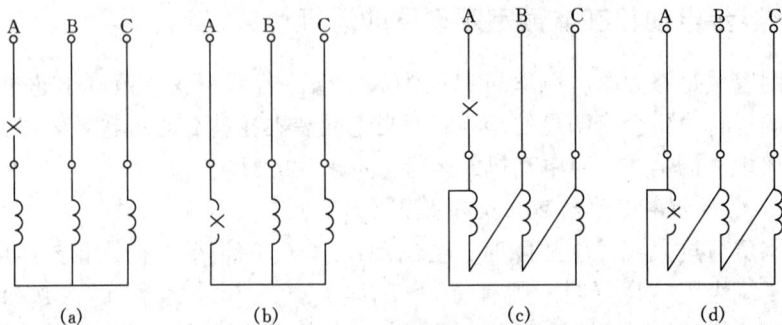

图 13-15 缺相运行接线示意图

13.5.4 异步电动机在三相电压不对称时的运行

异步电动机在三相电压不对称条件下运行时常采用对称分量法分析。异步电动机定子绕组有 Y 形无中性线或 △ 形两种接法，所以线电压、相电流中均无零序分量。在分析时，把正序分量和负序分量都看成独立系统，最后再用叠加原理将正序分量和负序分量叠加起来，即可得到电动机的实际运行情况。

设异步电动机在不对称电压下运行，将不对称的电压分解成正序电压分量和负序电压分量，它们分别产生正序电流和负序电流，并形成各自的旋转磁场。这两个旋转磁场的转速相等，方向相反，分别在转子上产生感应电动势和形成感应电流。感应电流与定子磁场相互作用，产生电磁力，形成电磁转矩。显然，这两个电磁转矩的方向是相反的，但大小不等，使得电动机的合成转矩 $T_+ + T_-$ 下降，使电动机转速降低，噪音增大。

由于电动机负序阻抗较小，即使在较小的负序电压下，也可能引起较大的负序电流，造成电机发热。因此，要限制电源电压不对称的程度。

13.5.5 电动机的运行监视

1. 起动前的准备

电动机起动前一般应对以下各项进行检查：

（1）绝缘检查。对新安装或停用三个月以上的异步电动机，起动前还应检查相间及相对地的绝缘电阻。（对 380V 的异步电动机，采用 500V 兆欧表测得的绝缘电阻不应小于 0.5MΩ）。

（2）安装检查。紧固螺栓是否拧紧，转子转动是否灵活，轴承是否缺油，联轴器的螺栓和销子是否紧固，传动装置是否良好，电动机所拖动的机械是否作好起动准备等。

（3）起动设备的检查。起动设备的接线是否正确，触头接触是否良好，起动设备动作是否灵活；对绕线式异步电动机，还应检查举刷装置是否正常，电刷压力是否合适，起动电阻是否接人等。

（4）保护措施检查。起动设备的金属外壳是否可靠接地或接零；熔断器的额定电流是否符合要求，其安装是否牢固、可靠。

（5）电源检查。电源参数是否与电动机铭牌参数相符，三相电源电压是否正常，三相电压是否对称等。

只有当电动机及其附属设备都检查无误后，方可起动电动机。

2．起动时的观察及操作

当起动电动机时，应注意观察下列情况。

（1）合闸时，要注意观察异步电动机，若发现电动机不转或旋转时产生强烈的振动或噪音，有冒火、冒烟现象或闻到焦臭味，应立即切断电源。待排除故障后再起动。

（2）采用星—三角降压起动或自耦变压器起动时，先将操作手柄扳向起动位置，待电动机转速稳定，不再升高，再将手柄迅速推到运行位置。若是绕线型异步电动机，起动时，应逐个切除起动电阻。

（3）采用全压直接起动的鼠笼式异步电动机或大容量异步电动机，不宜频繁起动，以免引起电动机绕组发热。

3．电动机运行中的监视

电动机在运行过程中，要注意监视其运行状况，内容包括：

（1）电动机的运行是否平稳，有无剧烈振动或异响。

（2）电动机有无冒火、冒烟现象，是否闻到焦臭味。

（3）电动机的转速是否迅速下降，各部分的温度是否过高。

（4）传动机构是否正常。

（5）机壳是否带电。

13.5.6　三相异步电动机的常见故障

1．电动机通电后不能起动或带负载运行时转速低于额定值的可能原因

（1）缺相：电源未接通；开关有一相或两相处于分断状态；熔断器熔丝熔断。

（2）电源电压太低。

（3）控制设备接线错误，或将三角形连接误接成星形，使电动机能空载起动，但不能满载运行。

（4）机械负载过大或传动机构被卡住。

（5）过负荷保护设备动作。

（6）定子或转子绕组短路。

（7）鼠笼式电动机转子断条或脱焊，电动机能空载起动，但不能加负载起动、运转。

（8）轴承损坏。

（9）润滑脂太硬。

（10）电动机内部首、尾端接错。

2．电动机剧烈振动或异响的可能原因

（1）电动机地基不平或电动机的安装不符合要求。

（2）转子与定子摩擦。

（3）转子不平衡。

（4）滚动轴承在轴上装配不良或轴承损坏。

（5）轴承严重缺油。

（6）转子风叶与机壳或风扇罩碰撞。

（7）电动机缺相运行的嗡嗡声。

（8）电动机转子或轴上的联轴器、带轮、飞轮、齿轮等不平衡。

（9）轴承损坏。

3．电动机温升过高或冒烟

（1）电动机过负荷。

（2）电源电压过高或过低。

（3）电动机通风不畅或积尘太多。

（4）环境温度过高。

（5）定子绕组有短路或接地故障。

（6）缺相运行。

（7）转子运转时与定子铁芯相摩擦，致使定子局部过热。

（8）电动机受潮或浸漆后未烘干。

（9）电动机起动频繁。

4．轴承过热

（1）轴承损坏。

（2）轴承与轴配合过紧或过松。

（3）润滑油过多、过少或油太脏，混入铁屑等杂质。

（4）皮带过紧或联轴器装得不好。

（5）电动机两侧端盖或轴承端盖未装平。

5. 绕线型异步电动机的电刷下冒火花

(1) 电刷装配过松。

(2) 电刷或集电环表面因长时间磨损或灼烧凹凸不平。

(3) 电刷偏离集电环中心位置。

6. 电动机三相电流不平衡

(1) 三相电源电压不平衡。

(2) 定子绕组中有部分线圈短路。

13.6 单相异步电动机

单相异步电动机广泛用于容量小于 1kW 及只有单相电源的场合，如家用电器、医疗设备、电动工具等。其结构和三相鼠笼式异步电动机相似，其转子也为鼠笼式，定子绕组嵌放在定子铁芯槽内。如图 13-16 所示。

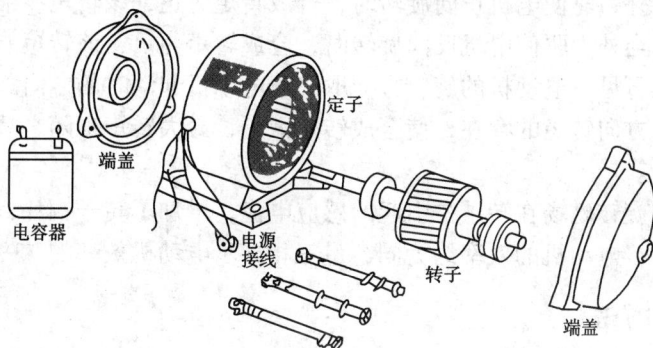

图 13-16 单相异步电动机的结构示意图

13.6.1 单相异步电动机只有工作绕组时的转矩特性

若单相异步电动机只有一个工作绕组时，从理论分析知道，单相绕组通入单相交变电流，在电机气隙内只能产生一个空间位置固定、幅值随时间变化的脉动磁动势，而不能产生一个幅值不变、在空间旋转的磁动势。

这个脉动磁动势可以分解成两个幅值相同、转速大小相等、方向相反的旋转磁动势 $\overline{F}_+$ 和 $\overline{F}_-$，从而在气隙中建立正转和反转磁场，分别在转子绕组上产生两个大小相等、方向相反的感应电动势和电流，这两个电流与定子磁场相互作用，分别产生两个大小相等、方向相反的电磁转矩。其转矩特性，如图 13-17 所示。图中曲线 1 表示

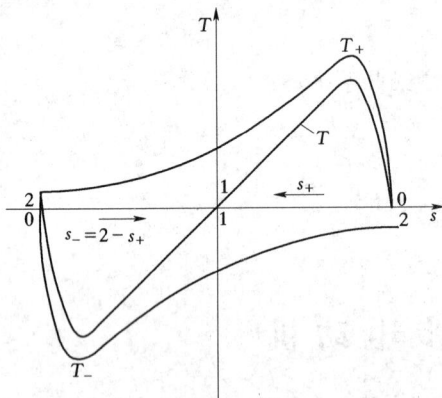

图 13-17 单相异步电动机的
转矩特性曲线

$T_+ = f(s)$ 的关系，曲线 2 表示 $T_- = f(s)$ 的关系；曲线 3 是 $T_+ = f(s)$ 和 $T_- = f(s)$ 两根特性曲线叠加而成。

从图 13-17 中，可以得出以下几点结论：

（1）单相异步电动机只有工作绕组时起动时的合成转矩为零。刚起动时，$n = 0$，$s = 1$，由于正方向的电磁转矩与反方向的电磁转矩大小相等，方向相反，其合成转矩 $T = T_+ + T_- = 0$，这时电机由于没有相应的驱动转矩而不能自行起动。

（2）在 $s = 1$ 的两边，合成转矩曲线是对称的。因此，单相异步电动机没有固定的旋转方向。当外力驱使电机正向旋转时，合成转矩为正，该转矩能维持电机继续正向旋转；反之，当外力驱使电机反向旋转时，合成转矩为负，该转矩能维持电机继续反向旋转。由此可见，电动机的旋转方向取决于电动机起动时的方向。

（3）由于反方向转矩的存在，使合成转矩减小，最大转矩也随之减小，致使电动机过载能力较低。

（4）反方向旋转磁场在转子中引起的感应电流，增加了转子铜耗，降低了电动机的效率。单相异步电动机的效率约为同容量三相异步电动机效率的 75%～90% 左右。

13.6.2 起动方法

由于单相异步电动机只有工作绕组时的起动合成转矩为零，因此，不能自行起动。要使单相异步电动机正常起动，解决的办法，一是在其定子铁芯内放置两个有空间角度差的绕组（起动绕组和工作绕组），二是使这两个绕组中流过的电流不同相位（称为分相）。这样，就可以在电机气隙内产生一个旋转的磁场，同于三相异步电动机的工作原理，单相异步电动机就可起动运行了。工程实践中，在单相异步电动机中常采用分相式和罩极式两种起动方法。

13.6.2.1 分相起动

分相起动电机的转子仍采用鼠笼式结构，在定子铁芯中嵌入两个在空间上相差 90° 电角度的绕组，工作绕组 1 和起动绕组 2。在起动绕组中串入电容器或电阻器来提高其功率因数，并通过离心式开关 S 与工作绕组一起并联到同一电源上，如图 13-18（a）所示。

工作绕组呈感性，该绕组上的电流 $\dot{I}_1$ 应滞后于电源电压 $\dot{U}$，而在起动绕组中，一般串入的电容较大，使整个绕组呈容性，相应的其起动电流 $\dot{I}_2$ 应超前于 $\dot{U}$，如图 13-18（b）所示。当电容器的电容量选择的合理时，就可以使 $\dot{I}_1$ 与 $\dot{I}_2$ 之间的相位差90°。因为起动绕组中通过的电流在时间上与工作绕组中电流的相位不同，也就是把单相电流分成了两相，称为分相或裂相。

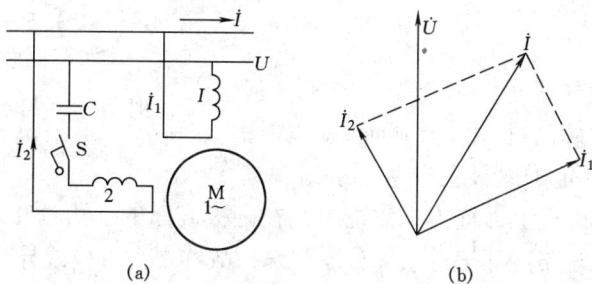

图 13-18 电容起动单相异步电动机
(a) 电路图；(b) 相量图

根据性能要求的不同，分相单相异步电动机又可以分为以下四种类型：

1. 电容起动单相异步电动机

电动机的接线图如图 13-18（a）所示。该电机的起动绕组是按短时工作方式设计的，导线较细，如果长时间通电，会因过热而烧坏。因此，在起动绕组中串有离心开关 S，刚开始起动时，电机转速较低，离心开关是闭合的；当电动机的转速达到同步转速的75%~80%时，由离心开关把起动绕组从电源断开。此时电动机只有工作绕组接在电源上，作为单相异步电动机运行，这种电动机称为电容起动单相异步电动机。

2. 电容运转单相异步电动机

在电容起动电动机的基础上去掉离心开关 S，把起动绕组按连续方式设计长期运行，不切除串有电容器的起动绕组，就成了电容运行电动机。它的运行性能、起动特性、过载能力都比第（1）种要好，功率因数也高。

3. 电容起动运转单相异步电动机

电容运转单相异步电动机虽然可以改善单相异步电动机的运行性能，但由于电动机工作时比起动时所需的电容量小，为了能进一步提高电动机的功率因数、效率和过载能力，常采用图 13-19 所示的接线图。在电动机起动结束后，必须利用离心开关 S 把起动电容切除，而工作电容仍串在起动绕组中。

4. 电阻起动电动机

起动绕组不是串电容器，而是串电阻器来
分相，就是电阻起动电动机。由于起动绕组与
工作绕组中电流的相位差较小。因此，电阻起
动电动机的起动转矩较小，只适用于比较容易
起动的场合。

13.6.2.2 罩极起动

1. 主要结构

罩极电动机的转子仍为鼠笼型；定子一般
为凸极式，定子铁芯为硅钢片叠压而成，如图
13-20（a）所示。定子磁极上有两个绕组，其

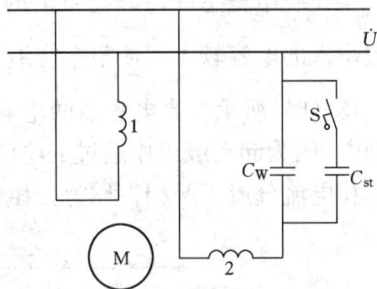

图 13-19 电容起动运转
单相异步电动机

中一个套在凸出的磁极上，称为工作绕组；在磁极表面的一边约 1/3～1/4 的地方开
有一凹槽，并用一短路铜环把这一部分罩起来，故称之为罩极式异步电动机。其中的
短路铜环起到协助起动的作用，所以短路铜环被称为起动绕组。

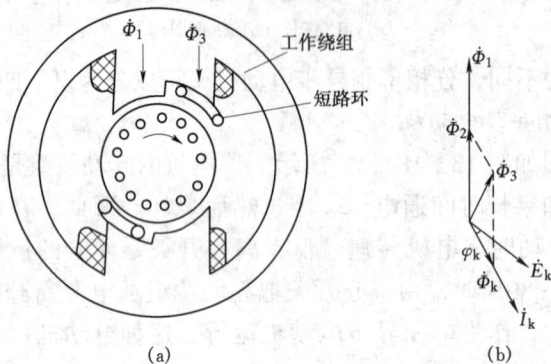

图 13-20 罩极式异步电动机
（a）结构示意图；（b）磁通相量图

2. 工作原理

当工作绕组通入单相交流电流后，将产生脉动磁动势，并有交变磁通穿过磁极，
其中大部分为穿过未罩极部分的磁通 $\dot{\Phi}_1$，另有一小部分 $\dot{\Phi}_1$ 与同相位的磁通 $\dot{\Phi}_2$ 将穿过
铜环，（因为 $\dot{\Phi}_1$ 和 $\dot{\Phi}_2$ 都是由工作绕组中的电流产生的，所以同相位），铜环中将产生
感应电动势 $\dot{E}_k$ 和感应电流 $\dot{I}_k$，并产生磁通 $\dot{\Phi}_k$。$\dot{\Phi}_2$ 与 $\dot{\Phi}_k$ 叠加后形成通过短路铜环的
合成磁通 $\dot{\Phi}_3$，即 $\dot{\Phi}_3 = \dot{\Phi}_2 + \dot{\Phi}_k$。最后短路铜环内的感应电动势应为 $\dot{\Phi}_3$ 所产生，所以

$\dot{E}_k$ 应滞后 $\dot{\Phi}_3 90°$。而 $\dot{I}_k$ 滞后 $\dot{E}_k$ 一个相位角，$\dot{\Phi}_k$ 与 $\dot{I}_k$ 同相位，见图 13‒20 (b)。

由图 13‒20 可见，由于短路的作用，使得被罩极部分的磁通 $\dot{\Phi}_3$ 与未罩极部分磁通 $\dot{\Phi}_1$ 之间存在一定的时间相位差；而同时在空间上也存在一定的电角度（空间电角度约为半个极面占据的空间电角度）。由前面的知识，只要两个磁场在时间和空间上互差一定的电角度，它们的合成磁场便是一个单方向的旋转磁场。同样会产生一个单方向的电磁转矩，使电动机能够自行起动。罩极式电机的旋转方向总是从未罩极部分向罩极部分转动。

要改变单相异步电动机的转向，对于分相式单相异步电动机，须拆开电动机，将起动绕组两个接线端头对换位置后接好即可。对于罩极式单相异步电动机不能通过改变绕组接线来改变转向，只能将转子反向安装，达到使负载反转的目的。

与同容量的三相异步电动机相比，单相异步电动机体积较大，效率和功率因数较低，过载能力较差。但当功率较小时，这些缺点并不突出。所以单相异步电动机的一般都做成微型的，其功率在几瓦至几百瓦之间。单相异步电动机由单相电源供电。因此，广泛应用于家用电器、医疗器械及轻工设备中。其中分相式单相异步电动机的功率较大，从几十瓦到几百瓦，常用于吊风扇、空气压缩机、电冰箱和空气调节器中。罩极式单相异步电动机虽然其结构简单、制造方便，但起动转矩小，多用于小型风扇、电唱机和录音机中，其功率一般在 40W 以下。

小 结

1. 本章讨论了三相异步电动机的起动、调速、制动以及单相异步电动机的起动。与直流电动机相比，异步电动机的起动和调速性能较差。

2. 异步电动机起动时的起动电流很大，而起动转矩并不大。起动时的主要要求是：在满足起动转矩的情况下，尽可能减小其起动电流，以减小对电网电压的冲击。

3. 鼠笼式异步电动机的起动方法有全压直接起动和降压起动。直接起动不需要专门的起动设备，且起动转矩大，所以能直接起动的尽量采用直接起动。

降压起动的方法有定子回路串电抗器起动、Y—Δ 转换降压起动和定子回路串自耦变压器起动。降压起动时，虽然减小了起动电流，但同时也减小了起动转矩，故只适用于空载或轻载的场合。在既要较小起动电流，又要带重负载起动的场合，应采用其他类型电机。

4. 绕线式异步电动机通过转子回路串电阻，可以减小起动电流和提高转子功率因数，获得较大的起动转矩，适用于带重负载起动的场合。

5. 绕线式异步电动机起动性能虽好，但转子结构复杂，在仅需要改善起动性能的场合，可考虑选用结构较简单的深槽式和双鼠笼式异步电动机。这两种电动机都是利用"集肤效应"来改善起动性能的。刚起动时，由于转子感应电动势的频率很大，使转子回路的有效电阻因"集肤效应"而增大，从而限制起动电流，增大了起动转矩。正常运行时，由于转子频率很低，"集肤效应"不明显，转子有效电阻减小，从而保证了电动机正常运行时的效率。

6. 异步电动机的调速方法很多，本章主要讲述了变极调速（用于鼠笼式异步电动机，通过改变定子一半绕组中电流的方向来改变磁极对数），变转差率 s 调速（用于绕线型异步电动机时，通过转子回路串电阻来实现），变频调速（异步电动机最理想的调速方法，也是最有发展前途的调速方法）。

7. 异步电动机的制动方法有：能耗制动、反接制动和反馈制动（再生发电制动）。在制动过程中，电磁转矩的方向始终与转子转速的方向相反，电磁转矩起制动的作用。

8. 三相异步电动机的异常运行主要包括：在非额定电压、非额定频率下的运行，缺相运行和在不对称电压下的运行。

9. 异步电动机的使用与维护是保证电动机正常工作的关键。异步电动机的使用与维护包括：起动前的准备，起动时的观察、操作以及运行中的监视等内容。

10. 在只有工作绕组的单相异步电动机上通上单相交流电后产生的是脉动磁动势，使电动机起动时的合成转矩为零，所以单相异步电动机不能自行起动。常用的起动方法有分相式起动和罩极式起动，它们都是形成两个在时间和空间上互差一定电角度的磁动势，以便在起动时形成一个单方向的旋转磁场，在电动机内产生一个单方向的电磁转矩，从而保证转子沿一个既定的方向旋转起来。

习　　题

13-1　为什么异步电动机加额定电压直接起动时的起动电流很大，而起动转矩并不大？

13-2　异步电动机降压起动的目的是什么？为什么此时不能带较大的负载起动？

13-3　绕线式异步电动机转子回路串入电阻后为何能减小起动电流，而增大起动转矩？如果转子回路串入电感，是否有同样的效果？转子回路串入的电阻越大，起动转矩是否越大？为什么？

13-4　为什么深槽式和双鼠笼式异步电动机能减小起动电流，而增大起动转矩？

13-5　有一台三相异步电动机定子绕组采用 Y/△ 连接，额定电压为380/220V，试问：

(1) 在什么情况下，定子绕组采用 Y 形连接？又在什么情况下，定子绕组采用 △ 形连接？当采用 Y 形和 △ 形连接时，电动机的额定功率、额定电压、每一相的电压、额定电流、每一相的电流、效率、功率因数有无区别？为什么？

(2) 当电源电压为 380V 时，如将定子绕组接成 △ 形连接，会产生什么后果？为什么？当电源电压为 220V 时，如将定子绕组接成 Y 形连接，又会产生什么后果？为什么？

13-6 单相异步电动机有哪些起动方法？其原理是什么？

13-7 有两台三相异步电动机定子绕组都烧坏了。拆开检查时发现一台绕组有 2/3 部分被烧黑，1/3 部分完好；另一台的定子绕组中有 1/3 部分被烧黑，2/3 部分完好。试分析这两台电机被烧黑的原因和两台电机定子绕组的接法有何不同？

13-8 三相异步电动机起动时如果电源一相断线，该电机能否起动？当定子绕组采用 Y 或 △ 形连接时，如果发生一相绕组断线，这时，电动机能否起动？如果在运行中电源或绕组发生一相断线，该电机还能否继续运转？此时能否仍带额定负载运行？

13-9 有一台异步电动机，其额定数据如下：$P_N = 100kW$，$n_N = 1450r/min$，$\eta_N = 0.85$，$\cos\varphi_N = 0.88$，$\dfrac{T_{st}}{T_N} = 1.35$，$\dfrac{I_{st}}{I_N} = 6$，定子绕组采用 △ 形连接，额定电压为 380V，试求：

(1) 异步电动机的额定电流 I_N。

(2) 采用 Y—△ 降压起动时的起动电流和起动转矩。

(3) 若负载转矩为额定转矩的 50% 和 25% 时，能否采用 Y—△ 降压起动？（忽略空载转矩）

13-10 有一台异步电动机，其额定数据如下：$P_N = 7.5kW$，$n_N = 1440r/min$，$\eta_N = 0.86$，$\cos\varphi_N = 0.9$，$\dfrac{T_{st}}{T_N} = 1.5$，$\dfrac{I_{st}}{I_N} = 6$，定子绕组采用 Y 形连接，额定电压为 380V，试求：

(1) 异步电动机的额定电流 I_N。

(2) 若是满载起动，此时电网电压不得低于多少伏？

(3) 若采用定子回路串自耦变压器半载起动，有三个抽头电压 40%，60% 和 80% 供选择，试选择抽头。

13-11 一台三相四极绕线式异步电动机，$P_N = 10kW$，$n = 1480r/min$，$f_N = 50Hz$，$r_2 = 0.02\Omega$，若保持额定负载转矩不变，要求把转速下降到 1100r/min 时，转子每一相应串入多大的电阻？

其他电机篇

● 本篇将介绍直流电机和微特电机的知识。直流电机可实现直流电能与机械能之间的转换。随着大容量机组的广泛使用，直流电机在电力系统中的地位正逐步下降。随着大容量机组自动化程度的提高，用于自动控制系统中，主要实现机电信号的检测、放大、转换、执行功能的微特电机在电力系统中使用则越来越多。

第 14 章

直流电机的工作原理和基本结构

【教学要求】 掌握直流发电机和直流电动机的工作原理和直流电机的铭牌，了解直流电机的基本结构和直流电机分类。

直流电机是电能和机械能相互转换的旋转电机之一，直流电机可分为直流发电机和直流电动机。直流发电机把机械能转换成电能，而直流电动机则把电能转换成机械能。

直流发电机主要为直流电动机、交流发电机励磁以及在化学工业方面用作电解、电镀、电冶炼的低压大电流设备提供直流电源。

直流电动机具有良好的调速性能，调速范围广，易于平滑调速，调速时的能量损耗小。起动和制动转矩大，过载能力强，易于控制，可靠性高。广泛用于驱动电力机车、船舶机械、轧钢机、机床、电气铁道牵引、高炉送料、造纸、纺织拖动、挖掘机械、卷扬机和起重设备中。

相对交流电机来说直流电机的主要缺点是：结构复杂、成本高、维护困难、换向困难，电机容量受到一定的限制，应用场合也受到限制。但是随着半导体技术的发展，晶闸管整流的直流电源正在逐步取代直流发电机，晶闸管整流电源配合直流电动机而组成的调速系统也正被广泛采用。

14.1　直流电机的工作原理

直流发电机的绕组在恒定磁场中旋转感应产生交流电，通过换向装置，将交流电转变成直流电。直流电动机的转子绕组通过换向装置把电源送来的直流电转换成交流电，绕组在磁场中受到磁场力的作用而形成一定方向的电磁转矩，使电动机旋转起来。下面分别对直流发电机和直流电动机的工作原理进行具体分析。

14.1.1 直流发电机的工作原理

1. 直流发电机工作原理的基础

直流发电机的工作原理是建立在电磁感应定律基础之上的。电磁感应定律告诉我们，导体切割恒定磁场的磁力线，产生感应电动势。若磁力线、导体和运动方向三者相互垂直，则感应电动势的大小为 $e = Blv$，其方向由右手定则确定。

2. 直流发电机的工作原理

图 14-1 是一个简单的发电机模型的工作原理图，N、S 为一对固定的磁极（一般是电磁铁，也可以是永久磁铁），两个磁极间装着一个可以转动的铁质材料的圆柱

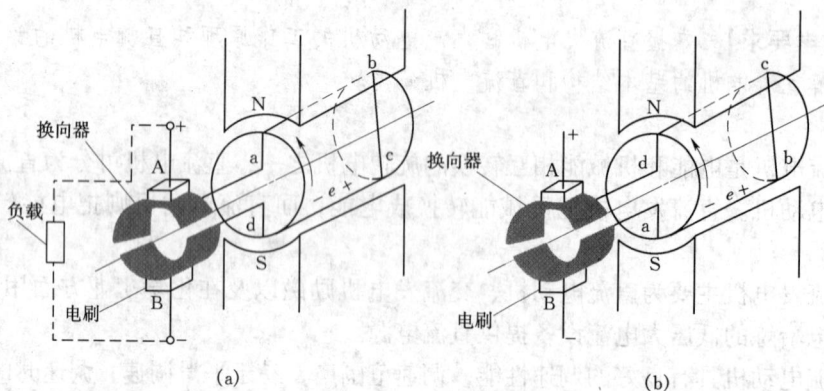

图 14-1 直流发电机的工作原理图

体，其表面上嵌放着一个线圈，线圈的两个边分别为 ab、cd。我们把这个嵌放着线圈的圆柱体叫做电枢。如果 a、d 端是开路状态，用原动机拖动电枢，使之以恒速 n 沿逆时针方向旋转。由电磁感应定律可知每根导体中感应的电动势

$$e = B_\delta lv \tag{14-1}$$

式中 l——导体的有效长度；

      v——电枢的线速度；

      B_δ——导体所在位置处的磁通密度。

在图 14-1 的 (a) 图所示瞬间，ab 导体处于 N 极下，根据右手定则可以判定其电动势的方向由 b→a，而 cd 导体处于 S 极下，电动势的方向由 d→c。整个线圈的电动势为 2e，方向由 d→a。如果线圈转过 180°，如图 14-1 (b) 所示，ab 导体处于 S 极下，根据右手定则可以判定其电动势的方向由 a→b，而 cd 导体处于 N 极下，电动势的方向由 c→d。整个线圈的电动势的方向变为由 a→d，可见线圈电动势是交变电

动势，电动势的大小随时间按正弦规律变化。所以说，当线圈的 a、b 端是开路状态时，发电机是交流发电机。

把 a、b 两端分别接到两片彼此绝缘的圆弧形换向片上。换向片固定在转轴上，换向片构成的整体称为换向器，它和电枢绝缘，与电枢一起旋转。为了把电枢和外电路接通，在换向片上放置了在空间位置固定不动的电刷 A 和 B，电刷引出线接负载，如图 14-1 所示。电刷 A 只能和转到上面的一片换向片相接触，而电刷 B 只能和转到下面的一片换向片相接触。装了这种换向器以后，在电刷 A、B 之间得到的电动势就是单向的了。分析如下：当 ab 导体处在 N 极下的时候，由右手定则可知，电动势的方向为 b→a→A，电刷 A 的极性为"＋"。cd 导体处在 S 极下，电动势的方向为 B→d→c，电刷 B 的极性为"－"，负载（接于电刷 A、B 上）上的电流方向是由 A 流向 B。当电枢转过 180°时，元件的两个有效边的位置互相调换，此时电刷 A 通过换向片与处于 N 极下 cd 导体相连，cd 导体的电动势反向变为 c→d→A，电刷 A 的极性为"＋"。电刷 B 通过换向片与处于 S 极下的 ab 导体相连，ab 导体的电动势反向变为 B→a→b，电刷 B 的极性为"－"。

可见，通过换向器的作用，使电刷 A 始终与 N 极下的线圈边相连，使电刷 B 始终与 S 极下的线圈边相连，所以当电枢在磁场中旋转时，线圈中的电动势虽然是交变的，但电刷之间的电动势却是一个方向不变的脉振电动势。由于两个电刷间的电动势波动太大，不能用作直流电源。实际的直流发电机的电枢上嵌放着连接在一起的多个线圈，电动势的脉动程度很小，可以认为是直流电动势。相应的发电机是直流发电机。

14.1.2 直流电动机的工作原理

1. 直流电动机工作原理的基础

直流电机的工作原理是建立在皮—萨电磁力定律的基础之上。根据实验可知，若磁场与载流导体互相垂直，则作用在导体上的电磁力应为

$$f = Bil \tag{14-2}$$

式中　B——磁场的磁感应强度，Wb/m^2；

　　　i——导体中的电流，A；

　　　l——导体的有效长度，m；

　　　f——电磁力，N。

电磁力的方向用左手定则判断。

2. 直流电动机的工作原理

电动机要作连续的旋转运动，载流导体在磁场中所受到的电磁力就需形成一种方

向不变的转矩。图 14 - 2 是一种简单的电磁装置,图中两个磁极间装着一个电枢,N 极和 S 极形成的磁力线如图 14 - 2 所示。当线圈中流过直流电流(由 a 边流入,x 边流出)时,两个线圈边均受到电磁力,力的方向由左手定则判断如图所示。两个力形成一个逆时针方向的电磁转矩。线圈在此转矩的作用下开始转动。当线圈转过 180°,a 边转到 S 极下,x 边转到 N 极下时,由于两边中的电流方向不变,但电流所处的磁场的方向相反了,那么电枢所受的转矩变成顺时针。可见电枢受到的转矩的方向是交变的。这种电磁转矩只能使电枢来回摆动,达不到连续转动的目的。

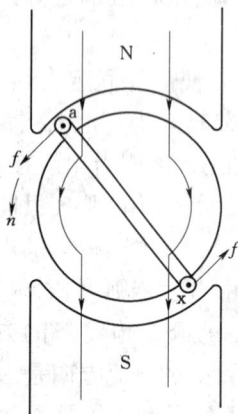

图 14 - 2 电磁装置的简单模型

可以不断改变磁场的方向,也可以改变电枢电流的方向,来达到连续转动的目的。但改变磁场的方向需要和电枢的转动同步,实现起来比较困难。因此,通常要改变电枢电流的方向,也就是当线圈边在不同极性磁极下,及时改变电枢电流的方向,即进行所谓的"换向"。实现换向的装置叫做换向器,它和发电机中的换向器是一样的,如图 14 - 3 的 (a)、(b) 所示。同样,电刷 A 只能和转到上面的一片换向片相接触,而电刷 B 只能和转到下面的一片换向片相接触。装了这种换向器以后,如将直流电压加在电刷两端,使电流从正极性电刷 A 流入,经线圈 abcd 或 dcba 从负极性电刷 B 流出。由于电流总是经 N 极下的导体流进去而从 S 极下的导体流出来,根据电磁力定律可知,上下两根导体受电磁力作用而形成的电磁转矩始终是逆时针方向,带动轴上的负载按逆时针方向旋转。这样就解决了图 14 - 2 中电枢受到的转矩是交变的问题。需要注意的是此种

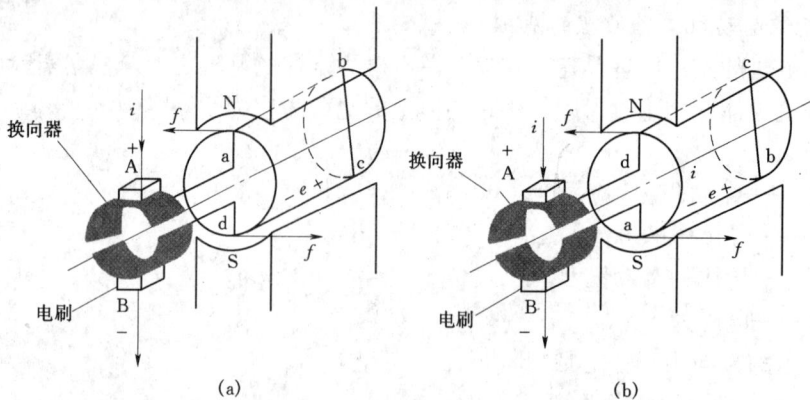

图 14 - 3 直流电动机的工作原理图

情况下直流电动机电枢线圈中的电流的方向是交变的，但产生的电磁转矩却是单方向的，这正是由于有换向器的原因。

从以上分析可以看出，一台直流电机既可以作为发电机运行，也可以作为电动机运行，只是外界的条件不同而已。用原动机拖动直流电机的电枢，使之以一定的速度旋转，且电刷上不加直流电压，那么电刷端可以输出直流电动势，接上负载就能输出电能，电机把机械能变换成电能而成为发电机。如果在直流电机的两电刷上，接上直流电源，使电枢流过电流，电枢在磁场中受到电磁转矩而旋转，拖动生产机械，把电能转换成机械能，成为电动机。这种同一台电机，既能作发电机又能作电动机运行的原理，在电机理论中称为可逆原理。

14.2　直流电机的基本结构

小型直流电机的基本结构如图 14 - 4 所示，从上节直流电机的基本原理可知，直流电机由两大部分组成：静止的定子和旋转的转子两大部分。定子和转子之间因为有

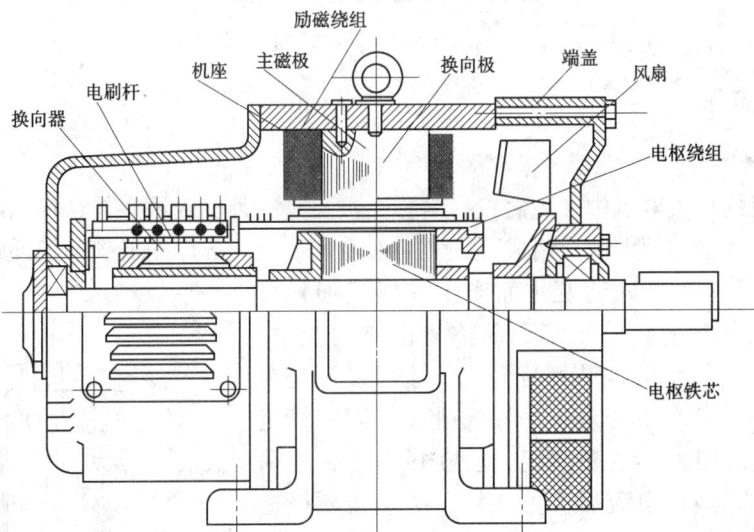

图 14 - 4　小型直流电机的基本结构

相对运动所以需要有一定的间隙，称为气隙。定子的作用是用来产生磁场和作为电机的机械支撑，由主磁极、换向极、机座、端盖、电刷装置等部件组成。转子上用来感应电动势而实现能量转换的部分称为电枢，它是由电枢绕组和电枢铁芯组成，另外转

子上还装有换向器、转轴、风扇等部件。在理论上，磁极和电枢这两部分，可任选其一放在定子上，而把另一个放在转子上。可是，如把电刷放在转子上，电刷装置就要和转子一起转动，给电刷的维护带来困难，并且容易出故障。所以直流电机的电枢绕组都装在转子上，而磁极装在静止不动的定子上。这样就便于对静止的电刷装置进行维护。图14-5表示直流电机的横剖面示意图。现对直流电机各主要结构部件的基本结构、材料及其作用简要介绍如下。

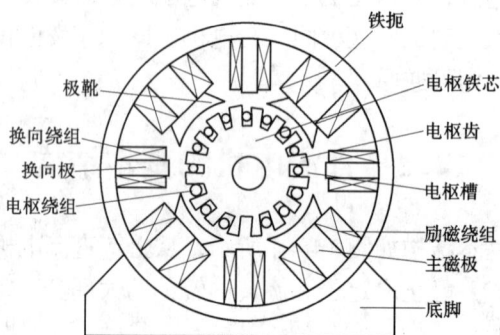

图 14-5 直流电机的横剖面示意图

14.2.1 定子

1. 主磁极

在一般的直流电机中，主磁极（简称主极）是一种电磁铁。其结构如图14-6所示，由铁芯和绕组两大部分组成。铁芯一般由1～1.5mm厚的低碳钢板冲片叠压而成（为的是减小主磁极磁通变化而产生的涡流损耗），叠片用铆钉铆成整体。铁芯下部称为极靴或极掌，它比极身（套绕组的铁芯部分）宽，这样设计是为了让气隙磁场分布更合理，另外极靴还起固定绕组的作用。此绕组就是励磁绕组，套在极身上，常采用串联方式，通过电流后产生磁场，绕组与磁极之间用绝缘纸、蜡布或云母纸绝缘，层间亦用云母纸绝缘。磁极的极性呈N极和S极交替排列，这取决于励磁绕组的连接方式。整个磁极用螺钉固定在机座上，机座和磁极铁芯之间叠放一些铁垫片，用来调整定、转子间的气隙。

主极的作用是用来固定励磁绕组，产生气隙磁

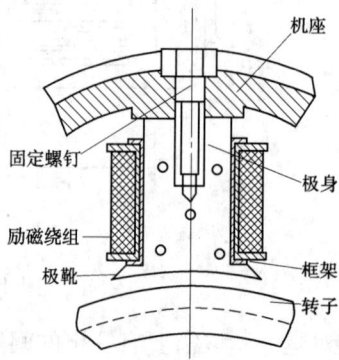

图 14-6 直流电机的
主磁极结构图

场并使电枢表面的气隙磁通密度按一定波形沿空间分布。

2.换向极

安装换向极是目前改善直流电机换向的最有效的办法。如图 14-7 是换向极的结构图，它由换向极铁芯和套在铁芯上的换向极绕组构成：换向极铁芯用整块扁钢或硅钢片叠成，对于换向要求高的场合，也需用钢片经绝缘叠装而成。换向极绕组一般用几匝粗的扁铜线绕成，并与电枢绕组电路相串联。换向极装在两相邻主极之间并用螺钉固定于机座上，如图 14-5 所示。

容量大于 1kW 的直流电机，一般都装有换向极。有几个主极就有几个换向极，个别的小电机，换向极的数目可少于主极的数目。

换向极的作用是改善电机的换向性能，减小电刷下的火花。

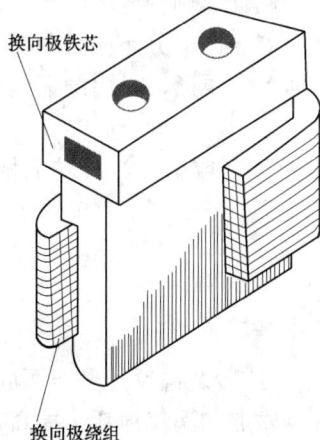

换向极铁芯

换向极绕组

图 14-7 换向极的结构

3.机座

大型直流电机的机座通常用铸钢件或钢板卷焊而成，以保证良好的导磁性能和机械强度，而小型电机的机座通常是铸铝的。机座的作用有两方面：①用来固定主极、换向极和端盖等部件，并通过底脚将电机固定在基础上，起机械支撑的作用。②它还是电机主磁路的一部分，机座中有磁通经过的部分称为磁轭。为了使磁路中的磁通密度不会太高，要求磁轭有一定的截面积，这就使得电机在机械强度上富余一些。

4.端盖

端盖装在电机机座两端，其作用是：保护电机免受外部机械破坏，同时用来支撑轴承、固定刷架。在后端盖上设有观察窗，可观察火花的大小。

5.电刷装置

图 14-8 为电刷与刷握装置。它由刷杆座、刷杆、刷握、电刷和汇流条等组成。刷杆座固定在端盖或轴承内盖上，小型直流电机的各刷杆支臂都装在一个可以转动的刷杆座上，松开螺钉，转动刷杆座，确定电刷的位置后，拧紧螺钉，固定刷杆座。大型和中型电机的每个刷杆座是可以单独调整的，调整位置以后将

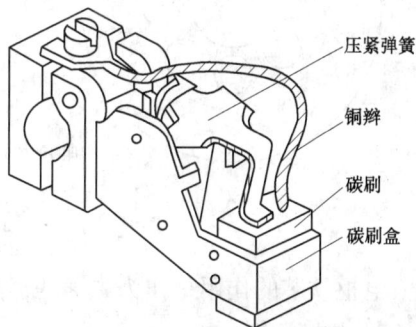

压紧弹簧

铜辫

碳刷

碳刷盒

图 14-8 电刷装置的结构

它固定；刷杆固定在刷杆座上，每根刷杆上装有一个或几个刷握；电刷是由石墨等材料制成的导电块，放在刷握中，其顶上有一弹簧压板或恒压弹簧（可使电刷在换向器上保持一定的接触压力），对于电流较大的电机，每个刷杆支臂上装有一组并联的电刷，同极性刷杆上的电流汇集到一起后，引向外部。刷握、刷杆、刷杆座之间彼此绝缘。电刷组的数目一般等于主磁极的数目，各电刷组在换向器表面的分布应是距离相等的，电刷的位置通过电刷座的调整进行确定。电刷的后面有一铜辫，是由细铜丝编织而成的，其作用是引出电流。

电刷装置的作用是与换向器配合把直流电动势、电流引出（或引入）旋转电枢。电刷装置的质量对直流电机的工作有直接影响。

14.2.2　转子

1．电枢铁芯

如图 14-9 所示，电枢铁芯一般用厚 0.5mm 的低硅钢片或冷轧硅钢片叠压而成，两面涂有绝缘漆，如有氧化膜可不用涂漆，这样是为了减少磁滞和涡流损耗，提高效率。每张冲片冲有槽和轴向通风孔。叠成的铁芯两端用夹件和螺杆紧固成圆柱形，在铁芯的外圆周上有均匀分布的槽，内嵌电枢绕组。对于容量较大的电机，为了加强冷却，把电枢铁芯沿轴向分成数段，段与段之间留有宽 10mm 的径向通风道，它和轴向通风孔都形成风路，降低了电机绕组和铁芯的温升。整个铁芯固定在转子支架或转轴上。小容量的电机，电枢铁芯上装有风翼，大容量的电机装有风扇。

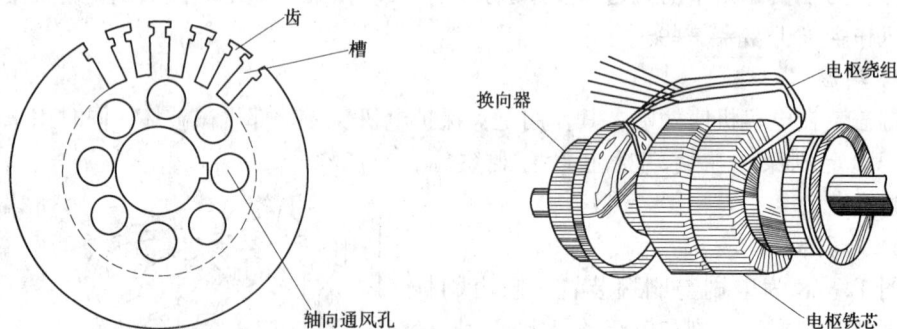

图 14-9　电枢冲片和电枢铁芯装配图

电枢铁芯的作用是作为磁通的通路和嵌放电枢绕组。

2．电枢绕组

直流电机的电枢绕组是由许多线圈组成的，这些线圈叫做绕组元件，每个绕组元件的两端分别接在两个换向片，通过换向片把这些独立的线圈互相连接在一起，形成闭合回路。绕组导线的截面积取决于元件内通过的电流的大小，几个千瓦以下小容量电机的电枢绕组的线圈用绝缘圆形截面导线绕制，大容量的用矩形截面导线绕制。绕组嵌放在电枢铁芯的槽内，线圈与铁芯之间以及上下层之间均要妥善绝缘，槽口用槽楔固定（如图14-10所示）。外层绕组端部用镀锌钢丝或玻璃丝带绑扎，以防止离心力将线圈从槽中甩出。电枢绕组的作用是感应电动势和通过电流，是电机实现机电能量转换的关键部分。

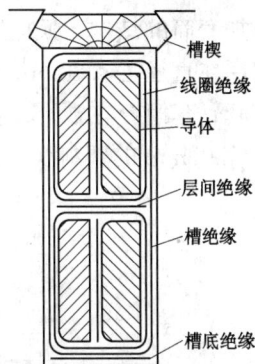

图14-10 电枢槽内绝缘

3. 换向器

换向器的结构形式，是由电机的电压、功率和转速决定的。以拱形换向器和塑料换向器较为常见。

图14-11为拱型换向器的结构图，它是由许多换向片组成的一个圆筒（工作表

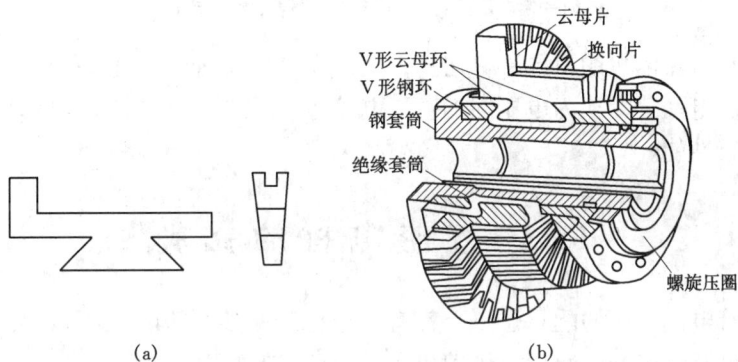

(a)　　　　　　　　　　(b)

图14-11 拱形换向器的结构
(a) 换向片；(b) 换向器

面光滑便于和电刷滑动接触），套入钢套筒上。换向片是带有燕尾的铜片，片间用云母隔开，换向片的燕尾嵌在两端的V形钢环内。V形钢环与换向片之间用V形云母环进行绝缘。换向器应采用具有良好的导电性、导热性、耐磨性、耐电弧性和良好机械强度的材料，常用电解铜经冷拉而成的梯形铜排，也有银铜、镉铜、稀土铜合金等。为节省铜材，换向片上装有升高片，常用韧性好的紫铜板和紫铜带制成，线圈出线端焊在升高片上的小槽中。由于拱形换向器结构复杂，目前小型直流电机已广泛采用塑料换向器。常用的是下列两种：酚醛树脂玻璃纤维热压塑料（这是B级绝缘材

料）和聚酰亚胺玻璃纤维压塑料（适用于 H 级换向器）。图 14-12 所示，图 (a) 为不加套筒的结构，换向片和云母片都热压在塑料中，塑料有孔可安装于轴上，此种结构用在直径 $D<80mm$ 的小换向器中。图 (b) 是有钢套的塑料换向器，塑料内部加钢套，套筒套在轴上，换向片槽部有加强环，用来增加塑料的强度，这种结构用于 $D<300mm$ 的塑料换向器。

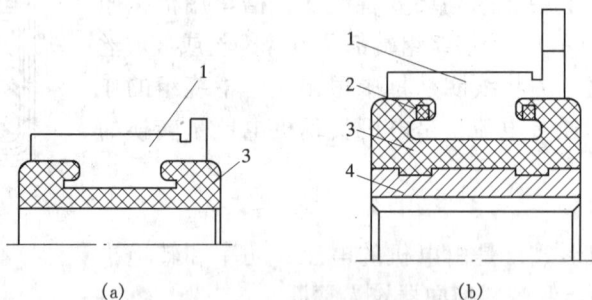

图 14-12　塑料换向器
1—换向片；2—加强环；3—塑料；4—套筒

换向器是直流电机的重要部件之一，用以和电刷共同组成机械整流装置，将电枢绕组中的交流电动势变换为电刷间的直流电动势或反之。换向器质量的好坏，直接影响电机的运行性能。

14.3　直流电机的铭牌

每台直流电机机座的醒目位置上都有一个铭牌，如图 14-13 所示。上面标注着一些额定数据及电机产品数据，供用户参考，是正确使用电机的依据。铭牌上标注的数据主要有：电机的型号、额定值、绝缘等级、励磁电流及励磁方式，另外还有生产厂商和出厂数据。对这些铭牌数据分别介绍如下。

14.3.1　产品型号

产品型号表示电机的结构和使用特点，国产电机的型号多采用汉语拼音的大写字母及阿拉伯数字表示，其格式为：第一部分取直流电机全名称中关键汉字的第一个拼音字母表示产品的代号，第二部分用阿拉伯数字表示设计序号，第三部分是机座代号，用阿拉伯数字表示，第四部分也是阿拉伯数字，表示电枢铁芯长度。现举例说明如下：

图 14 - 13　直流电机的铭牌

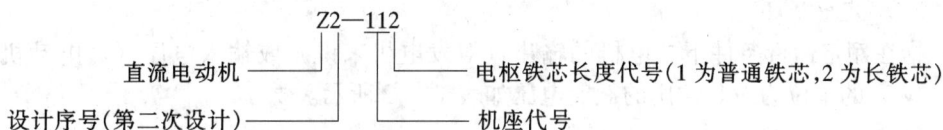

Z 系列电机除 Z2 系列外，还有 Z2、Z3、Z4 系列直流电机，另有 ZF 系列：直流发电机；

ZJ 系列：精密机床用直流电动机；

ZTD 系列：中速电梯用直流电动机；

ZTDD 系列：低速电梯用直流电动机；

ZT 系列：广调速直流电动机；

ZQ 系列：直流牵引电动机；

ZH 系列：船用直流电动机；

ZA 系列：防爆安全型直流电动机；

ZC 系列：电铲用起重直流发电机；

ZZJ 系列：冶金起重用直流电动机。

其他系列直流电机可参见电机手册。

14.3.2　额定数据

1. 额定功率 P_N

指电机厂家规定的电机在额定条件下长期运行所允许的输出功率。一般用 kW 作为 P_N 的单位。额定功率对直流发电机和直流电动机来说是不同的。直流发电机的功率是指电刷间输出的供给负载的电功率，$P_N = U_N I_N$；而直流电动机的额定功率是指轴上输出的机械功率，$P_N = U_N I_N \eta_N$。常用的额定功率如表 14-1 所示。

表 14-1		直流电机的额定功率
电机类别		额定功率（kW）
电动机	小型	0.4、0.6、0.8、1.1、1.5、2.2、3、4、5.5、7.5、10、13、17、22、30、40、55、75、100、125
	中型	55、75、100、125、160、200、250、320、400、500、630、800、1000、1250
	大型	1250、1600、2050、2600、3300、4300、5350、6700
发电机	小型	0.7、1、1.4、1.9、2.5、3.5、4.8、6.5、9、11.5、14、19、26、35、48、67、90、115、145、185
	中型	180、240、300、350、470、580、730、920、1150、1450
	大型	1900、2400、3000、3600、4600、5700

2．额定电压 U_N

指在额定运行条件下，电机的输出（对发电机来说）或输入电压（对电动机来说）。U_N 的单位为 V。常用的额定电压如表 14-2 所示。

表 14-2	直流电机的额定电压
电机类别	额定电压（V）
电动机	110、220、440、630、800、1000
发电机	6、12、24、48、115、230、460、630、800、1000

3．额定电流 I_N

是指在额定电压和额定功率条件下电机的电流值。I_N 的单位是 A。

4．额定转速 n_N

是指在额定电压、额定电流、额定功率条件下电机的转速。n_N 单位是 r/min。常用的额定转速如表 14-3 所示。

表 14-3	直流电机的额定转速
电机类别	额定转速（r/min）
电动机	25、32、40、50、63、80、100、125、160、200、250、300、400、500、600、750、1000、1500、3000
发电机	300、330、375、427、500、600、750、1000、1500、3000

5．额定励磁电流 I_{fN}

是指在额定电压、额定电流、额定转速和额定功率条件下通过电机的励磁绕组的电流。

6. 励磁方式

是指直流电机的电枢绕组和励磁绕组的连接方式。如他励、并励、串励和复励等方式。

除以上标志外，电机铭牌上还标有额定温升、工作方式、出厂日期、出厂编号等。

小　　结

1. 直流电机是一种能使直流电能和机械能相互转换的机械，它可分为直流发电机和直流电动机两种形式。直流发电机可将机械能转换成电能，直流电动机可将电能转换成机械能。换向器式电机是常用的直流电机，虽然它的电枢导体感应的电动势是交变的，但经过换向器和电刷的作用可得到直流电压。电枢绕组由许多线圈（元件）嵌放在电枢表面的槽内，并按一定规律分布，这样可以得到脉动较小的平滑直流电压。一台直流电机既可以作为发电机运行，也可以作为电动机运行，只是外界的条件不同而已。这种同一台电机，既能作发电机又能作电动机运行的原理，在电机理论中称为可逆原理。

2. 直流电机的结构是由定子和转子两大部分组成，定子与转子之间留有一定的空气隙。定子的作用主要是形成磁场、作为机械支撑并起防护作用。它是由主磁极、换向极、机座、端盖、电刷装置等部件组成的。转子上用来感应电动势而实现能量转换的部分称为电枢，它是由电枢绕组和电枢铁芯组成，另外转子上还装有换向器、转轴、风扇等部件。转子的作用是产生感应电动势、形成电流、实现机械能和电能的相互转换。

3. 直流电机的铭牌是正确使用电机的依据，铭牌上标注的数据主要有：电机的型号、额定值、绝缘等级、励磁电流及励磁方式，另外还有生产厂商和出厂数据。励磁方式是指直流电机的电枢绕组和励磁绕组的连接方式，分为他励、并励、串励和复励等方式。直流电机系列通常有 Z 系列、ZF 系列、ZJ 系列、ZTD 系列、ZTDD 系列、ZT 系列、ZQ 系列、ZH 系列、ZA 系列、ZC 系列、ZA 系列、ZZJ 系列等。

习　　题

14 - 1　简述直流电机的基本结构，并说明各部分的作用。

14 - 2　分别说出下面两种情况下，电刷两端电压的性质。

（1）磁极固定，电枢和电刷同时旋转。

（2）电枢固定，电刷和磁极同时旋转。

14－3 简述直流电机的铭牌主要显示了哪些内容。

14－4 直流电机中，换向器起了什么作用？

14－5 如果直流电动机的电枢绕组装在定子上，磁极装在转子上，那么换向器和电刷应安装在什么位置？

14－6 一台直流发电机的额定功率 $P_N = 200\text{kW}$，额定电压 $U_N = 220\text{V}$，额定转速 $n_N = 1500\text{r/min}$，额定效率 $\eta_N = 85\%$，求该发电机的额定电流 I_N 和额定输入功率 P_1。

14－7 一台直流电动机的额定功率 $P_N = 7.5\text{kW}$，额定电压 $U_N = 220\text{V}$，额定转速 $n_N = 1450\text{r/min}$，额定效率 $\eta_N = 90\%$，求电动机的额定电流 I_N 及额定负载时的输入功率 P_1。

第 15 章

直 流 发 电 机

【教学要求】 掌握并励直流发电机的电动势方程式和自励条件，了解直流电机的电枢电动势和电磁转矩表达式、直流发电机的励磁方式及运行特性。

15.1 直流电机的电枢电动势和电磁转矩

直流电机工作时，其电枢中产生感应电动势和电磁转矩。感应电动势指的是电刷间产生的电动势，电动机的电枢电动势为反电动势，它和外加电压及电阻压降相平衡。电磁转矩指的是电枢绕组中的载流导体在磁场中所受的电磁力对电枢转轴形成的转矩。下面分别对感应电动势和电磁转矩加以介绍。

15.1.1 直流电机的电枢电动势

直流电机的电枢电动势的表达式为

$$E_a = C_e \Phi n \tag{15-1}$$

$$C_e = \frac{pN}{60a}$$

式中 C_e——电动势常数；

Φ——每极磁通；

n——转子的转速；

p——电机的磁极对数；

N——电枢绕组总导体数；

a——电枢绕组并联支路的对数。

在成品电机中，p、N 和 a 都是常量，取 Φ 的单位为 Wb，则 E_a 的单位是 V。

15.1.2 直流电机的电磁转矩

通过前面对直流电机的基本工作原理的分析可以知道，当电枢绕组中有电流流过时，载流导体在气隙磁场中将受到电磁力的作用，该力对电枢轴心所形成的转矩称为电磁转矩。

假设一个整距绕组的导体在电枢表面均匀分布，电刷置于几何中性线上。根据电磁力定律，一根载流导体在磁场中受到的平均电磁力可用下式计算

$$f_{av} = B_{av} l i_a \tag{15-2}$$

式中　B_{av}———一个主磁极下的平均气隙磁通密度；

　　　　l———载流导体的长度；

　　　　i_a———流过导体的电流。

如假设电枢铁芯的直径为 D_a，则平均电磁转矩为

$$T_{av} = f_{av} \frac{D_a}{2} \tag{15-3}$$

总电磁转矩为

$$T = N T_{av} = N B_{av} l \frac{I_a}{2a} \frac{D_a}{2} \tag{15-4}$$

把 $B_{av} = \dfrac{\Phi}{\tau l}$（$\Phi$ 表示每极磁通，τ 为极距，l 为导体的有效长度）代入上式，得

$$T = \frac{pN}{2\pi a} \Phi I_a = C_T \Phi I_a \tag{15-5}$$

$$C_T = \frac{pN}{2\pi a}$$

式中　C_T———转矩常数。

如果 Φ 的单位为 Wb，I_a 的单位为 A，T 的单位为 N·m。

15.2　直流发电机的励磁方式

直流发电机的励磁方式是指直流发电机的电枢绕组和励磁绕组的连接方式。不同的连接方式对发电机的运行特性将产生较大的差异。按励磁绕组和电枢绕组的供电关系，直流发电机的励磁方式可分为他励和自励，自励又分为并励、串励和复励三种方式。

（1）他励发电机。如图 15-1（a）所示，励磁绕组和电枢绕组的电源是各自独立的，其特点是电枢电流 I_a 等于负载电流 I（即 $I = I_a$），和励磁电流 I_f 无关。

（2）并励发电机。如图 15-1（b）所示，励磁绕组与电枢绕组是并联关系，根

据电流的参考方向可知 I_a、I 和 I_f 有以下关系

$$I_a = I + I_f \tag{15-6}$$

(3) 串励发电机。如图 15-1 (c) 所示，励磁绕组和电枢绕组是串联关系，此时有

$$I_a = I = I_f \tag{15-7}$$

(4) 复励发电机。如图 15-1 (d) 所示，有两个励磁绕组，一个和电枢绕组串联，另一个和电枢绕组并联。当串励绕组产生的磁动势和并励绕组产生的磁动势方向相同，两者相加时，称为积复励；当串励绕组产生的磁动势和并励绕组产生的磁动势方向相反，两者相减时，称为差复励。

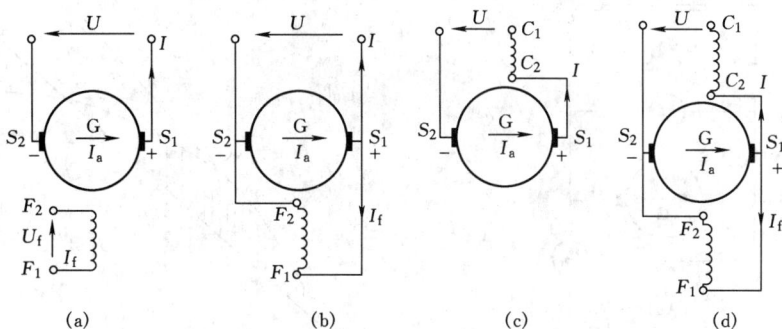

图 15-1 直流发电机的励磁方式

(a) 他励发电机；(b) 并励发电机；(c) 串励发电机；(d) 复励发电机

15.3 并励直流发电机的自励条件

15.3.1 并励直流发电机的自励过程

图 15-2 是并励直流发电机的接线图。一般情况下，电机中总是有剩磁存在，当电机被原动机拖动至额定转速时，电枢绕组切割剩磁磁通，产生剩磁电动势（约为 2%～5%U_N），此时并励绕组中开始有励磁电流流过，产生一个较小的励磁磁动势。如励磁磁动势产生的磁场和剩磁方向相同（并励绕组接到电枢绕组两端的极性正确），则电机内的气隙磁场增强，发电机的端电压升高。在这一较高电压的作用下，励磁电流又进一步升高，在这样的反复作用下，发电机的端电压便"自励"起来。当励磁电流所产生的空载电动势正好和励磁回路中的电阻压降相平衡，励磁电流不再增大，电机进入空载稳定状态，稳定在电机的空载特性 1 与励磁电阻线 2 的交点 A 处，如图 15-3 所示。由此图可以看出，调节励磁回路的串联电阻 R_{fl} 可改变励磁电阻线的斜率，空载电压的稳

定点相应地发生改变。当励磁回路总电阻 R_f 逐渐增大时，空载电压逐渐减小；当 $R_f = R_j$ 时，励磁电阻线和空载特性的直线部分相切，如图 15-3 中的曲线 3，此时的空载电压变为不稳定，电阻 R_j 称为临界电阻；当 $R_f > R_j$ 时，励磁电阻线和空载特性交点很低，所得电压和剩磁电动势相差无几，不能使发电机自励建压。可见，并励发电机的稳定空载电压 U_0 大小取决于空载特性和励磁电阻线的交点 A。值得注意的是，对应不同的转速，发电机有不同的空载特性，所以也有不同的临界电阻。

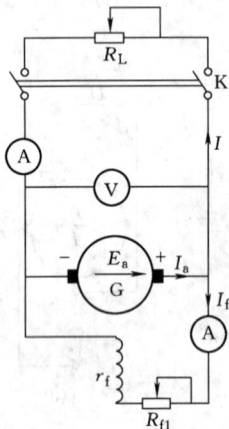

图 15-2 并励发电机的接线图

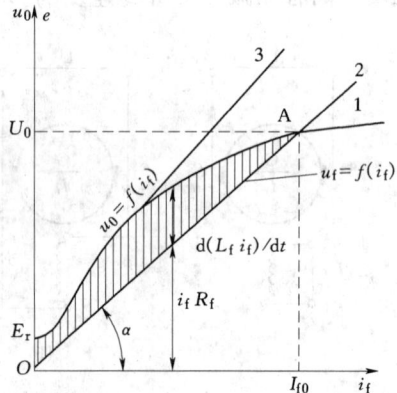

图 15-3 并励发电机的自励过程

15.3.2 并励直流发电机的自励条件

并励发电机的自励必须具备以下条件，缺一不可。

（1）发电机内部必须要有剩磁，这是自励的先决条件。

（2）电枢的旋转方向和励磁绕组与电枢绕组两端的接法必须正确配合，以使励磁电流产生的磁场和剩磁方向一致。这是并励发电机自励的第二个条件。如果接法不对，只要把励磁绕组并联到电枢绕组的两端点对调一下即可。

（3）励磁回路的总电阻必须低于与电机运行转速相对应的临界电阻，这是自励的第三个条件。

15.4 直流发电机的基本方程式

直流发电机的基本方程式主要是指直流发电机的电系统中的电动势平衡方程式和

机械系统中的转矩平衡方程式。这两种方程式综合了电机内部的电磁过程，表达了电机外部的运行特性。下面以并励发电机为例，讨论直流发电机的基本方程式。

15.4.1　电动势平衡方程式

当发电机的电枢旋转时，电枢绕组中将产生感应电动势 E_a，其方向由右手定则判定。

当并励发电机带负载时，有电枢电流 I_a 产生，其方向和电动势的方向一致，如图15-4所示。由于电枢回路中有各个绕组的总电阻 r_a（包括电枢绕组、串励绕组、换向绕组）以及一对电刷下的接触压降 $2\Delta U_b$，如电机的端电压为 U，以 U、E_a、I_a 的实际方向为正方向，由电路定律可得到电枢回路的电动势方程式为

$$E_a = U + I_a r_a + 2\Delta U_b = U + I_a R_a \qquad (15-8)$$

$$R_a = r_a + \frac{2\Delta U_b}{I_a}$$

式中　R_a——电枢回路总电阻；

　　　r_a——电枢中各个绕组的总电阻，简称电枢绕组电阻；

$\dfrac{2\Delta U_b}{I_a}$——电刷接触电阻。

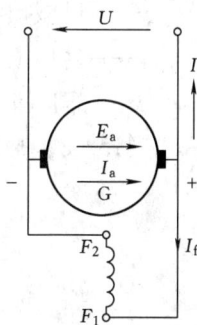

图15-4　并励直流发电机的电动势和电流方向

15.4.2　转矩平衡方程式

当电机电枢中流过电流时，产生电磁力，形成电磁转矩，其方向由左手定则判定。发电机的电磁转矩是制动转矩，其转向与原动机的拖动方向相反。当电机恒速运转时，原动机的驱动转矩 T_1 应与空载制动转矩 T_0 和电磁转矩 T 相平衡，则有

$$T_1 = T + T_0 \qquad (15-9)$$

15.4.3　功率平衡方程式

功率就是每秒钟内转矩对转子所做的功，机械功率就等于转矩和转子机械角速度 Ω 的乘积，由转矩平衡方程式可导出功率平衡方程式。把式（15-9）两边乘以 Ω 得

$$T_1\Omega = T\Omega + T_0\Omega \qquad (15-10)$$

或　　　　　　　　　　$$P_1 = P_M + p_0 \qquad (15-11)$$

式中　P_1——原动机输入的机械功率，$P_1 = T_1\Omega$；

P_M——电磁功率，$P_M = T\Omega$；

p_0——发电机的空载损耗功率，$P_0 = T_0\Omega$。

另外

$$p_0 = p_{Fe} + p_{mec} + p_{ad} \tag{15-12}$$

式中 p_{Fe}——铁耗，主要包括电枢轭部和齿部的磁滞损耗及涡流损耗，它们是由主磁通在旋转的电枢铁芯内部交变所引起；

p_{mec}——机械损耗，包括轴承、电刷的摩擦损耗和空气摩擦损耗；

p_{ad}——附加损耗，是由于电枢的齿槽等因素引起的，因其产生的原因复杂，难以准确计算，所以通常取为额定功率的 $(0.5\sim1)\%$。

将式 (15-8) 乘以电枢电流 I_a，可得

$$P_M = E_a I_a = UI_a + I_a^2 r_a + 2\Delta U_b I_a$$
$$= UI + UI_f + I_a^2 r_a + 2\Delta U_b I_a = P_2 + p_{Cuf} + p_{Cua} + p_{Cub} \tag{15-13}$$

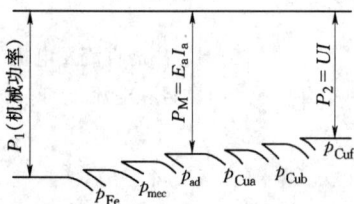

图 15-5 直流发电机的功率图

从上面的公式可以看出，从并励发电机电枢绕组获得的电磁功率 $E_a I_a$ 中，去掉电枢绕组的铜耗 p_{Cua} 和电刷接触损耗 p_{Cub} 以及励磁回路的铜耗 p_{Cuf}（他励发电机的 p_{Cuf} 不包括在 P_M 中）之后，余下的是发电机的输出功率。所以

$$P_1 = P_M + p_0 = P_2 + \sum p \tag{15-14}$$

式中 $\sum p$——并励直流发电机的总损耗。

直流发电机的功率图如图 15-5 所示。

直流发电机的效率为

$$\eta = \frac{P_2}{P_1} \times 100\% = \frac{P_1 - \sum p}{P_1} \times 100\% = \left(1 - \frac{\sum p}{P_2 + \sum p}\right) \times 100\% \tag{15-15}$$

【例 15-1】 一台并励直流发电机的数据为：$P_N = 8kW$，$U_N = 220V$，$n_N = 1500r/min$，电枢回路总电阻 $R_a = 0.6\Omega$，并励回路总电阻 $R_f = 170\Omega$，额定负载时电枢铁耗 $p_{Fe} = 240W$，机械损耗 $p_{mec} = 60W$。

求：

(1) 额定负载时的电磁功率和电磁转矩；

(2) 额定负载时的效率。

解：(1) 求 P_M 和 T

电枢电流 $I_a = I_N + I_f = P_N/U_N + U_N/R_f$

$$= (8000/220 + 220/170)\ (A) = 37.66\ (A)$$

$$
\begin{aligned}
P_M &= E_a I_a = (U_N + I_a R_a)\ I_a \\
&= (220 + 37.66 \times 0.6) \times 37.66 \\
&= 9.14\ (kW)
\end{aligned}
$$

电磁转矩 T 为

$$
\begin{aligned}
T &= P_M/\Omega = 9550 P_M/n_N = 9550 \times 9.14/1500 \\
&= 58.19\ (N \cdot m)
\end{aligned}
$$

（2）额定负载时的效率

$$
\begin{aligned}
\eta_N &= P_N/(P_M + P_{Fe} + p_{mec}) \\
&= 8000/(9140 + 240 + 60) = 84.7\%
\end{aligned}
$$

15.5 直流发电机的运行特性

直流发电机在实际运行时，其转速通常稳定在额定转速，其他可以测量的物理量有，发电机的端电压 U、负载电流 I 以及励磁电流 I_f。在这三个物理量中，保持一个量不变，另外两个量之间的关系，称为直流发电机的运行特性。直流发电机的运行特性有空载特性、外特性和调整特性，下面以他励直流发电机为例介绍这三个特性。

15.5.1 空载特性

空载特性是当发电机不带负载（电枢电流为 0），额定转速条件下，空载电压和励磁电流的关系曲线，即 $U_0 = E_a = f\ (I_f)$。

用实验方法求取空载特性时，其接线图如图 15‑6 所示。发电机由原动机拖动，励磁电路接到外电源 U_f，调节励磁电路的电阻，使励磁电流 I_f 从零开始，逐渐增加，直到电枢空载电压 $U_0 = 1.1 \sim 1.3 U_N$ 为止。然后逐渐减小 I_f，U_0 也随着减小。但当 $I_f = 0$ 时，U_0 并不等于零，其大小就是剩磁电动势，约为额定电压的 10%。改变励磁电流的方向，而且逐渐增大，则空载电压由剩磁电动势减小到零后又逐渐升高，但极性相反（电压表的极性必须改接），直到 $U_0 = -(1.1 \sim 1.3) U_N$，即可得到磁滞回线的一半，如图 15‑7 所示。然后根据对称的关系画出磁滞回线的另一半，并找出整个磁滞回线的平均曲线，如图 15‑7 中的虚线，即为发电机的空载特性曲线。空载特性曲线的形状和电机的磁化曲线形状相似。其原因是对于已制成的电机，C_e 为常数，当转速 n 不变时，$U_0 = E_a \propto \Phi$，而励磁磁动势 $F_f \propto I_f$，所以改变空载特性的坐标比例，就可表示电机的磁化曲线。

从空载特性可以判断该电机磁路的饱和程度。发电机正常运行时，额定电压位于空载特性的弯曲部分（称为膝点），如图15-7中的C点所示。若额定电压在C点以下，说明磁路未饱和，铁芯没有得到充分利用，造成浪费；而且，励磁电流稍微变化时，就会引起电动势和端电压的较大变化，使电压不稳定。若在C点以上，磁路过饱和，要获得额定电压就需要较大的励磁电流或较多匝的励磁线圈，铜耗和用铜量都会增加，也造成浪费。

顺便指出，并励和复励发电机的空载特性也由他励的方法来求取。

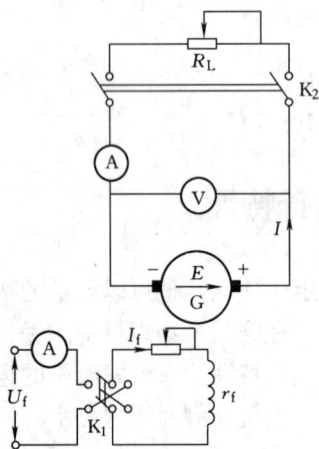

图 15-6 他励直流
发电机接线图

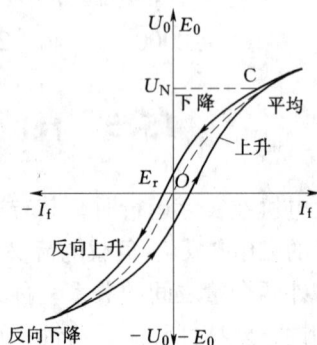

图 15-7 他励直流发电机的
空载特性曲线

15.5.2 外特性

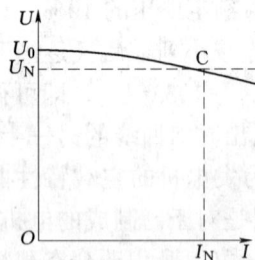

图 15-8 他励直流
发电机的外特性

他励发电机的外特性是指发电机接上负载后，在保持励磁电流不变（通常等于额定励磁电流 I_{fN}）的情况下，负载电流变化时，端电压 U 变化的规律，即当 $n = n_N$，$I_f = I_{fN}$时，$U = f(I)$。该特性仍然可以由图15-6的线路图求出。闭合开关 K_2 接上负载 R_L，调节发电机的负载电流和励磁电流，使发电机运行于额定状态（即 $U = U_N$、$I = I_N$、$n = n_N$），此时发电机的励磁电流为额定励磁电流 I_{fN}。然后保持 I_{fN} 不变，逐步增大负载电阻，使负载电流减小，直到负载断开（$I = 0$）。在每一负载下，同时测取端电压 U 和电流 I 的值，得到发电机的外特性曲线，如图15-8所示。从图中看出，当负载电流

I 增加时，外特性曲线稍微下降，曲线上的 C 点为额定运行点。

由电动势方程 $U = E_a - I_a R_a$ 和 $E_a = C_e \Phi n$ 可知，随着负载电流的增加，引起他励发电机端电压下降的原因有两个。

(1) 发电机带负载后，电枢反应的去磁作用使气隙磁通减小，使电枢感应电动势下降。

(2) 负载电流的增加引起电枢回路总电阻压降 $I_a R_a$ 的增加。

这两个因素都随负载的增大而增大，所以负载增加时，发电机的端电压将逐渐下降。

端电压的变化程度，可用电压变化率 ΔU 来衡量。根据国家标准规定，直流发电机的电压变化率是指当 $n = n_N$，$I_f = I_{fN}$ 时，从额定负载（$U = U_N$，$I = I_N$）过渡到空载（$I = 0$）时，电压升高的数值与额定电压之比的百分值，即

$$\Delta U_N = \frac{U_0 - U_N}{U_N} \times 100\% \qquad (15\text{-}16)$$

一般他励直流发电机的 ΔU_N 约为 $5\% \sim 10\%$，可认为是恒压电源。

15.5.3 调整特性

调整特性是指保持发电机的端电压为定值（一般为额定值），负载变化时励磁电流的调节规律。即 $n = n_N$，$U = U_N$ 时，$I_f = f(I)$ 的关系曲线，如图 15‑9。

由图中可以看出，他励直流发电机的调节特性曲线是一条上升的曲线。这是因为当励磁电流不变，负载电流增加时，发电机的端电压会降低。为了保持端电压不变，必须增加励磁电流去补偿电枢反应的去磁作用和电机内部的电阻压降，才能保持端电压不变。

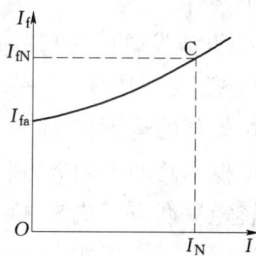

图 15‑9 他励直流发电机的
调整特性

小　　结

1. 直流电机工作时，其电枢中产生感应电动势和电磁转矩。感应电动势指的是电刷间产生的电动势，电动机的电枢电动势为反电动势，它和外加电压及电阻压降相平衡。电磁转矩指的是电枢绕组中的载流导体在磁场中所受的电磁力对电枢形成的转矩。

直流电机的电枢电动势的表达式为

$$E_a = C_e \Phi n$$

直流电机的电磁转矩的表达式为

$$T = \frac{pN}{2\pi a}\Phi I_a = C_T \Phi I_a$$

2.直流发电机的励磁方式是指直流发电机的电枢绕组和励磁绕组的连接方式。不同的连接方式对发电机的运行特性将产生较大的差异。按励磁绕组和电枢绕组的供电关系,直流发电动机的励磁方式可分为他励、并励、串励和复励四种方式。

3.并励发电机的自励必须具备以下条件,缺一不可。

(1)发电机内部必须要有剩磁,这是自励的先决条件。

(2)电枢的旋转方向和励磁绕组与电枢绕组两端的接法必须正确配合,以使励磁电流产生的磁场和剩磁方向一致。这是并励发电机自励的第二个条件。如果接法不对,只要把励磁绕组并联到电枢绕组的两端点对调一下即可。

(3)励磁回路的总电阻必须低于与电机运行转速相对应的临界电阻,这是自励的第三个条件。

4.直流发电机的基本方程式主要是指直流发电机的电系统中的电动势平衡方程式和机械系统中的转矩平衡方程式。这两种方程式综合了电机内部的电磁过程,表达了电机外部的运行特性。

电枢回路的电动势方程式为 $\quad E_a = U + I_a r_a + 2\Delta U_b = U + I_a R_a$

转矩平衡方程式为 $\quad T_1 = T + T_0$

功率平衡方程式 $\quad P_1 = P_M + p_0 = P_2 + \sum p$

直流发电机的效率为

$$\eta = \frac{P_2}{P_1} \times 100\% = \frac{P_1 - \sum p}{P_1} \times 100\% = \left(1 - \frac{\sum p}{P_2 + \sum p}\right) \times 100\%$$

5.直流发电机运行时,其转速通常稳定在额定转速,当保持发电机的端电压 U、负载电流 I 以及励磁电流 I_f 中的一个不变,另外两个量之间的关系,称为直流发电机的运行特性。直流发电机的运行特性有空载特性、外特性和调整特性。

空载特性是当发电机不带负载(电枢电流为0),额定转速条件下,空载电压和励磁电流的关系曲线,即 $U_0 = E_0 = f(I_f)$。

从空载特性可以判断该电机磁路的饱和程度。发电机正常运行时,额定电压位于空载特性的弯曲部分(称为膝点)。

他励发电机的外特性是指发电机接上负载后,在保持励磁电流不变(通常等于额定励磁电流 I_{fN})的情况下,负载电流变化时,端电压 U 变化的规律,即当 $n = n_N$,$I_f = I_{fN}$时,$U = f(I)$。外特性曲线是一条稍微下降的曲线。引起他励发电机端电压下降的原因有两个。

（1）发电机带负载后，电枢反应的去磁作用使气隙磁通减小，使电枢感应电动势下降。

（2）负载电流的增加引起电枢回路总电阻压降 $I_a R_a$ 的增加。

端电压的变化程度，可用电压变化率 ΔU 来衡量，$\Delta U_N = \dfrac{U_0 - U_N}{U_N} \times 100\%$。

调整特性是指保持发电机的端电压为定值（一般为额定值），负载变化时励磁电流的调节规律。即 $n = n_N$，$U = U_N$ 时，$I_f = f(I)$ 的关系曲线，他励直流发电机的调节特性曲线是一条上升的曲线。

习　　题

15-1　简述直流发电机的四种励磁方式。

15-2　并励直流发电机在什么条件下才能自励？

15-3　用什么方法能改变并励直流发电机电枢电动势的方向？

15-4　并励直流发电机正转时能自励，反转时是否还能自励？如果把并励绕组两头互换后接在电枢绕组上，且电枢以额定转速反转，问此时电机能否自励？

15-5　引起他励发电机端电压下降的原因是什么？

15-6　一台四极并励直流发电机的额定数据为：$P_N = 20\text{kW}$，$U_N = 23\text{V}$，$n_N = 1450\text{r/min}$，电枢绕组电阻 $r_a = 0.15\Omega$，励磁回路总电阻 $R_f = 74.1\Omega$，电刷压降 $2\Delta U_b = 2\text{V}$，空载损耗 $p_{Fe} + p_{mec} = 1\text{kW}$，$p_{ad} = 0.01 P_N$。求额定负载下的电磁功率、电磁转矩和效率。

第 16 章

直 流 电 动 机

【**教学要求**】 掌握直流电动机的基本方程式、机械特性和直流电动机的起动方法。了解直流电动机的改变转向和直流电动机的调速。

本章主要介绍直流电动机的基本方程式、直流电动机的机械特性、直流电动机的起动和改变转向、直流电动机的调速。

16.1　直流电动机的基本方程式

直流电动机的基本方程式主要包括电动势平衡方程式、转矩平衡方程式和功率平衡方程式。它们表达了直流电动机运行时的电磁关系和能量传递关系，利用它们可以分析电动机的运行特性。下面以并励直流电动机为例，分别对各基本方程式进行讨论。

16.1.1　电动势平衡方程式

图 16-1 是并励直流电动机的原理图，U 是电源的输入电压，I 是输入电流，E_a 是电枢感应电动势，I_a 是电枢电流，因为 E_a 和 I_a 是反向的，所以称 E_a 为反电动势。根据给定的参考方向可列出以下电动势平衡方程式

$$U = E_a + I_a r_a + 2\Delta U_b = E_a + I_a R_a \qquad (16-1)$$

$$R_a = r_a + \frac{2\Delta U_b}{I_a}$$

式中　r_a——电枢回路所有绕组的总电阻；

　　$2\Delta U_b$——正、负电刷的接触总压降；

　　R_a——简称电枢回路总电阻。

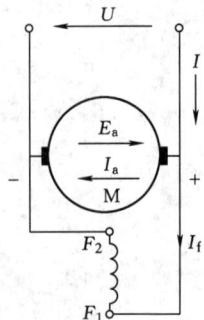

图 16-1　并励直流电动机的原理

由式（16-1）可以看出，直流电动机中 $E_a < U$，而在直流发电机中 $E_a > U$。因此，可通过 E_a 和 U 的大小关系判定直流电机的运行状态。

16.1.2 转矩平衡方程式

由直流电动机的工作原理可知，电磁转矩 T 是由电枢电流 I_a 与气隙磁场相互作用产生。电动机的电磁转矩 T 是驱动转矩。它必须与轴上负载制动转矩 T_2 和空载制动转矩 T_0 相平衡，才能稳定运行。故

$$T = T_2 + T_0 \tag{16-2}$$

可见，直流电动机中 $T > T_2$，其转向由 T 决定；而在发电机中，原动机的驱动转矩 $T_1 > T$，其转向由 T_1 决定。

16.1.3 功率平衡方程式

对于旋转的物体来说，其功率等于每秒内转矩对旋转体所作的功，即转矩和转子的机械角速度 Ω 的乘积等于机械功率，所以由直流电动机的转矩平衡方程式可推出功率平衡方程式。把式（16-2）两边乘以 Ω 得

$$T\Omega = T_2\Omega + T_0\Omega$$

$$P_M = P_2 + p_0 \tag{16-3}$$

上两式中　P_M——电磁功率，$P_M = T\Omega$；

$\quad\quad\quad P_2$——电动机轴上输出的机械功率；

$\quad\quad\quad p_0$——电动机的空载损耗功率，$p_0 = T_0\Omega$；

$$p_0 = p_{Fe} + p_{mec} + p_{ad} \tag{16-4}$$

式中　p_{Fe}——铁耗，主要包括电枢轭部和齿部的磁滞损耗及涡流损耗，它们是由主磁通在旋转的电枢铁芯内部交变所引起；

$\quad\quad\quad p_{mec}$——机械损耗，包括轴承、电刷的摩擦损耗和空气摩擦损耗；

$\quad\quad\quad p_{ad}$——附加损耗，是由于电枢的齿槽等因素引起的，因其产生的原因复杂，难以准确计算，所以通常取为额定功率的 $(0.5\sim1)\%$。

另　　　　　$$P_M = T\Omega = \frac{PN}{2\pi a}\Phi I_a \frac{2\pi n}{60} = E_a I_a \tag{16-5}$$

上式说明，电磁功率是电机功率与机械功率相互转换的部分，它既可表示成机械功率 $T\Omega$，也可表示成电功率 $E_a I_a$。

将式（16-1）变形为　　　$E_a = U - I_a r_a - 2\Delta U_b$

两边乘以电枢电流 I_a，可得

$$E_a I_a = U I_a - I_a^2 r_a - 2\Delta U_b I_a$$

对并励电动机而言，$I_a = I - I_f$ 代入上式中，可有

$$P_M = E_a I_a = UI - U I_f - I_a^2 r_a - 2\Delta U_b I_a$$
$$= P_1 - P_{Cuf} - P_{Cua} - P_{Cub} \tag{16-6}$$

式中　$P_1 = UI$——电动机的输入电功率；

$p_{Cua} = I_a^2 r_a$——电枢绕组的铜耗；

$p_{Cub} = 2\Delta U_b I_a$——电刷接触损耗；

$p_{Cuf} = U I_f$——励磁绕组的铜耗。

另有
$$P_M = P_2 + p_{mec} + p_{Fe} + p_{ad} \tag{16-7}$$

将以上两式合并可得并励直流电动机的功率平衡方程式为

$$P_1 = p_{Cua} + p_{Cub} + p_{Cuf} + p_{mec} + p_{Fe} + p_{ad} + P_2$$
$$= P_2 + \sum p \tag{16-8}$$

并励直流电动机的功率流程图如图 16-2 所示。

直流电动机的效率为

$$\eta = \frac{P_2}{P_1} \times 100\% = \frac{P_1 - \sum p}{P_1} \times 100\% = \left(1 - \frac{\sum p}{P_2 + \sum p}\right) \times 100\% \tag{16-9}$$

【例 16-1】　一台并励直流电动机，其额定电压 $U_N = 220V$，额定电流 $I_N = 80A$，电枢电阻 $r_a = 0.01\Omega$，电刷接触压降 $2\Delta U_b = 2V$，励磁回路总电阻 $R_f = 110\Omega$，附加损耗 $p_{ad} = 0.01 P_N$，效率 $\eta_N = 85\%$，额定转速 $n_N = 1000 \text{r/min}$。求：

（1）额定输入功率 P_1 及额定输出功率 P_2。

（2）总损耗 $\sum P$ 和 $(p_{Fe} + p_{mec})$。

（3）电磁功率和电磁转矩。

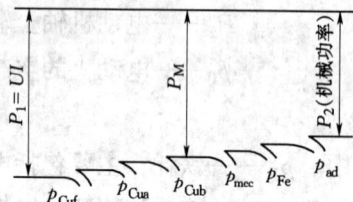

图 16-2　并励直流电动机的
功率流程图

解：（1）额定输入功率 $P_1 = U_N I_N = 220 \times 80 = 17600$（W）

　　　　额定输出功率 $P_2 = P_1 \eta_N = 17600 \times 85\% = 14960$（W）

（2）总损耗 $\sum P = P_1 - P_2 = 17600 - 14960 = 2640$（W）

　　　因为额定功率 $P_N = P_2$，

　　　所以附加损耗 $p_{ad} = 0.01 P_N = 0.01 P_2 = 0.01 \times 14960 = 149.6$（W）

　　　额定励磁电流 $I_{fN} = U_N / R_f = 220/110 = 2$（A）

　　　额定电枢电流 $I_{aN} = I_N - I_f = 80 - 2 = 78$（A）

$$p_{Cua} = I_{aN}^2 r_a = 78^2 \times 0.01 = 60.84 \text{ (W)}$$

$$p_{Cub} = 2\Delta U_b I_{aN} = 2 \times 78 = 156 \text{ (W)}$$

$$p_{Cuf} = U_N^2 / R_f = 220^2 / 110 = 440 \text{ (W)}$$

$$p_{Fe} + p_{mec} = \sum P - p_{ad} - p_{Cua} - p_{Cub} - p_{Cuf}$$
$$= 2640 - 149.6 - 60.84 - 156 - 440 = 1833.56 \text{ (W)}$$

(3) 电磁功率 $P_M = P_1 - (p_{Cua} + p_{Cub} + p_{Cuf})$
$$= 17600 - (60.84 + 156 + 440) = 16943.16 \text{ (W)}$$

$$\Omega = 2\pi n /60 = 2\pi \times 1000 /60 = 104.72 \text{ (rad/s)}$$

电磁转矩 $T = P_M / \Omega = 161.79 \text{ (N·m)}$

16.2 直流电动机的机械特性

机械特性是指直流电动机的电枢电压 U_N、励磁电流 I_f 和电枢回路电阻 $R_a + R_s$（R_s 为电枢回路所串电阻）均为定值时，$n = f(T)$ 的关系曲线。因为转速和转矩都是机械量，所以把它称为机械特性。当 $U = U_N$，$I_f = I_{fN}$，$R_s = 0$ 时的机械特性称为固有机械特性，此特性是电动机自然具有的。改变上面三个量中的一个所得的机械特性，叫做人为机械特性。机械特性是直流电动机的一个重要特性。

16.2.1 他励电动机的机械特性

把 $E_a = C_e \Phi n$ 代入 $U = E_a + I_a R_a$ 可得到直流电动机的转速特性

$$n = \frac{U - I_a R_a}{C_e \Phi} \tag{16-10}$$

把 $I_a = \dfrac{T_a}{C_T \Phi}$ 代入上面公式，可得他励电动机的机械特性为

$$n = \frac{U}{C_e \Phi} - \frac{R_a}{C_e C_T \Phi^2} T \tag{16-11}$$

如在电枢回路中串联一电阻 R_s，有

$$n = \frac{U}{C_e \Phi} - \frac{R_a + R_s}{C_e C_T \Phi^2} T \tag{16-12}$$

当不考虑电枢反应的影响时，励磁电流 I_f 为定值，则 Φ 为常数，所以机械特性曲线是一条直线。式（16-10）又可表示为

$$n = n_0 - kT \tag{16-13}$$

式中　n_0——理想空载转速，$n_0 = \dfrac{U}{C_e \Phi}$；

　　　　k——机械特性的斜率，$k = \dfrac{R_a + R_s}{C_e C_T \Phi^2}$。

16.2.1.1　固有机械特性

在固有机械特性条件下，$n_0 = \dfrac{U_N}{C_e \Phi}$，$k = \dfrac{R_a}{C_e C_T \phi^2}$，固有机械特性是一条略向下倾斜的直线，见图 16-3 (a) 中的曲线 1。由于 R_a 值很小，特性斜率 k 值很小，通常 kT 值只有 n_0 值的百分之几到百分之十几，所以自然特性又称硬特性。

16.2.1.2　人为机械特性

1. 电枢串电阻时的人为机械特性

保持 $U = U_N$，$I_f = I_{fN}$ 不变，在电枢回路串入电阻 R_s，这时与固有机械特性相比，n_0 没变，k 随 R_s 的增加而增加，n 随 T 增加而很快下降，并且 R_s 越大，特性曲线下降越快，见图 16-3 (a) 中的 1、2、3、4 条特性曲线。它们对应的串联电阻分别为 $R_{s1} = 0$，$R_{s1} < R_{s2} < R_{s3} < R_{s4}$，可以看出随着 R_s 的加大，特性变软。

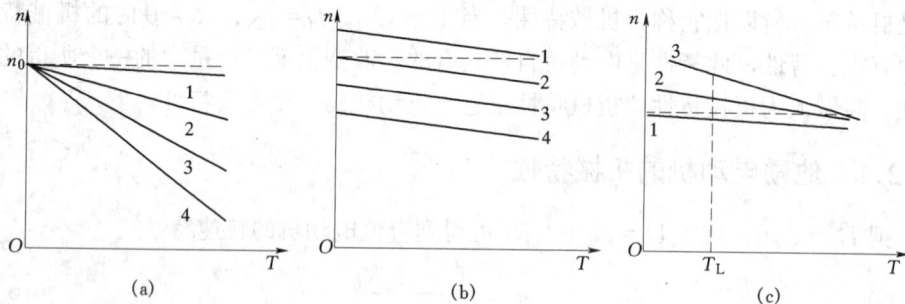

图 16-3　他励直流电动机的人为机械特性

2. 改变电枢电压时的人为机械特性

保持 $I_f = I_{fN}$，$R_s = 0$ 不变，改变 U 的取值，此时励磁电流不受 U 变化的影响。当 U 的取值不同时，机械特性的斜率不变，只是 n_0 随 U 减少而减小，可得到一组平行的人为机械特性，见图 16-3 (b) 中的 1、2、3、4 特性曲线。它们对应的电枢电压分别为 $U_1 > U_N$，$U_2 = U_N$、$U_2 > U_3 > U_4$。因为升高 U 可能会击穿绕组绝缘，故一般只通过降低电枢电压来得到不同的人为机械特性。

3. 减小励磁电流时的人为机械特性

保持 $U = U_N$，$R_s = 0$ 不变，改变励磁回路调节电阻 r_s，励磁电流也跟着变化，每极磁通 Φ 也就改变了。如励磁电流 I_f 减小，则 Φ 从 Φ_N 下降，特性曲线的斜率和

n_0 点均会发生改变。I_f 越小，n_0 越大，直线斜率 k 也越大，故改变励磁电流 I_f 得到一组特性较软的人为特性曲线，见图 16 - 3 （c） 中的 1、2、3 特性曲线。它们对应的励磁电流分别为 $I_{f1} = I_{fN}$、$I_{f1} > I_{f2} > I_{f3}$。因为电机额定运行时，励磁回路是不串电阻的，且磁路已饱和，所以只能通过减小励磁电流来改变直流电机的机械特性。

16.2.2　串励直流电动机的机械特性

串励电动机中，因为，随着负载变化，气隙磁通变化较大，对应的机械特性也有显著变化。串励电动机固有和人为机械特性如图 16 - 4 所示。由于在串励电动机中 $I_f = I_a$，故磁通 Φ 不是常数，随着负载变化而变化，导致其机械特性曲线不是一条下倾的直线，它接近于一条双曲线。

由图可见，当电磁转矩 T 增大时，串励电动机的转速急剧下降，所以其机械特性很软。这是由于电枢电流 I_a 增大使 T 增大的同时，使 $I_a R_a$ 和 Φ 均增大的原因。

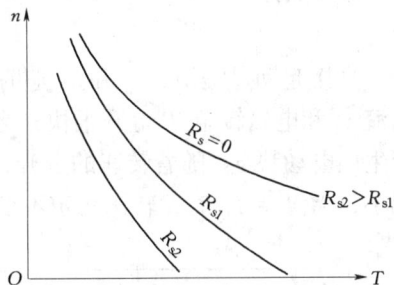

图 16 - 4　串励直流电动机的机械特性

需要说明的是，积复励电动机的机械特性介于并励电动机和串励电动机的机械特性之间。

16.3　直流电动机的起动和改变转向

16.3.1　直流电动机的起动

所谓起动是指直流电动机接通电源，转子由静止开始加速直到稳定运转的过程。电动机在起动瞬间的电枢电流叫做起动电流，用 I_{st} 表示。起动瞬间产生的电磁转矩称为起动转矩，用 T_{st} 表示。

直流电动机起动的一般要求是：

（1）起动转矩要足够大，以便带动负载，缩短起动时间。

（2）起动电流要限制在一定的范围内，避免对电机及电源产生危害。

（3）起动设备要简单、可靠。

直接起动、电枢串变阻器起动和降压起动是直流电动机的三种起动方法。下面以并励电动机为例分别说明如下：

1. 直接起动

通过开关直接将直流电动机接到额定电压的电源上起动，叫直接起动（即全压起动）。如图 16-5 所示。起动时，应先将并励绕组通电，后接入电枢回路。因此，必须先合上开关 K_1，并调节励磁电阻，使励磁电流最大。磁场建立后，再闭合 K_2，将额定电压直接加在电枢绕组上，电机开始起动。在电动机起动瞬间，$n = 0$，$E_a = C_e \Phi n = 0$，这时起动电流

$$I_{st} = \frac{U}{R_a} \qquad (16-14)$$

起动转矩

$$T_{st} = C_T \Phi I_{st} \qquad (16-15)$$

直接起动过程中，i_a 和 n 随时间的变化情况如图 16-6 所示。刚开始起动时，电流 i_a 和电磁转矩 T 上升很快，当 $T > T_0$（空载转矩）时，电动机开始转动，同时产生反电动势 e。随着转速的上升，反电动势不断增大，电流上升减慢，旋转加速度减小，当 $T = T_0$ 时，转速稳定不变，电流也保持为空载电流 I_{a0}，起动过程完成。

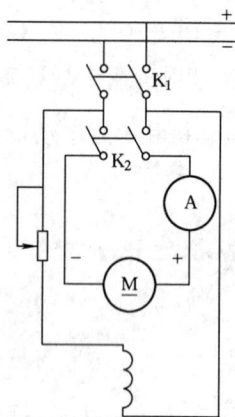

图 16-5　并励直流电动机的
直接起动

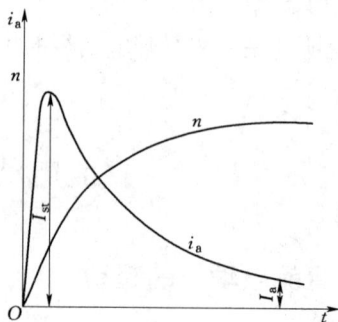

图 16-6　直接起动的电枢电流和
转速的变化曲线

直接起动不需专用的起动设备，操作方便，有大的起动转矩。但是因为反电动势 $E_a = 0$、R_a 很小，导致起动电流过大，达到 $(10 \sim 20) I_{No}$。一是对绕组产生电磁力冲击，导致电机温升过高，不利电机换向；二是对转轴产生较大的机械冲击；三是会使电网电压产生较大波动，影响电网上其他用户的设备正常工作。因此，直接起动只适用于很小容量的直流电动机，对较大容量的电动机要采用其他方法起动。

2. 电枢电路串变阻器起动

串变阻器起动就是起动时在电枢电路串入起动电阻 R_{st}（可变电阻）以限制起动电流，随着转速上升，逐级切除变阻器。

起动电流
$$I_{st} = \frac{U_N}{R_a + R_{st}} = \frac{U_N}{R_1} \tag{16-16}$$

式中 R_1——起动时第一级电枢回路的总电阻。

为保证有较大的起动转矩，缩短起动时间，起动电流被限定在一定的范围内，一般取 $I_{st} = (1.3 \sim 1.6) I_N$。

开始起动时，起动电流最大。随着电动机转速的升高，反电动势逐渐变大，起动电流逐渐变小，等下降到规定的最小值时，将起动电阻切除一级，起动电流又回升到最大值，依次按电流的变化切除其他级电阻，完成电动机的起动过程。起动电阻的级数越多，起动过程就越平稳，但设备投资增加。

对小容量的直流电动机，常用三点起动器如图 16-7所示。起动时，手柄置于触点 1 上（不用时处于 0 位置），接通励磁电源的同时，在电枢回路串入全部电阻，开始起动电机。移动手柄，每过一个触点，即切除一级电阻，当手柄移到最后一个触点 5 时，电阻全部切除，起动手柄被电磁铁吸住。如果电机工作过程中停电，和手柄相连的弹簧可将其拉回到起动前的 0 位置，起到保护作用。

串变阻器起动所需设备不多，但较笨重，能量损耗大，在中、小型直流电动机起动中应用广泛。大型电机中常用降压起动。

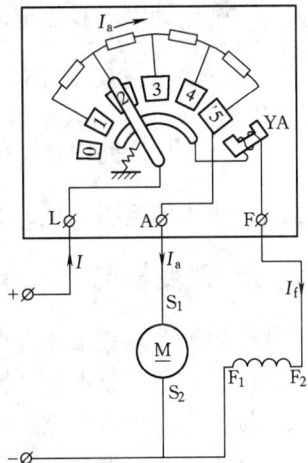

图 16-7 三点起动器的原理图

3. 降压起动

降压起动是指降低电枢电压起动。因为 $I_{st} = \frac{U}{R_a}$，当直流电源的电压能调节时，可以对电动机进行降压起动。刚起动时，U 很低，起动电流较小，随着电机转速的升高，反电动势逐渐加大，于是逐渐升高电源电压，保持起动电流和起动转矩的数值基本不变，使电动机转速按需要的加速度上升，满足起动时间的需要。

直流的发电机—电动机组通常作为可调压的直流电源，也就是用一台直流发电机给一台直流电动机供电。通过调节发电机的励磁电流，改变发电机的输出电压，从而改变电动机电枢的端电压。当今，晶闸管技术已很成熟，晶闸管整流电源已基本取代直流发电机—电动机组。

降压起动的优点是起动电流小，能耗小，起动平稳；缺点是需要专用电源，设备投资较大，技术复杂一些。因而降压起动多用于对起动要求高一些的场合。

需指出的是对串励电动机绝对不允许在空载状态下起动，否则将出现危险的高速而损坏电机。

【例 16－2】 一台他励直流电动机的额定值为：$U_N = 440V$，$I_N = 76.2A$。电枢回路总电阻 $R_a = 0.393\Omega$。求：

（1）电动机直接起动时的起动电流与额定电流的比值。

（2）如采用串联电阻起动，起动电流为 1.5 的额定电流，应在电枢电路串入多大的电阻？

解：（1）直接起动时的起动电流 $I_{st} = \dfrac{U_N}{R_a} = \dfrac{440}{0.393} = 1119.59$（A）

起动电流和额定电流的比值 $\dfrac{I_{st}}{I_N} = \dfrac{1119.59}{76.2} = 14.69$

（2）$1.5I_N = 1.5 \times 76.2 = 114.3$（A）

电枢回路串联总电阻为 $R_a + R_{st} = \dfrac{U_N}{1.5I_N} = \dfrac{440}{114.3} = 3.85$（$\Omega$）

串入的电阻 $R_{st} = 3.85 - R_a = 3.85 - 0.393 = 3.457$（$\Omega$）

16.3.2 改变转向

在电力拖动装置工作过程中，由于生产的要求，常常需要改变电动机的转向。如起重机的提升和下放重物、轧钢机对工件的来回碾压、龙门刨的往复动作等。直流电动机的旋转方向是由气隙磁场和电枢电流的方向共同决定的。所以改变电动机转矩方向有两种方法，一是将电枢绕组反接（即改变电枢电流的方向）。实际操作就是改变电枢两端的电压极性或把电枢绕组两端反接；二是将励磁绕组反接（即改变气隙磁场的方向）；实际操作就是改变绕组两端的励磁电压的极性或把绕组两端反接。

如果同时改变励磁磁场和电枢电流的方向，电动机的转向不会改变。由于励磁绕组匝数较多，电感较大，反向励磁的建立过程缓慢，从而使反转过程不能迅速进行；另外，当励磁绕组从电源上断开时，会产生较大的自感电动势，易烧坏电路中的电器或击穿励磁绕组的绝缘。所以，通常采用反接电枢绕组的方法来改变电动机的转向。

16.4 直流电动机的调速

为了提高生产效率和保证产品质量，并符合生产工艺，要求生产机械在不同的情况下有不同的工作速度，这种人为地改变和控制机组转速的方法，叫做调速。例如车床在工作时，低转速用来粗加工工件，高转速用来进行精加工；又如电车，进出站时的速度要慢，正常行驶时的速度要快。

值得注意的是，由负载变化引起的转速变化和调速是两个不同的概念。负载变化引起的转速变化是自然进行的，直流电动机工作点只在一条机械特性曲线上变化。而调速是人为地改变电气参数，使电机的运行点由一条机械特性转变到另一条机械特性上，从而在某一负载下得到不同的转速，以满足生产需要。所以说调速方法，就是改变电动机机械特性的方法。

取他励直流电动机拖动恒转矩负载为研究对象，由式（16‐12）$n = \dfrac{U}{C_e\Phi} - \dfrac{R_a + R_s}{C_e C_T \Phi^2} T$ 可以看出，有以下三种调速方法：电枢回路串电阻调速、改变电枢端电压调速、改变励磁电流调速（弱磁调速）。现分别介绍如下。

16.4.1 电枢回路串电阻调速

用图 16‐8 来说明电枢回路串电阻调速的原理和过程。其中曲线 1 是直流电动机的固有机械特性，曲线 2 为串入 R_{s1} 后的人工机械特性，曲线 3 为串入 R_{s2} 后的人工机械特性，曲线 4 是负载的机械特性。假设直流电动机拖动的是恒转矩负载 T_L，运行于曲线 1 上的 A 点，其转速为 n_N。当电枢回路串入电阻 R_{s1}，并稳定运行于人工机械特性上的 B 点后，转速下降为 n_1。R_s 的值越大，稳定转速越低。电流 i_a 和转速 n 随时间的变化规律如图 16‐9 所示。

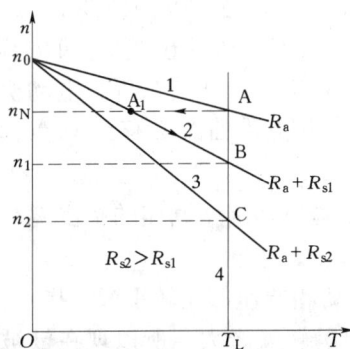

图 16‐8　电枢回路串电阻调速

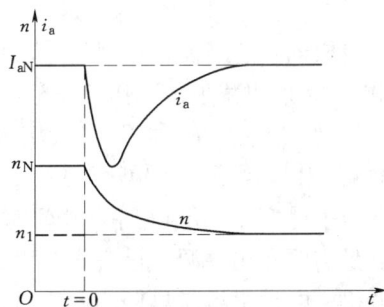

图 16‐9　恒转矩负载电枢串电阻
调速电流和转速的变化曲线

直流电动机的具体调速过程如下：运行与 A 点的直流电动机，其电磁转矩 $T = T_L$，转速为 n_N，串入电阻 R_{s1} 后，机械特性变为曲线 2，由于串入电阻的瞬间，电机的转速不变，故反电动势不变，此时电枢电流 I_a 和电磁转矩会减小，工作点平移到 A_1 点，相应的电磁转矩 $T < T_L$，所以电动机的转速开始减小，反电动势 E_a 减小，而 I_a 和 T 又会增大，则工作点沿曲线 2 由 A_1 移到 B 点，此时 $T = T_L$，电机以转速 n_1 工作在新的平衡点。

电枢回路串电阻调速的优点是设备简单，操作方便，调速电阻可兼作起动电阻。缺点是 R_s 上电流较大，能量损耗大，效率低。而且转速越低，串入的电阻越大，损耗就越大，效率越低。所以，电枢串电阻调速多用于对调速性能要求不高的生产机械上，如电动机车、吊车等。

16.4.2 改变电枢端电压调速

此种方法只能是降低电枢端电压调速，因为电动机的工作电压是不允许超过额定值的。调速的原理可用图 16-10 来表示。调速过程中的电流和转速的变化与图 16-9 相似。

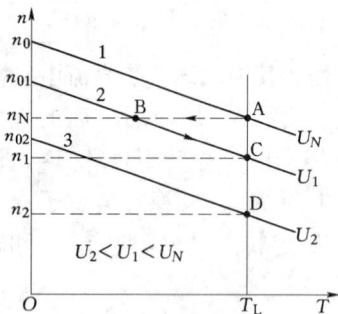

图 16-10 改变电枢端电压调速

当电源电压为额定值时，电动机带额定负载 T_L 运行于固有特性曲线 1 上的 A 点，对应的转速是 n_N。现将电源电压下调，工作点移到人工机械特性曲线上的 C 点，转速减小为 n_1，如继续降低电压，则机械特性曲线和工作点继续下移。

降压调速的具体过程分析如下：直流电动机在 A 点稳定运行时，电磁转矩 $T = T_L$，转速为额定转速 n_N。电压下调后，机械特性变为曲线 2。因为降压瞬时，电机的转速不变，所以反电动势不变。根据直流电动机电动势平衡方程式可知，I_a 和 T 会很快减小，工作点左移到 B 点。而 B 点对应的 $T < T_L$，电动机转速 n 下降，E_a 变小，而 I_a 和 T 又会增大，工作点由 B 点沿曲线 2 移到 C 点，此时 $T = T_L$，电动机以转速 n_1 稳定运行。

如电压平滑变化，可得到平滑调速，实现无级调速。调压调速的范围宽，能耗小。缺点是需要专用电源，设备投资大，技术较复杂。

发电机—电动机组是早期的调压调速设备，起动和调速都比较平滑，操作方便，调速范围宽。其缺点是占地面积大，投资高，机组运转噪音大。所以现在已被晶闸管—直流电动机系统所取代。

调压调速系统常用于轧钢机、机床等对调速性能要求高的生产设备。

16.4.3　改变励磁电流调速（弱磁调速）

改变励磁电流目的是为了改变磁通的大小，而磁通的改变只能从额定值往下调。原因有两点：一是直流电动机额定运行时，磁路基本是饱和的，如励磁电流增加很多，磁路会过饱和，这样会影响电动机的性能。二是磁路饱和后，虽然励磁电流增加很多，但磁通的增量很少。所以说调节磁通的调速只能是弱磁调速。其调节原理可根据图 16‑11 分析如下。

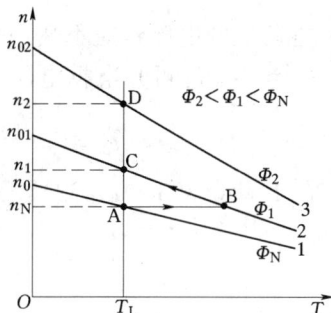

图 16‑11　改变磁通的调速

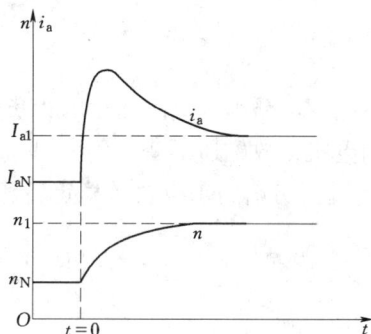

图 16‑12　恒转矩负载弱磁调速
电流和转速的变化曲线

调速前，直流电动机在固有特性曲线 1（此时的磁通为 Φ_N）上的 A 点带恒转矩负载 T_L 稳定运行，转速为额定转速 n_N。现在增大励磁回路中的电阻，则励磁电流减小，磁通减小到 Φ，电动机的机械特性曲线变为直线 2。励磁电流变化的瞬间，转速保持不变，反电动势 E_a 随磁通 Φ 降低而减小，则电枢电流 I_a 增大，因为 I_a 的变化比 Φ 的减小要显著，所以电磁转矩总体上是增大的，这就使工作点右移到 B 点，此处的 $T > T_L$，电动机加速旋转，n 不断上升，E_a 随之增大，I_a 和 T 减小，工作点沿直线 2 上移到 C 点，此时有 $T = T_L$，电动机处于新的平衡状态，以转速 n_1 稳定运行。从而达到调速的目的。如继续减小励磁电流到某值，电动机会以另一较高速度稳定运行。调速过程中，电流 i_a 和转速 n 随时间的变化规律如图 16‑12 所示。

改变励磁电流调速的优点是：由于励磁电流小，能耗小，效率高，设备简单，控制方便。但在 T 一定时，Φ 减少，I_a 增大，故不宜将 Φ 减少过多。但对恒功率负载而言，Φ 减少，n 增高，T 减少，I_a 变化不大，故此方法适用于此类负载。

【例 16‑3】　一台他励直流电动机，$P_N = 29\text{kW}$，$U_N = 440\text{V}$，$I_N = 76.2\text{A}$，

$n_N = 1050 \text{r/min}$，$R_a = 0.393\Omega$。电动机带额定负载运行，如果负载不变，且认为磁路是不饱和的，

试求：

（1）电枢电路串入 1.533Ω 的电阻后，电机的稳定转速。

（2）电枢电路不串电阻，降低电枢电压至 220V 后，电机的稳定转速。

（3）电枢电路不串电阻，减小磁通至额定磁通的 0.9 倍，电机的稳定转速。

解：当电动机带额定负载运行时

$$C_e\Phi_N = \frac{U_N - I_N R_a}{n_N} = \frac{440 - 76.2 \times 0.393}{1050} = 0.391$$

（1）电枢电路串入电阻后，因为负载不变，所以电动机的电磁转矩不变。另外，因是他励电机，故磁通不变，仍为 Φ_N。那么由公式 $T = C_T\Phi I_a$ 可知电枢电流不变，仍为 I_N。通过分析可求电机的稳定转速为

$$n = \frac{E_a}{C_e\Phi_N} = \frac{U_N - I_N(R_a + R_s)}{C_e\Phi_N} = \frac{440 - 76.2 \times (0.393 + 1.533)}{0.391}$$

$$= 750(\text{r/min})$$

（2）降低电枢电压至 220V 后，电机的稳定转速

$$n = \frac{U - I_N R_a}{C_e\Phi_N} = \frac{220 - 76.2 \times 0.393}{0.391} = 486(\text{r/min})$$

（3）因为负载不变，所以电动机的电磁转矩不变，则有

$$C_T\Phi_N I_N = C_T\Phi I_a$$

可得　$I_a = \dfrac{\Phi_N}{\Phi} I_N = \dfrac{\Phi_N}{0.9\Phi_N} \times 76.2 = 84.67$ （A）

那么　$n = \dfrac{U_N - I_a R_a}{C_e\Phi} = \dfrac{440 - 84.67 \times 0.393}{0.9 \times 0.391} = 1156$ （r/min）

16.5　直流电机的常见故障及处理方法

　　直流电机发生故障后，应立即停机进行检修。表 16-1 列出了直流电机的常见故障与处理方法。

表 16-1 直流电机常见故障与处理方法

发生故障的部位	故障现象	故 障 原 因	处 理 方 法
电刷	电刷冒火花较大，换向器和电刷发烫	电刷和换向器接触不良	研磨电刷接触面，并令其在轻载下运行半小时至一小时
		刷盒松动或装置不正，刷盒距换向器表面过高	紧固或纠正刷握装置，调整刷盒与换向器的表面距离为 2～3mm
		电刷压力大小不当或不匀	调整刷握弹簧压力或调换刷握，用弹簧秤校正电刷压力为 1.5～2.7N/cm^2
		换向器表面不圆、不光滑或有污垢	清洁或研磨换向器表面
		换向片间云母凸出	换向器刻槽、倒角再研磨
		电刷位置不在中性线上	调整刷杆座到原有记号，或到火花正常为止（发电机可在空载下调整到电压最高的位置）
		电刷磨损过度，或所用牌号和尺寸与技术要求不符	按厂家要求重新更换电刷
		过载或负载波动	恢复正常负载
		电机底脚松动发生振动	紧固底脚螺钉
		换向极线圈短路	检查换向极线圈，将绝缘损坏处进行修理
		电枢曾过热，电枢绕组与换向器脱焊	用毫伏计检查换向片间的电压降是否平衡，如压降特别大，说明此处有脱焊现象，需要重新焊接。
		检修时将换向极线圈接反	用罗盘试验换向极极性，并进行纠正（换向极和主极极性关系，顺电机旋转方向，发电机为 $n-N-s-S$，电动机为 $n-S-s-N$）
		电刷之间的电流分布不均匀	校正电刷压力，如果是电刷牌号不一致造成的，则必须用原来牌号和尺寸的电刷
		换向极在过载时饱和	恢复正常负载
		所用电机选型不当	检查所用电机的性能保证值（标准）是否符合使用的工作条件
		转子平衡未校正好	重新校正转子平衡
发电机	发电机电压过低	励磁线圈部分短路	分别测量每一线圈之电阻，修理或调换电阻特别低的线圈
		转速太低	提高原动机转速至额定值
		电刷不在正常位置	按所刻记号，调整刷杆座位置
		换向片间有导电体	云母片拉槽清除导电粉尘
		换向极线圈接反	用罗盘试验换向极极性，并纠正之
		过载	除去过载部分
		串激磁场线圈接反	互换串励线圈两个出线端，纠正接线

续表

发生故障的部位	故障现象	故 障 原 因	处 理 方 法
电动机	电动机不能起动	线路中断	检查线路是否完好，起动器连接是否正确，保险丝是否熔断，励磁欠压继电器是否动作。
		起动时负载过重	移去过载部分
		起动力矩太小	检查所用起动器是否合适
		电刷接触不良	检查刷握弹簧是否松弛
		电刷位置不正常	按电刷架标记，调整刷架位置
		串励绕组接反	按接线图标记接线
		起动器与电机连接不正确	在电枢与电源接通前，应先接通励磁绕组，并达到额定励磁电压
	电动机转速不正常	电动机转速过高，且有剧烈火花	检查励磁线圈连接是否良好或接错，励磁线圈或调速器内部是否断路，励磁欠压继电器是否动作，励磁电压是否正常
		电刷不在正常位置	按所刻记号调整刷杆座位置
		电枢及励磁线圈短路	检查是否短路（励磁线圈须每极分别测量电阻。）
		串励电动机轻载或空载运转	停止轻载或空载运转
		串励励磁线圈接反	互换串励线圈两个出线端
		磁场回路电阻过大	检查磁场变阻器和励磁绕组电阻，并检查接触是否良好
电枢	电枢冒烟	长时间过载	立刻切断电源检查，冷却后恢复正常负载
		换向器或电枢短路	是否有导电粉尘、金属切屑落入换向器或电枢绕组，用毫伏表检查是否短路
		发电机负载短路	检查线路是否有短路
		电动机端电压过低	恢复电压至正常值
		电动机选型不当，直接起动或反向运转过于频繁	检查电机的性能保证值（标准）是否满足使用的工作条件
		定子转子铁芯相摩擦	检查电机气隙是否均匀，有无杂物存在，轴承是否磨损，装配是否良好
励磁绕组	励磁线圈过热	励磁线圈部分短路	分别测量每一线圈电阻，修理或调换电阻特别低的线圈
		发电机或电动机磁场电压长时超过额定值	恢复磁场电压至额定值
		并励（带有少量串励稳定绕组）电动机起动电流大，起动时发生转向正、反摆动现象	串励线圈接反，互换串励线圈两个出线头
轴承	温度过高或杂音	轴承润滑油加得太满，轴承缺油，所用润滑脂质地不符合要求，钢珠或钢圈破裂	润滑油正常应占轴承室 2/3 的空间，取出多余部分；换合格油脂；更换新轴承

小　　结

1. 直流电动机的电枢绕组和气隙磁场发生相对运动产生感应电动势；气隙磁场和电流相互作用产生电磁转矩。两者都是机电能量变换的要素，感应电动势 $E_a = C_e \Phi N$；电磁转矩 $T = C_T \Phi I_a$。

2. 电机运行是可逆的，同一台电机即可作发电机运行也可作电动机运行，其差别是能量转换方向不同。判断直流电机运行状态的准则为：发电机运行时 $E_a > U$，因而 I_a 与 E_a 同方向，T 起制动作用，将机械能变成电能。而电动机运行时 $E_a < U$，因而 I_a 与 E_a 反向，T 起拖动作用，将电能变成机械能。

3. 直流电动机的基本方程式有以下几个：

电动势平衡方程式 　　$U = E_a + I_a R_a$

转矩平衡方程式 　　　$T = T_2 + T_0$

功率平衡方程式 　　　$P_1 = P_M + p_{Cua} + p_{Cub} + p_{Cuf}$

$$P_M = T\Omega = P_2 + p_{Fe} + p_{mec} + p_{ad}$$

$$P_2 = T_2 \Omega$$

由基本方程式可分析直流电机的特性及进行定量计算。

4. 机械特性是电动机的重要特性，它反映了电动机最重要的两个物理量——转速和转矩之间的关系，由此可以了解电动机与已知负载的机械特性是否匹配、整个机组能否稳定运行。当 $U = U_N$，$I_f = I_{fN}$，$R_s = 0$ 时的机械特性称为固有机械特性，此特性是电动机自然具有的，能反映电机的本来面目。改变上面三个量中的一个所得的机械特性，叫做人为机械特性。

5. 起动。直接起动会导致起动电流过大，其原因是因为反电动势 $E_a = 0$、R_a 又很小。为了保证起动电流不超过允许值和起动转矩不低于所需值，一般采用在电枢回路串变阻器起动或降压起动的方法。

6. 调速。在宽广范围内平滑而经济地调速是直流电动机的突出优点。改变电动机的端电压、在电枢回路串电阻和改变励磁电流均可改变电动机的机械特性，所以，常用的调速方法有电枢回路串电阻调速、改变电枢端电压调速、改变励磁电流调速。

在电力拖动系统工作过程中，由于生产的要求，常常需要改变电动机的转向。改变电动机转矩方向有两种方法：电枢绕组反接和励磁绕组反接。

习　　题

16-1　怎样判断直流电机的运行状态是发电机状态还是电动机状态？

16-2 并励直流电动机的起动电流是由什么决定的? 正常运行时的电枢电流是由什么决定的?

16-3 直流电动机的电磁转矩是驱动转矩, 其转速应随电磁转矩的增大而上升, 可直流电动机的机械特性曲线却表明, 随电磁转矩的增大, 转速是下降的, 这不是自相矛盾吗?

16-4 用哪些方法可改变直流电动机的转向?

16-5 有一台他励直流电动机带额定负载运行, 其额定数据为: $P_N = 22kW$, $U_N = 220V$, $I_N = 116A$, $n_N = 1500r/min$, $R_a = 0.175\Omega$。如果负载不变, 且不计磁路饱和的影响, 试求:

(1) 电枢电路串入 0.575Ω 的电阻后, 电动机的稳定转速。

(2) 电枢电路不串电阻, 降低电枢电压到 110V, 电动机的稳定转速。

(3) 电枢电路不串电阻, 减小磁通至额定磁通的 0.9 倍, 电动机的稳定转速。

16-6 一台带额定负载运行的并励直流电动机, 其额定数据为: $U_N = 220V$, $I_N = 80A$。电枢电阻 $r_a = 0.01\Omega$, 电刷接触压降 $2\Delta U_b = 2V$, 励磁回路总电阻 $R_f = 110\Omega$, 附加损耗 $p_{ad} = 0.01P_N$, 效率 $\eta_N = 85\%$。求:

(1) 额定输入功率和额定输出功率。

(2) 总损耗。

(3) 铁耗和机械损耗之和。

16-7 一他励直流电动机的 $U_N = 220V$, $I_{aN} = 30.4A$, $n_N = 1500r/min$, 电枢回路总电阻 $R_a = 0.45\Omega$, 要在额定负载下, 把电动机的转速降到 $1000r/min$, 求

(1) 电枢回路串电阻调速时, 应接入的电阻值。

(2) 降压调速时, 电压应降到多大?

16-8 一台并励直流电动机在某负载转矩时转速为 $1000r/min$, 电枢电流为 40A, 电枢回路总电阻 $R_a = 0.045\Omega$, 电网电压为 110V。当负载转矩增大到原来的 4 倍时, 电枢电流及转速各为多少 (忽略电枢反应)?

16-9 一台 Z2—52 型并励直流电动机, $P_N = 7.5kW$, $U_N = 110V$, $I_N = 82.2A$, $n_N = 1500r/min$, $R_a = 0.1014\Omega$, 忽略电枢反应, 求:

(1) 当电枢电流为 60A 时的转速。

(2) 若负载为恒转矩, 当主磁通减少 15% 时, 求达到稳定时的电枢电流及其转速。

16-10 一台并励直流电动机在 $U_N = 220V$、$I_N = 80A$ 的情况下运行, 电枢绕组电阻 $r_a = 0.08\Omega$, 一对电刷接触电阻上的压降为 2V, 励磁绕组电阻 $r_f = 88.8\Omega$, 额定负载时的效率 $\eta_N = 85\%$。求:

(1) 额定输入功率。

（2）额定输出功率。

（3）总损耗。

（4）电枢回路铜耗和励磁回路铜耗。

（5）接触损耗。

（6）附加损耗、机械损耗和铁耗之和。

第 17 章

微 特 电 机

【教学要求】 掌握伺服电机和测速电机的工作原理及控制方法，了解微特电机的特点和类型以及各种微特电机的用处。

17.1 微特电机的特点及类型

微特电机指的是控制微电机和一些特殊微电机，它们多被用于自动化系统和计算机装置中以实现信号（或能量）的执行、检测、解算、转换或放大功能。微特电机的输出功率一般从数百毫瓦到数百瓦，通常不大于 600W。微特电机的外形尺寸较小，机座外径不足 130mm。质量从数十克到数千克。但在较大的自动控制系统中（如轧钢、火炮、数控机床的自动控制系统），微特电机的机座外径、质量、功率均较一般的大些。

17.1.1 微特电机的特点

普通的旋转电机较注重起动和运行时的力能指标。而微特电机则注重特性的可靠性、高精度和快速响应，以满足系统的要求。三种特点分述如下：

（1）可靠性高。在自动控制系统中，每个元件都要按系统对它的要求而工作，可靠性高是确保系统正常工作的基础，因此要求使用中的微特电机能在恶劣环境（高低温、潮湿、腐蚀、冲击和振动）下可靠地工作。

（2）精度高。测速和测位用的微电机常用高精度作为考察指标，如静、动态误差和输出特性的漂移（工作环境的变化、电源电压及频率变化引起的）；执行和放大用的微特电机主要用线性度和不灵敏区等指标来作为精度的标准。微特电机的精度直接影响自动控制系统的精度，所以高精度的微特电机是自动控制系统高精度的必备条件。

（3）快速响应。执行用微特电机，要具备快速响应的能力。常用最大理论加速度、机电时间常数和功率变化率等作为衡量快速响应的指标。因为微特电机对信号的响应能力远低于同一系统中的其他元器件，所以其主要指标是影响系统响应快速的决定因素。

随着科技的发展和进步，微特电机的领域不断被拓展，其技术也在不断更新和发展。

17.1.2 微特电机的类型

根据微特电机的应用，可将其分成五种类型：

（1）执行用微特电机。如无刷直流电动机、交流伺服电动机、直流伺服电动机、步进电动机、力矩电动机和开关磁阻电动机等。它们的任务是根据不断变化的指令快速准确地动作，带动负载完成规定的工作，也就是将控制电信号（或电脉冲）转化成轴上的机械转动信号（角位移和角速度等）。

（2）测位用微特电机。如自整角机、旋转变压器等，常用来测量机械转角和转角差。

（3）测速用微特电机。如交、直流测速发电机，它把机械角转换成电压或脉冲信号输出，也用做解算元件和阻尼元件。

（4）放大用微特电机。如放大器和电机扩大机，可放大输入量或反馈量，并进行校正或变换，从而控制执行元件的动作。

（5）特殊微特电机。如静电电动机、低速同步电动机、谐波电动机、超声波电动机和磁性编码器等。

本章只介绍电力系统常用到的微特电机，伺服电动机和测速发电机。

17.2 伺服电动机

伺服电动机是执行电动机的一种类型，它的工作状态受控于信号，按信号的指令而动作：信号为零时，转子处于静止状态；有信号输入，转子立即旋转；除去信号，转子能迅速制动，很快停转。伺服二字正是由于电机的这种工作特点而命名的。

为了达到自动控制系统的要求，伺服电动机应具有以下特点：好的可控性（是指信号去除后，伺服电动机能迅速制动，很快达到静止状态。）；高的稳定性（是指转子的转速平稳变化）；灵敏性（是指伺服电动机对控制信号能快速做出反应）。

伺服电动机通常分为两大类，直流伺服电动机和交流伺服电动机，是以供电电源是直流还是交流来划分的。

17.2.1 直流伺服电动机

17.2.1.1 直流伺服电动机的控制方法

直流伺服电动机的结构和普通小功率直流电动机相同。按结构可分为两种基本类型：永磁式和电磁式。永磁式的定子磁极由永久磁铁做成，可看作是他励直流伺服电动机的一种。电磁式直流伺服电动机定子磁极由硅钢片叠成，外套励磁绕组。

当励磁绕组和电枢绕组中都通过电流并产生磁通时，它们相互作用而产生电磁转矩，使直流伺服电动机带动负载工作。如果两个绕组中任何一个电流消失，电动机马上静止下来。作为自动控制系统中的执行元件，直流伺服电动机把输入的控制电压信号转换为转轴上的角位移或角速度输出。电动机的转速及转向随控制电压的改变而改变。

直流伺服电动机的励磁绕组和电枢绕组分别装在定子和转子上，改变电枢绕组的端电压或改变励磁电流都可以实现调速控制。下面分别对这两种控制方法进行分析。

1. 改变电枢绕组端电压的控制

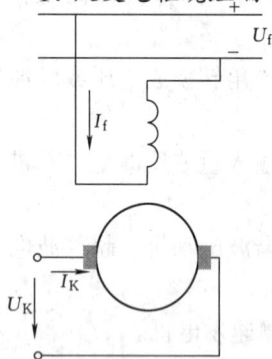

如图 17-1 是此种电枢控制方式的原理图，电枢绕组作为接受信号的控制绕组，接控制电压 U_K；励磁绕组接到电压为 U_f 的直流电源上，以产生磁通。当控制电源有电压输出时，电动机立即旋转，无控制电压输出时，电动机立即停止转动。

此种控制方式可简称电枢控制。其控制的具体过程如下：

设初始时刻控制电压 $U_K = U_1$，电机的转速为 n_1，反电动势为 E_{a1}，电枢电流为 I_{K1}，电动机处于稳定状态，电磁转矩和负载转矩相平衡即 $T = T_L$。现在保持负载转矩不变，增加电源电压到 U_2，由于转速不能突变，仍然为 n_1，所以反电动势也为 E_{a1}，由电压平衡方程式 $U = E_a + I_a R_a$ 可知，为了保持电压平衡，电枢电流应上升，电磁转矩也随之上升，此时 $T > T_L$，电机的转速上升，反电动势随着增加。为了保持电压平衡关系，电枢电流和电磁转矩都要下降，一直到电流减小到 I_{K1}，电磁转矩和负载转矩达到平衡，电动机处于新的平衡状态。可是，此时电机的转速为 $n_2 > n_1$。当负载和励磁电流不变时，用一流程表示上述过程

$U_K \uparrow$（n 和 E_a 不会突变）$\rightarrow I_a \uparrow \rightarrow T \uparrow \rightarrow T > T_L \rightarrow n \uparrow \rightarrow E_a \uparrow \rightarrow I_a \downarrow \rightarrow T \downarrow \rightarrow T = T_L \rightarrow n = n_2$

当降低电枢电压，使转速下降时的过程和上述方法是相同的。

图 17-1 电枢控制的原理图

电枢控制时，直流伺服电动机的机械特性和他励直流电动机改变电枢电压时的人为机械特性是一样的。

2．改变励磁电流的控制

改变励磁电流的控制的线路图如图 17‑2 所示，此种控制方式中，电枢绕组起励磁绕组的作用，接在励磁电源 U_f 上，而励磁绕组则作为控制绕组，受控于电压 U_K。

由于励磁绕组进行励磁时，所消耗的功率较小，并且电枢电路的电感小，响应迅速，所以直流伺服电动机多采用改变电枢端电压的控制方式。

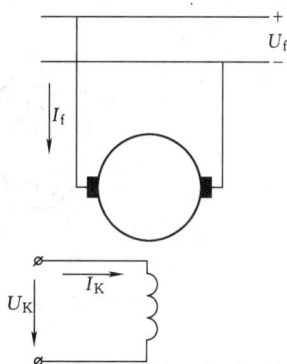

图 17‑2　改变励磁电流控制的原理图

17.2.1.2　常用的直流伺服电动机

常用的直流伺服电动机有：盘形电枢直流伺服电动机、空心杯直流伺服电动机和无槽直流伺服电动机等。分别介绍如下：

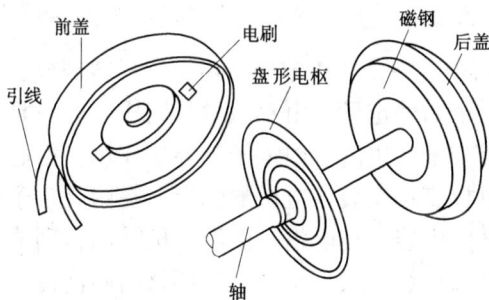

图 17‑3　盘形电枢直流伺服电动机的结构

1．盘形电枢直流伺服电动机

盘形电枢直流伺服电动机的外形呈圆盘状，其定子磁极由永久磁钢和铁轭组成，产生轴向磁通。电机电枢的长度远远小于电枢的直径，绕组的有效部分沿转轴的径向周围排列，且用环氧树脂浇注成圆盘形。绕组中流过的电流是径向的，它和轴向磁通相互作用产生电磁转矩，驱动转子旋转。图 17‑3 为盘形电枢直流伺服电动机的结构图。

盘形电枢的绕组除了绕线式绕组外，还可以作成印制绕组，其制造工艺和印制电路板类似。它可以采用两面印制的结构，也可以是若干片重叠在一起的结构。它用电枢的端部（近轴部分）兼做换向器，不用另外设置换向器。图 17‑4 是印制绕组直流伺服电动机的结构图。

盘形电枢直流伺服电动机的特点是：

1）结构简单，成本低。

2）较大的起动转矩。因为电枢绕组处于气隙中，容易散热，可以有较大的起动电流。因此，起动转矩也允许大一些。

3）换向元件不容易产生火花。

4）稳定性好。由于电枢没有齿槽效应，且电枢元件和换向片数很多，所以电机

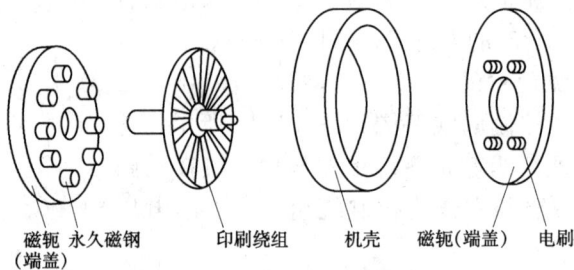

磁轭 永久磁钢 　　印刷绕组 　　机壳 磁轭(端盖) 电刷
(端盖)

图 17‑4 　印制绕组直流伺服电动机

力矩的波动很小，能够稳定运行在低速状态。

5）灵敏度高，反应快。盘形电枢直流伺服电动机多用于低转速、经常起动和反转的机械中，其输出功率一般在几瓦到几千瓦的范围内，大功率的主要用于雷达天线的驱动、机器人的驱动和数控机床等。另外，由于它呈扁圆形，轴向占的位置小，安装方便。

2．空心杯直流伺服电动机

空心杯电枢直流伺服电动机的定子有两个：一个叫内定子，由软磁材料制成；另一个叫外定子，由永磁材料制成。磁通是由外定子产生的，内定子起导磁作用。空心杯电枢直接安装在电机的轴上，在内外定子的气隙中旋转。电枢是由沿电机轴向排列成空心杯形状的成型绕组，用环氧树脂浇注成型的。图 17‑5 为空心杯直流伺服电动机的结构图。

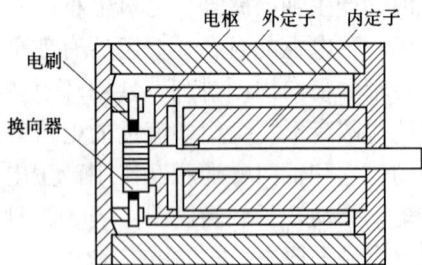

图 17‑5 　空心杯永磁直流
伺服电机结构

空心杯直流伺服电动机的优点是：

1）稳定性好。因为电机绕组均匀排列在气隙中，且不存在齿槽效应，所以力矩可均匀传递，波动不大，能在低转速状态下稳定运行。

2）惯量小。转子的薄壁、细长的空心杯结构，使电机的惯量极低。

3）反应快。因为采用永久磁钢，大大增加了气隙磁密，绕组散热迅速，允许通过较大的电流，所以电机可产生大的力矩；另外电机的惯量又小。这些都使电机的灵敏度提高，反应加快。

4）使用寿命长。由于空心杯转子没有铁芯，产生的电感很小，换向时几乎没有火花，所以延长了换向元件的使用时间，提高了电机的使用寿命。

5）能耗小，效率高。由于空心杯直流伺服电动机的结构特点，使它的铁耗比其他电机小，所以它的效率可达 80% 以上。

空心杯直流伺服电动机的价格比较昂贵，多用于高精度的仪器设备中。如监控摄像机和精密机床等。

3．无槽直流伺服电动机

无槽直流伺服电动机的电枢铁芯表面是不开槽的，绕组排列在光滑的圆柱铁芯的表面，用环氧树脂浇注成型，和电枢铁芯成为一体。定子上嵌放永久磁钢，产生气隙磁场。图 17‐6 是无槽直流伺服电动机的结构图。

无槽直流伺服电动机的优点是：惯量低，起动转矩大，稳定性能好，快速性好。常用于雷达天线驱动和数控机床等功率较大、动作较快的设备。

17.2.2 交流伺服电动机

与直流伺服电动机一样，交流伺服电动机也常作为执行元件用于自动控制系统中，将起控制作用的电信号转换为转轴的转动。

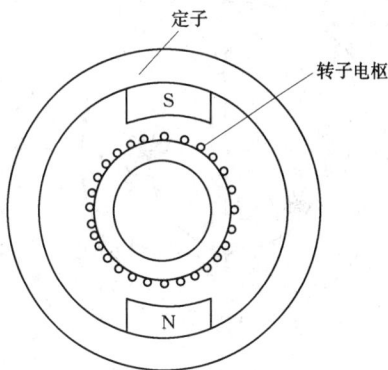

图 17‐6 无槽直流伺服电机结构

17.2.2.1 交流伺服电动机的结构和工作原理

1．交流伺服电动机的结构

和普通交流电机一样，交流伺服电动机也是由定子和转子两大部分组成。

定子铁芯中安放着空间垂直的两相绕组，如图 17‐7 所示，其中一相为控制绕组，另一相为励磁绕组。可见，交流伺服电动机就是两相交流电动机。

转子的结构常见的有鼠笼式转子和非磁性杯式转子。

鼠笼式交流伺服电动机的转子结构同于普通异步电动机，由转轴、转子铁芯和绕组组成。转子铁芯是由硅钢片叠成的，转子绕组由多根导条及两个短路环组成。导条可以是铜条，也可以是铸铝的。

非磁性杯形转子交流伺服电动机的结构如图 17‐8 所示。定子分内外两部分，外定子和鼠笼形转子交流伺服电动机的定子是一样的，内定子由环形钢片叠压而成，不产生磁场，只起导磁的作用。空心杯形转子通常由铝或铜制成，它的壁很薄，多为 0.3mm 左右。杯形转子置于内外定子的空隙中，可自由旋转。由于杯形转子没有齿和槽，电机转矩不随角位移的变化而变化，运转平稳。但是，内外定子之间的气隙较大，所需励磁电流大，降低了电机的效率。另外，由于非磁性杯形转子伺服电动机的成本高，所以只用在一些对转动的稳定性要求高的场合。它不如鼠笼式转子交流伺服电动机应用广泛。

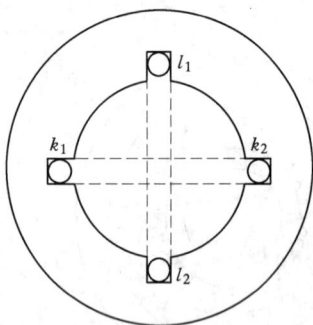

图 17-7　交流伺服电动机
的两相绕组

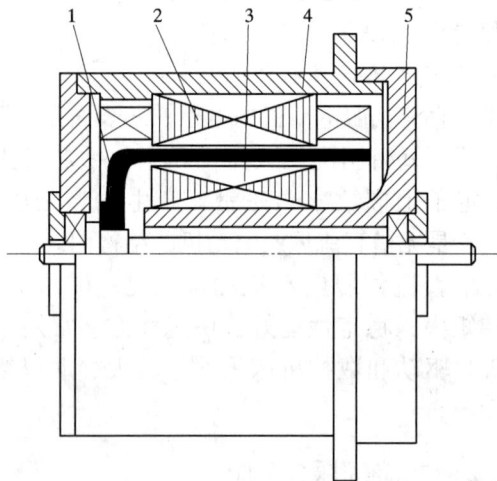

图 17-8　杯形转子伺服电动机
1—杯形转子；2—外定子；3—内定子；4—机壳；5—端盖

2. 交流伺服电动机工作原理

图 17-9 是交流伺服电动机的工作原理图，U_c 为控制电压，U_f 为励磁电压，它们是时间相位互差 90°电角度的交流电，可在空间形成圆形或椭圆形的旋转磁场，转子在磁场的作用下产生电磁转矩而旋转。交流伺服电动机比普通电机的调速范围宽，当不加控制电压时，电机的转速应为零，即使此时有励磁电压。交流伺服电动机的转子电阻也应比普通电机大，而转动惯量要小，为的是拥有好的机械特性。

17.2.2.2　交流伺服电动机的控制方法

交流伺服电动机的控制方法有幅值控制、相位控制和幅相控制三种。

1. 幅值控制

只使控制电压的幅值变化，而控制电压和励磁电压的相位差保持 90°不变，这种控制方法叫做幅值控制。当控制电压为零时，伺服电动机静止不动；当控制电压和励磁电压都为额定值时，伺服电动机的转速

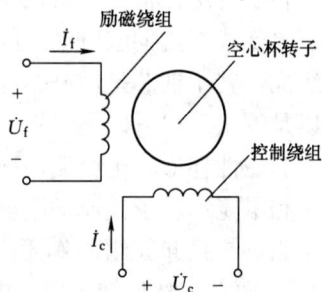

图 17-9　交流伺服电机
工作原理图

达到最大值，转矩也最大；当控制电压在零到最大值之间变化时，且励磁电压取额定值时，伺服电动机的转速在零和最大值之间变化。

2．相位控制

在控制电压和励磁电压都是额定值的条件下，通过改变控制电压和励磁电压的相位差来对伺服电动机进行控制的方法叫做相位控制。用 α 表示控制电压和励磁电压的相位差。当控制电压和励磁电压同相位时，$\alpha = 0°$，气隙磁动势为脉振磁动势，电动机静止不动；当相位差 $\alpha = 90°$ 时，气隙磁动势为圆形旋转磁动势，电动机的转速和转矩都达到最大值。当 $0° < \alpha < 90°$ 时，气隙磁动势为椭圆形旋转磁动势，电动机的转速处于最小值和最大值之间。相位控制和幅值控制的电机的工作原理如图 17−9 所示。

3．幅相控制

幅相控制是上述两种控制方法的综合运用，电动机转速的控制是通过改变控制电压和励磁电压的相位差及它们的幅值大小。幅相控制的电路图见图 17−10。当改变控制电压的幅值时，励磁电流随之改变，励磁电流的改变引起电容两端的电压变化，此时控制电压和励磁电压的相位差发生变化。

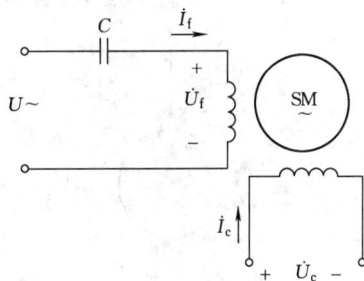

图 17−10　幅相控制接线图

幅相控制的电路图结构简单，不需要移相器，实际应用比其他两种方法更广泛。

17.3　测速发电机

测速发电机是转速的测量装置，它的输入量是转速，输出量是电压信号，输出量和输入量成正比。根据输出电压的不同，测速发电机可分为直流测速发电机和交流测速发电机两类。

17.3.1　直流测速发电机

直流测速发电机输出的电压为直流电压。

17.3.1.1　直流测速发电机的分类

根据励磁方式的不同可分为两种形式：永磁式直流测速发电机和电磁式直流测速发电机。

1．永磁式直流测速发电机

永磁式直流测速发电机的定子的磁极是用永久磁钢制成的，不需要励磁绕组，如

图 17-11 所示。

永磁式直流测速发电机按其转速可分为普通速度测速电机和低速测速电机。普通速度测速电机的工作转速通常大于每分钟几千转，而低速测速电机的工作转速可低于每分钟几百转或几十转。低速测速电机可以和直流力矩电动机直接耦合构成直流力矩测速发电机组，省去了齿轮传动的麻烦，并提高了系统的精度，所以常用于高精度的低速伺服系统中。

2. 电磁式直流测速发电机。

电磁式直流测速发电机的定子铁芯上装有励磁绕组，外接电源供电，产生磁场，其结构与普通小型直流发电机相同，如图 17-12 所示。

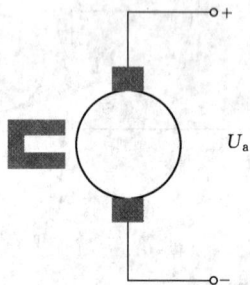

图 17-11 永磁式直流测速发电机　　　　图 17-12 电磁式直流测速发电机

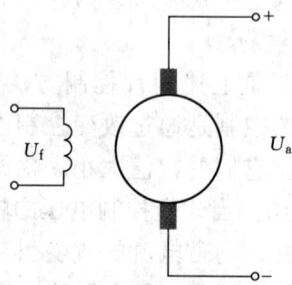

因为永磁式直流测速发电机结构简单，不需要励磁电源，使用方便，所以比电磁式直流测速发电机应用面广。

17.3.1.2 直流测速发电机的误差及减小误差的方法

直流测速发电机的输出电压和输入转速间实际上并不是绝对的正比关系，误差产生的原因有以下几点：

1. 电枢反应产生的影响

电机带负载运行时，电枢磁场使气隙磁场发生变化，此时电机的电动势和转速之间不再是准确的正比关系。为减小电枢反应的影响，可采取以下措施：增大电机的气隙；增加补偿绕组；减小电枢电阻；增大负载电阻，使之大于规定值。

2. 电刷接触电阻产生的影响

电刷接触电阻是一个变量。当直流测速发电机的转速较低时，输出电压较低，接触电阻较大，电刷压降和总电枢压降的比值大，输出电压偏小；当转速较高时，接触电阻和电刷压降变小。电刷接触电阻的变化，也造成测速发电机的输出和输入之间的非线性关系，从而产生误差。

实际使用中，可通过对低输出电压的非线性补偿来减小电刷接触电阻的影响。

3．纹波产生的影响

直流发电机输出的电压是一个脉动直流，其偏差虽然不是很大，但对高精度系统来说，也是很不利的。设计时可采取一定的措施来减小纹波幅值，使用中可以对输出电压进行滤波处理来减小误差。

4．温度变化产生的影响

电机自身发热及环境温度的变化都会改变励磁绕组的阻值大小。如果温度升高，则励磁绕组的阻值变大，励磁电流变小，磁通随着减少，输出电压下降。反之，则输出电压升高。为了减少温度变化对测量值准确程度的影响，通常可采取以下措施：

（1）直流测速发电机的磁路的饱和程度通常被设计得大一些。这样，当励磁电流变化时，磁通的变化量要小一些。

（2）给励磁绕组串联一个附加电阻来稳定励磁电流。因为绕组的阻值受温度的影响是很大的，例如铜绕组，温度增加 $25℃$，其阻值就增大 10%。可见，即使磁路的饱和程度设计得较大，但是受温度的影响，励磁绕组的阻值及励磁电压变化仍然很大。要想有稳定的输出，可以在励磁回路中串联一个阻值比励磁绕组电阻大几倍的附加电阻来稳定励磁电流。这样，即使励磁绕组的阻值随温度的升高而增大，可是整个励磁回路的总电阻值基本不变，则励磁电流变化不大，输出稳定，降低了测速发电机的误差。

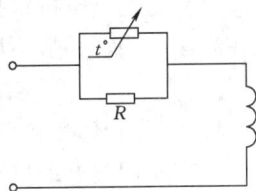

图 17‐13　励磁回路中的
热敏电阻并联网络

（3）给励磁绕组串联负温度系数的热敏电阻并联网络。对于测量精度要求高的系统，可采用此方法。电路简图如图 17‐13 所示。

17.3.1.3　直流测速发电机的应用

直流测速发电机的主要应用如下：在自动控制系统中用来测量或自动调节电动机或发电机原动机的转速；在随动系统中通过产生电压信号以提高系统的稳定性和精度；在计算和解答装置中用做积分和微分元件；在机械系统中用来测量摆动或非常缓慢的转速。

17.3.1.4　直流测速发电机的性能指标

（1）输出斜率。是指当励磁电流为额定励磁电流时，转速为 $1000r/min$ 时的输出电压。

（2）线性误差。是指在允许的转速范围内，电机的实际输出电压和理想输出电压的差值与最大理想输出电压之比。

（3）负载电阻。是指当输出特性在要求的误差范围内时的最小负载电阻值。实际电阻值应大于此值。

（4）最大线性工作转速。就是指额定转速。

（5）输出电压的不对称度。是指在转速相同时，测速发电机正反转时的输出电压绝对值之差和它们的平均值之比。一般情况下，电机的不对称度为 0.35%～2%。

（6）纹波系数。是指电机的输出电压的最大值和最小值的差值对它们和的比值。

（7）变温输出误差。是指测速发电机在一定转速时，因温度改变引起的输出电压的变化量对常温、该转速时的输出电压的比值。

（8）输出电压温度系数。是指测速发电机在一定转速条件下，温度改变 1℃ 时的变温输出误差。

17.3.2 交流异步测速发电机

交流测速发电机包括同步测速发电机和异步测速发电机两种形式。前者多用在指示式转速计中，一般不用于自动控制系统中的转速测量。而后者在自动控制系统中应用很广。

1. 交流异步测速发电机的结构和工作原理

同交流伺服电动机一样，交流异步测速发电机的定子也可以制成鼠笼式的或空心杯式。鼠笼式的测速发电机特性差、误差大、转动惯量大，多用于测量精度要求不高的控制系统中。而空心杯式的测速发电机的应用要广泛得多，因为它的转动惯量小，测量精度高。下面以空心杯型转子异步测速发电机为例来分析其结构和工作原理。

同交流伺服电动机一样，空心杯式转子异步测速发电机的转子也是一个非磁性材料做成的薄壁杯，材料多选用锡锌青铜或硅锰青铜。定子铁芯中嵌有互差 90°电角度的两相绕组，它们分别是励磁绕组和输出绕组。在小机座号的电机中，两相绕组都嵌在内定子上；而在大机座号的电机中，外定子嵌励磁绕组，内定子嵌输出绕组。当转子旋转时，输出绕组的输出电压是和转速成正比的。

图 17-14 是空心杯型转子异步测速发电机的工作原理图。U_f 是励磁电源的电压，U_2 是电机的输出电压。当励磁绕组中有电流通过时，在内外定子气隙间产生和电源频率相同的脉振磁动势 F_d 和脉振磁通 Φ_d。它们都在励磁绕组的轴线方向上脉振。脉振磁通和励磁绕组及空心杯导体相交链，下面分两种情况讨论。

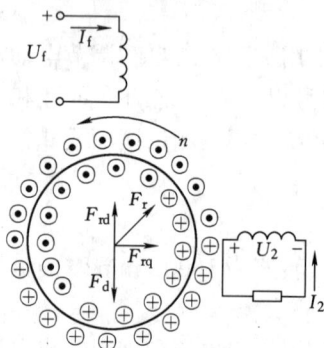

图 17-14 异步测速
发电机工作原理

（1）当转子静止时，即 $n=0$。此时的励磁绕组和空心杯转子之间的关系如同变压器的原边与副边。转子绕组中有变压器电动势产生，由于转子短路，有电流流过，产生磁通。该磁通的方向也是沿着励磁绕组轴线方向。输出绕组和励磁绕组在空间正交，没有感应电动势产生，输出电压为零。

（2）当转子旋转时，即 $n \neq 0$。沿励磁绕组轴线方向的磁通 Φ_d 不变，转子要切割该磁通产生电动势。电动势的大小和转速成正比，方向可由右手定则判定。感应电动势在短路绕组中产生短路电流，产生脉振磁动势 F_r，可把它分解成直轴磁动势 F_{rd} 和交轴磁动势 F_{rq}。直轴磁动势会影响励磁电流的大小，而交轴磁动势产生的磁通和输出绕组交链，从而在输出绕组中产生感应电动势，此电动势的大小和测速发电机的转速成正比，频率是励磁电源的频率。

2．异步测速发电机的误差

异步测速发电机的误差主要有：线性误差、相位误差、剩余电压误差。分别介绍如下：

（1）线性误差。一台理想的测速发电机的输出电压应和其转速成正比，但实际的异步测速发电机输出电压和转速间并不是严格的线性关系，是非线性的，这种直线和曲线之间的差异就是线性误差。

（2）相位误差。当励磁电压为常数时，由于励磁绕组有漏阻抗，则绕组中的电动势和外加励磁电压相位不同，使输出电压产生相位误差。可通过增大转子电阻减小该误差。

（3）剩余电压误差。由于异步测速发电机工艺和材料等的原因，使其在零转速时的输出电压并不为零，有剩余电压，引起测量误差，这种误差叫做剩余电压误差。这种误差可通过电路补偿和改善转子材料的方法来减小它。当前的异步测速发电机的剩余电压一般为十几毫伏到几十毫伏。

3．异步测速发电机的应用

交流异步测速发电机在自动控制系统中可用来测量转速或传感转速信号，信号以电压的形式输出；测速发电机还可作为解算元件用在计算解答装置中；也可作为阻尼元件用在伺服系统中。

小　　结

1．微特电机的用途和特点：微特电机指的是控制微电机和一些特殊微电机，它们多被用于自动化系统和计算机装置中以实现信号（或能量）的执行、检测、解算、转换或放大功能。微电机的输出功率一般从数百毫瓦到数百瓦，通常不大于 600W。微特电机的外形尺寸较小，机座外径不足 130mm。质量从数十克到数千克，普通的旋转电机较注重起动和运行时的能力指标。而微特电机则注重特性的可靠性、高精度和快速响应。

2. 微特电机的分类：根据微特电机的应用，可将其分成五种类型：执行用微特电机、测位用微特电机、测速用微特电机、放大用微特电机、特殊微电机。

3. 伺服电动机属于执行用微特电机，可依供电电源的特点分为两大类，即直流伺服电动机和交流伺服电动机。它们都是用于自动控制系统中，将起控制作用的电信号转换为转轴的转动以驱动负载。

（1）直流伺服电动机的基本结构类型有两种：永磁式和电磁式。

常用的直流伺服电动机有盘形电枢直流伺服电动机、空心杯直流伺服电动机和无槽直流伺服电动机等。

（2）交流伺服电动机可分为异步型和同步型两大类。

交流伺服电动机就是两相交流电动机。交流伺服电动机也是由定子和转子两大部分组成。

异步型伺服电动机根据转子的结构，可分为鼠笼式和空心杯式。由于后者的成本高，所以只用在一些对转动的稳定性要求高的场合，不如鼠笼式转子交流伺服电动机应用广泛。

交流伺服电动机的控制方法有幅值控制、相位控制和幅相控制三种。

4. 测速发电机是转速的测量装置，它的输入量是转速，输出量是电压信号，输出量和输入量成正比。根据输出电压的不同，测速发电机可分为直流测速发电机和交流测速发电机两种形式。

（1）直流测速发电机根据励磁方式的不同可分为两种形式：永磁式直流测速发电机和电磁式直流测速发电机。因为永磁式直流测速发电机结构简单，不需要励磁电源，使用方便，所以比电磁式直流测速发电机应用面广。直流测速发电机的主要应用如下：在自动控制系统中用来测量或自动调节电动机的转速；在随动系统中通过产生电压信号以提高系统的稳定性和精度；在计算和解答装置中用做积分和微分元件；在机械系统中用来测量摆动或非常缓慢的转速。

（2）交流测速发电机包括同步测速发电机和异步测速发电机两种形式。前者多用在指示式转速计中，一般不用于自动控制系统中的转速测量。而后者在自动控制系统中应用很广。同交流伺服电动机一样，交流异步测速发电机的定子也可以制成鼠笼式的或空心杯型。鼠笼式的测速发电机特性差、误差大、转动惯量大，多用于测量精度要求不高的控制系统中。而空心杯形的测速发电机的应用要广泛得多，因为它的转动惯量小，测量精度高。交流异步测速发电机在自动控制系统中可用来测量转速或传感转速信号，信号以电压的形式输出；还可作为解算元件用在计算解答装置中；也可作为阻尼元件用在伺服系统中。

习 题

17-1　简述微特电机的分类。

17-2　简述直流伺服电动机实现调速的两种控制方法。

17-3　说出交流伺服电动机的工作原理和控制方法。

17-4　直流测速发电机有哪些应用?

17-5　交流测速发电机的转子不动时,为什么没有电压输出?转子转动时,输出电压为什么和转速成正比,而频率与转速无关?

17-6　分别说出线性误差、相位误差、剩余电压和输出斜率的含义。